태어난
김에

수학
공부

기하

IN GRAPHICS: GEOMETRY

ⓒ UniPress Books 2024
All rights reserved.

Korean translation ⓒ 2025 by Will Books Publishing Co.
Korean translation rights arranged with UniPress Books Limited
through EYA Co.,Ltd.

이 책의 한국어판 저작권은 EYA Co., Ltd.를 통해 UniPress Books Limited와
독점 계약한 (주)윌북이 소유합니다.
저작권법에 의하여 한국 내에서 보호를 받는 저작물이므로
무단 전재 및 복제를 금합니다.

태어난 김에

그림으로 과학하기

한번 보면 결코 잊을 수 없는
필수 수학 개념

수학 공부 기하

샘 하트번 지음

고호관 옮김

월북

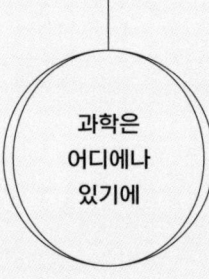

과학은
어디에나
있기에

나는 책을 좋아하는 어린이였다. 어머니는 내가 글자를 깨친 뒤에는 항상 책을 읽고 있었다고 했다. 내 최초의 기억도 어느 순간 책에 파묻혀 있던 것과, 너무 빨리 읽어버리는 아들 때문에 헌책방에서 가장 글자 수가 많은 전집을 고르시며 한숨을 쉬던 어머니였다. 책을 좋아한 데는 별다른 이유는 없었다. 세상에 대한 호기심이 많았고, 책은 다른 세계를 엿볼 수 있는 유일한 창이었기 때문이다. 덕분에 초등학교 고학년까지 집 책장에 꽂혀 있는 모든 활자를 읽었다. 가끔 부모님의 말씀이 어떤 책에서 나왔는지 지적하는 얄미운 어린이였던 것도 같다.

활자를 좋아했다고 활자만 읽은 것은 아니었다. 솔직히 유년 시절에는 만화나 그림책이 더 좋았다. (몰래 보는 재미도 있었다.) 그림책은 한 번 읽는 걸로 끝나지 않고 두고두고 펼쳐 보는 매력이 있었다. 그래서인지 당시 접한 그림책 속 주인공의 표정이나 사소한 농담을 지금까지도 기억할 수 있다.

그중에서도 나는 유독 과학책을 좋아했다. 다른 세상을 보고 싶어 책을 선택했기에, 기왕이면 조금 더 낯선 세상을 알려주는 책이 좋았다. 게다가 과학책을 이해할 때는 정말 머리가 '다른 방식'으로 돌아가는 느낌이었다. 과학책들은 세상에 내가 알지 못하는 영역이 많으며, 무한히 창조적인 세계가 있다는 사실을 알려주었다. 그 대표적인 것이 대수학, 기하학, 해부학이다. 대수는 논리로 쌓아 올린 수의 세상이었다. 기하는 '점과 선'에 논리를 더해서 창조된 세계였다. 해부는 그 자체로 다른 우주였다.

'그림으로 과학하기' 시리즈는 어린 시절 나에게 건네주고 싶은 그림책이다. 밖으로 드러나지 않는 몸 안의 세계는 얼마나 많은 비밀을 숨기고 있는지 놀랍지 않은가! 의대생도 해부를 배우면서 본격적으로 의학에 첫발을 내딛고, 그때 그림책의 결정적인 가호를 받는다. 대수와 기하 또한 수와 도형으로 새로운 세계를 어떻게 쌓아왔는지 엿볼 수 있는 환상적인 학문이다. '그림으로 과학하기'가 담고 있는 지식은 어린이부터 대학생까지 누구나 보고 즐길 수 있을 만큼 스펙트럼이 넓다. 과학과 수학 교양을 쌓고자 하는 독자들을 만족시키는 것은 물론이다. 페이지를 덮으면 생각할 거리를 던지는 시대의 교양이자 세상을 확장시키는 도구라고 할 수 있다. 그 도구가 이렇게 친절하고 다정하다니. 어린 시절로 돌아가 이 책을 건네며 이렇게 말해주고 싶다. 여기 네가 흥미로워할 모든 것이 다 있다고.

남궁인 (이화여대부속목동병원 응급의학과 교수, 『몸, 내 안의 우주』 저자)

차례

서문	8

1 기하학의 구성 요소 — 10
- 기하학자의 도구 — 11
- 기하학의 역사 — 12
- 점과 직선 — 14
- 각 — 15
- 표기법 — 18
- 기하학을 위한 대수학 — 20
- ✓ 다시 보기 — 22

2 2차원 도형 — 24
- 원 — 25
- 곡선으로 이루어진 도형 — 27
- 다각형 — 29
- 삼각형 — 30
- 사각형 — 36
- 다각형의 각 — 41
- ✓ 다시 보기 — 44

3 작도와 쪽매맞춤 — 46
- 작도 — 47
- 작도 가능한 다각형 — 49
- 종이접기를 이용한 작도 — 53
- 쪽매맞춤 — 55
- 비주기적 쪽매맞춤과 무주기적 쪽매맞춤 — 57
- 원 쌓기 — 60
- 정사각형 쌓기 — 61
- ✓ 다시 보기 — 62

4 3차원 도형 — 64
- 다면체 — 65
- 전개도 — 70
- 구 — 72
- 원뿔과 원기둥 — 74
- 공간 채움 — 76
- 단면 — 79
- 사영과 그림자 — 81
- 3차원 이상 — 84
- ✓ 다시 보기 — 86

5 측정 — 88
- 길이 — 89
- 넓이 — 90
- 부피와 겉넓이 — 96
- 각의 측정 — 100
- 삼각법 — 102
- ✓ 다시 보기 — 106

6 좌표 — 108
- 데카르트 좌표계 — 109
- 극좌표계 — 111
- 지리 좌표계 — 113
- 3차원 좌표계 — 114
- 예술적인 방정식 — 116
- ✓ 다시 보기 — 118

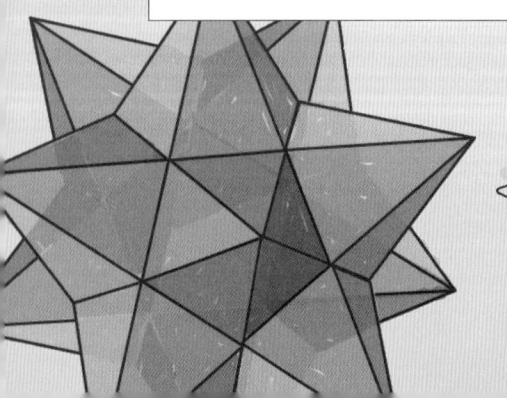
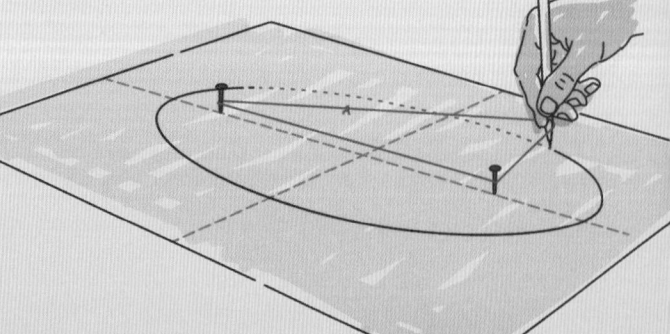

7 변환과 대칭	**120**
반사	121
회전	124
평행이동	125
확대	126
대칭	127
합동과 닮음	131
프랙털	136
✓ 다시 보기	138

8 곡선과 곡면	**140**
곡선과 곡면이란 무엇인가?	141
포물선	143
선직면	145
가우스 곡률	147
지도 투영법	148
단면 곡면	150
비유클리드 기하학	152
✓ 다시 보기	156

9 위상수학	**158**
위상수학이란 무엇인가?	159
그래프 이론	161
매듭 이론	164
✓ 다시 보기	166

10 기하학적 증명	**168**
기하학적 증명이란 무엇인가?	169
기하학 정리	170
추상적인 아이디어의 시각적 증명	172
✓ 다시 보기	174

11 어디에나 있는 기하학	**176**
공예	177
음악	179
건축	181
미술	183
기하학적 생활의 지혜	185
✓ 다시 보기	188

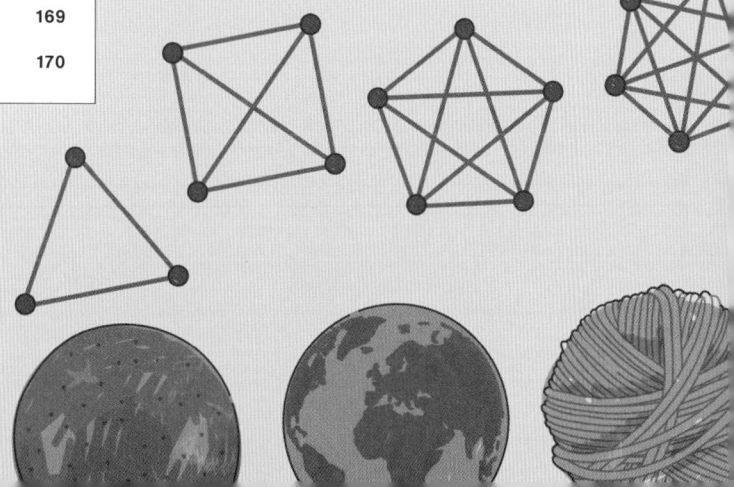

이 책은 기하학에 관한 모든 것을 다룹니다. 기하학은 도형과 공간을 다루는 수학이지요. 기하학은 우리 주변 어디에나 있습니다. 자연에도, 물건에도, 심지어는 몸 안에도요. 기하학을 연구함으로써 우리는 세상이 만들어진 방식을 더욱 깊이 이해하고 새로운 기술을 개발할 수도 있습니다.

그랜드피아노가 왜 그런 모양인지 궁금한 적이 있었나요? 빨대로 비눗방울을 불면 어떤 모양이 생길까요? 이 책에서 이와 같은 여러 가지 문제에 대한 답을 찾을 수 있습니다. 이 책은 학교에서 배우는 기하학뿐만 아니라 대학교에서 수학자들이 연구하는 고도의 개념까지 소개하고 있습니다. 무엇보다 명쾌한 설명과 자세한 그림으로 이해를 돕습니다.

기하학은 수천 년에 걸쳐 사람을 매혹했습니다. 인류 초기의 어떤 기록에는 오늘날에도 사용하는 개념을 나타낸 기하학적 그림이 담겨 있습니다. 기하학은 오래전에 등장했지만 아직도 계속해서 발전하고 있는 분야입니다. 이 책에서 우리는 확실히 밝혀진 사실과 개념은 물론 최근에 발견된 새로운 결과에 대해서도 배울 수 있습니다.

이 책은 11장으로 나뉘어 있습니다. 먼저 기하학의 역사를 살펴보며 핵심적인 개념과 시간의 흐름에 따라 기하학이 어떻게 발전했는지를 간략히 알아봅니다. 이어서 모든 기하학적 구조가 바탕을 두고 있는 기본 단위와 그에 관한 이야기를 할 때 사용하는 대수학적 언어를 소개합니다.

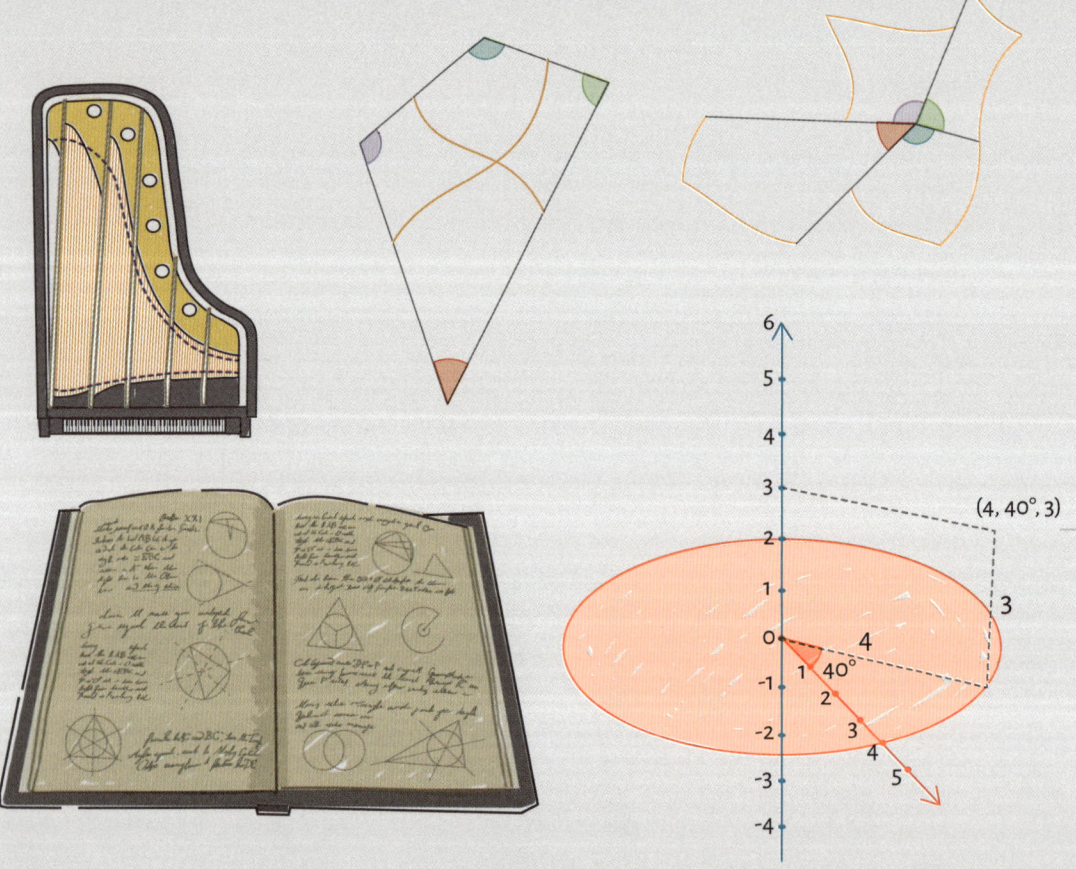

다음으로 2차원과 3차원의 도형을 배우고 그런 도형이 어떻게 만들어졌는지, 어떻게 분류할 수 있는지, 어떻게 맞물리는지(어떤 경우에는 서로 맞물리지 않습니다) 알아봅니다. 또한 도형의 그림자 속에 숨겨져 있는 놀라운 사실과 도형이 어떻게 4차원 이상의 세계에 존재할 수 있는지를 간략하게 살펴봅니다.

그리고 기하학에서 쓰이는 여러 가지 측정과 좌표 체계들이 서로 어떤 관련이 있는지도 배울 수 있습니다. 좌표 체계는 세상을 돌아다니는 데 필수적일 뿐만 아니라 다른 수학 분야의 개념을 시각화하는 강력한 방법을 제공해 줍니다. 복잡해 보이는 방정식에 숨어 있는 아름다운 곡선을 감상하고 대칭과 곡률, 위상수학의 개념도 탐구합니다.

이 책 곳곳에서 수학적 증명이라는 근본적인 개념을 다루지만, 끝에서 두 번째 장에서 우리는 그게 왜 그렇게 중요한지 정확히 알 수 있습니다. 한 개념의 증명이 다른 증명에 쓰이며 확고한 사실을 구성한다는 사실을 배우며 시각적인 기하학 증명이 추상적인 개념을 손에 잡힐 듯이 보여주는 몇 가지 사례를 볼 수 있습니다.

처음에 이야기했듯이 기하학은 우리 주변 어디에나 있습니다. 마지막으로 우리는 전통 공예와 음악, 건축을 포함한 문화의 많은 영역에서 기하학 개념이 어떻게 나타나는지 살펴봅니다. 기하학을 이용해 삶을 조금 더 편리하게 만들 수 있는 몇 가지 생활의 지혜도 찾을 수 있습니다. 『태어난 김에 수학 공부: 기하』에 오신 것을 환영합니다!

1장

기하학의 구성 요소

기하학은 도형과 공간의 수학입니다. 우리는 기하학을 이용해
주위의 세상을 연구하고 이해하며, 우리 주변의 건물에서 우주로
보내는 탐사선에 이르는 모든 것을 설계합니다. 기하학을 이용해
상상 속에만 존재하는 개념을 분석할 수도 있습니다.
하지만 이런 복잡한 개념의 시작은 소박했습니다.
이 장에서는 기하학의 모든 것을 이루는 구성 요소인 기초적인
도구와 발견, 이론을 알아보겠습니다. 또한 기하학적 대상을
나타내는 데 사용하는 표기법과 기하학을 이해하는 데 필요한
기초 대수학에 관해서도 배우겠습니다.

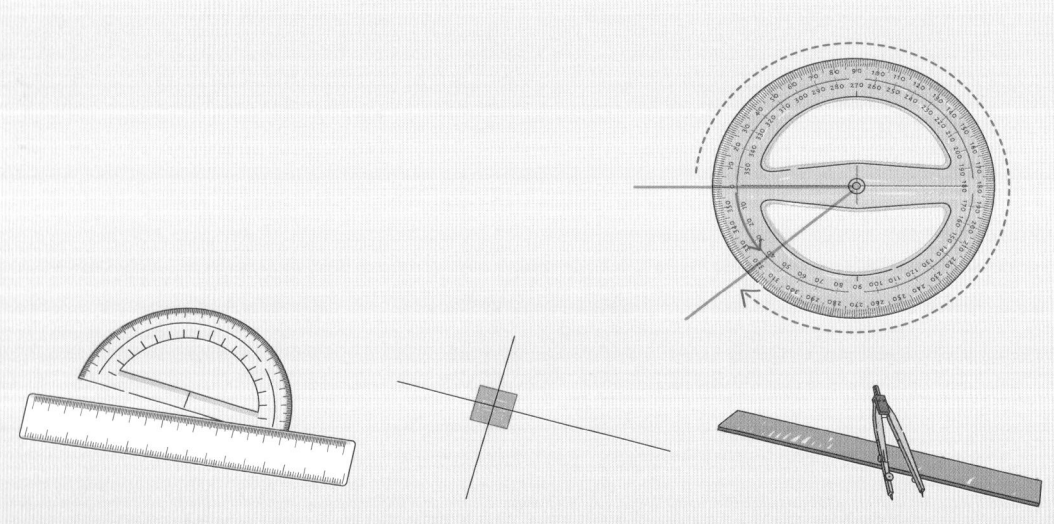

기하학자의 도구

기하학은 시각적인 분야입니다. 연구할 대상과 개념을 그릴 수 있지요.
때로는 대충 연필로 그리기만 해도 충분합니다. 하지만 어떨 때는 좀 더 정확해야 합니다.
기하학적 대상을 측정하고 그리는 도구는 시간이 흐를수록 점점 발전했습니다.

많은 고대 문명은 일정한 간격으로 **매듭을 지은 긴 밧줄**을 이용해 길이를 재고 건물의 토대를 표시했습니다.

많은 기하학적 대상은 **곧은 자**와 **컴퍼스**만으로 그릴 수 있습니다. 고대 그리스인의 수학적 성과 대부분은 이런 간단한 도구를 이용해 이루어졌습니다.

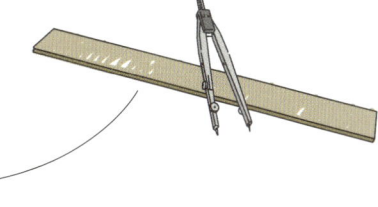

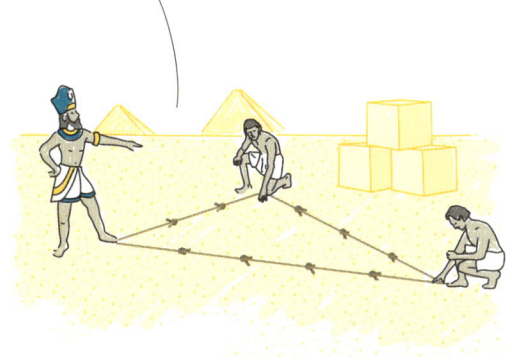

곧은 자와 컴퍼스로 만들 수 없는 어떤 대상은 **종이를 접어서** 만들 수 있습니다.

눈금자와 **각도기**를 이용하면 길이와 각도를 정확하게 측정할 수 있습니다. 만약 길이와 각도를 계산할 수 있다면 자와 각도기를 이용해 도형을 그릴 수 있습니다.

만약 어떤 대상이 손으로 그리기에 너무 복잡하다면, **컴퓨터**를 이용해 이미지를 만들 수 있습니다. 기하학 구조물을 생성하는 컴퓨터 소프트웨어는 많이 나와 있으며, 수학자는 종종 연구 중인 도형을 다루기 위해 직접 **코드**를 짜기도 합니다.

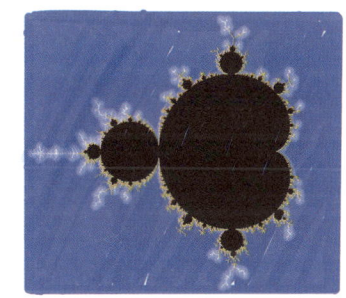

우주에 물리적으로 존재하지 않는 대상도 있습니다. 그런 대상은 컴퓨터를 이용해 가능한 비슷하게 생성할 수 있습니다. 종이 위에 입체 도형을 그리는 것처럼 말이지요. 하지만 이런 개념을 시각화하는 진정한 방법은 우리의 **상상력**을 이용하는 것밖에 없습니다.

기하학의 역사

기하학 지식을 활용했다는 증거는 고대부터 있었습니다. 우리가 오늘날 사용하는 몇몇 기하학 원리는 고대에도 알고 있던 것입니다. 하지만 현대의 기하학 연구는 당시와 매우 다릅니다.

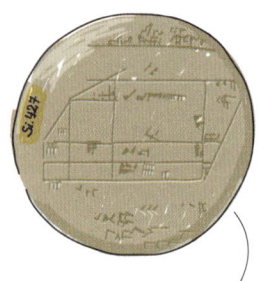

기원전 1900~1600년
사람이 기하학을 활용했다는 가장 오래된 증거는 바빌로니아의 점토판에 새겨져 있습니다. 쐐기문자라고 하는 이런 점토판의 표식은 삼각형과 사각형, 원을 비롯한 도형에 관련된 그림 및 계산을 보여줍니다. 역사학자들은 당시에 이런 기하학 지식이 토지 분쟁과 같은 실용적인 문제를 해결하는 데 쓰였다고 추측하고 있습니다.

기원전 600~300년
고대 그리스인은 기하학을 크게 진보시켰습니다. 그리고 우리가 아는 한 이들은 순수하게 추상적인 관점에서, 즉 실용적인 용도가 없는데도 기하학을 연구한 첫 번째 사람들입니다. 가장 주요한 성과는 논리적인 관점에서 대상에 접근한 것입니다. 단계별로 증명해나감으로써 새로운 개념이 수학적으로 옳다는 사실을 받아들였지요.
이 시기의 최고 성과는 유클리드의 원론입니다. 『원론』은 총 13권으로 당시 그리스의 모든 기하학 지식을 담고 있습니다. 이후 2000년 이상에 걸쳐 학교의 교재로 쓰이며, 역사상 가장 성공적인 교과서가 되었습니다! 실제로 원론은 워낙 널리 쓰여서 평면에서 일어나는 이런 유형의 기하학을 오늘날 **유클리드 기하학**이라고 부릅니다.

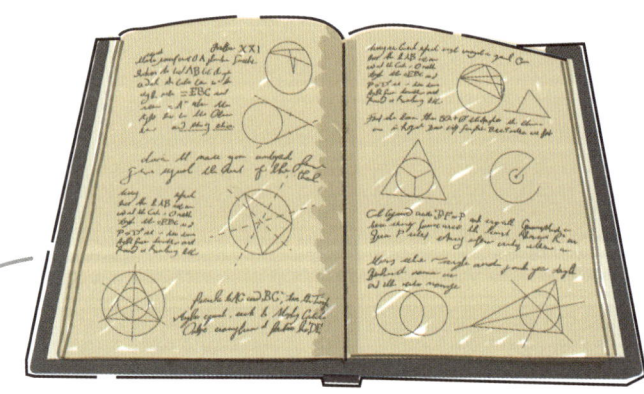

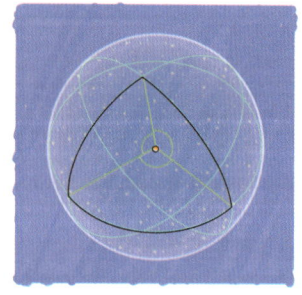

900~1300년
별 사이의 거리를 계산하고 싶었던 아랍 수학자와 천문학자들은 **구면기하학** 이론을 개발했습니다. 구 위에 별이 놓여 있는 모형을 사용했지요. 이것은 **비유클리드 기하학**의 첫 번째 사례입니다.

1500~1600년
르네 데카르트는 **좌표기하학**이라는 개념을 만들었습니다. 좌표계 위에 기하학적 도형을 놓았다고 생각하면 됩니다. 꼭짓점의 좌표를 나타냄으로써 도형을 정확하게 정의할 수 있습니다. 덕분에 수학자는 대수학 기법을 사용해 기하학적 도형을 연구할 수 있고, 그 반대도 마찬가지입니다.

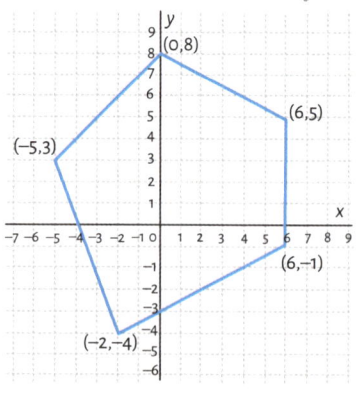

1500~1600년에 **사영기하학**이라는 개념이 등장했습니다. 예술가와 건축가가 사용하는 기법을 시작으로 사영기하학은 두 가지 새로운 개념을 제시했습니다.

1. 소실점은 평행선이 만나는 것으로 보이는 점을 말합니다.

2. 어떤 도형의 형상을 어떤 표면 위에 사영함으로써 다른 도형으로 변환할 수 있습니다. 흔히 볼 수 있는 사례는 땅 위에 생기는 물체의 그림자입니다. 이런 사영 과정에서 어떤 성질(변의 수 등)은 그대로인 반면 어떤 성질(두 변 사이의 각 등)은 달라집니다.

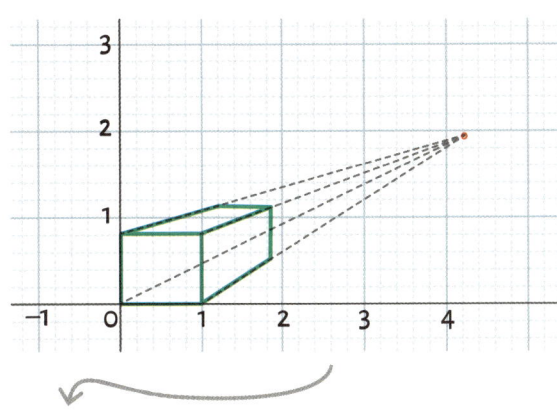

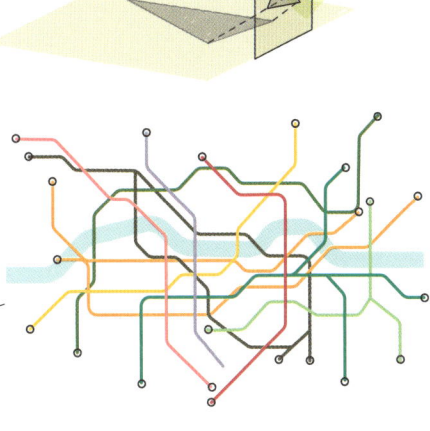

1700~1800년

레온하르트 오일러는 **그래프이론**이라는 개념을 처음 만들었습니다. 점 사이의 거리와 무관하게 점이 서로 연결되어 있는 양상이나 실제로 어떤 관계에 놓여 있는지를 조사하는 분야입니다. 일상에서 볼 수 있는 사례로는 역과 역 사이의 연결 관계를 보여주는 지하철 노선도가 있습니다.

그래프이론 연구는 **위상수학**으로 이어졌습니다. 위상수학에서는 두 대상이 구멍의 개수처럼 근본적인 성질을 공유한다면 둘은 똑같다고 간주합니다.

1800~1900년

평행선에 관한 유클리드의 가정 하나에 의문을 제기했던 보여이 야노시와 카를 가우스, 니콜라이 로바쳅스키는 **쌍곡기하학**을 만들었습니다. 유사구 표면이라고 하는 특정 유형의 곡면에서 일어나는 기하학입니다.

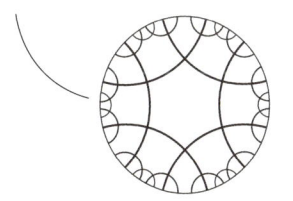

1900년~현재

수학자들은 지금도 여러 가지 유형의 기하학을 연구, 개발하고 있습니다. 기하학의 서로 다른 분야 사이의 연관성을 살펴보며 양쪽 분야를 모두 발전시킬 수 있는 방법을 찾고 있지요. 또, 기하학과 수학의 다른 분야 사이의 연관성도 찾고 있습니다. 항상 이어지는 새로운 발견과 함께 각종 도구와 기법, 개념도 끊임없이 발전하며 변하고 있습니다.

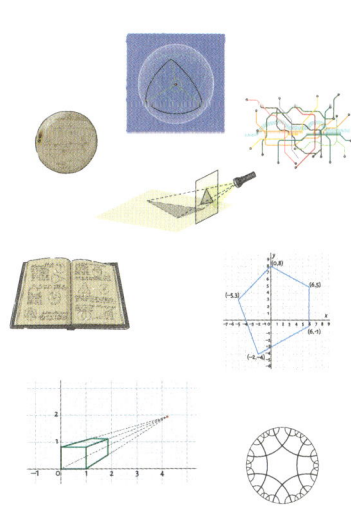

점과 직선

점에는 길이도, 폭도, 높이도 없습니다. 하지만 이 보잘것없는 **점**은 모든 기하학적 구조의 구성 요소입니다.
일단 점이 두 개 있으면, 우리는 **직선**을 정의할 수 있습니다.
그리고 이 두 개념으로부터 단순한 삼각형에서 다차원의 초구에 이르기까지 무엇이든 만들 수 있습니다.

점은 공간 속의 한 위치를 정의합니다. 점은 크기도 없고 차원도 없습니다. 하지만 우리 인간이 볼 수 있도록 보통 작은 점을 찍어서 나타냅니다.

직선은 점이 한 방향으로 계속 움직이는 궤적입니다. 직선은 1차원 도형입니다. 길이는 있지만, 폭이나 높이는 없습니다. 점이 두 개 있다면, 점 두 개를 직선으로 연결할 수 있습니다. 게다가 이렇게 하는 수는 단 한 가지밖에 없습니다. 별로 대단하게 들리지 않을 수 있지만, 이것은 어떤 선이든 그 선을 지나는 점 두 개만으로 고유하게 나타낼 수 있다는 뜻입니다.

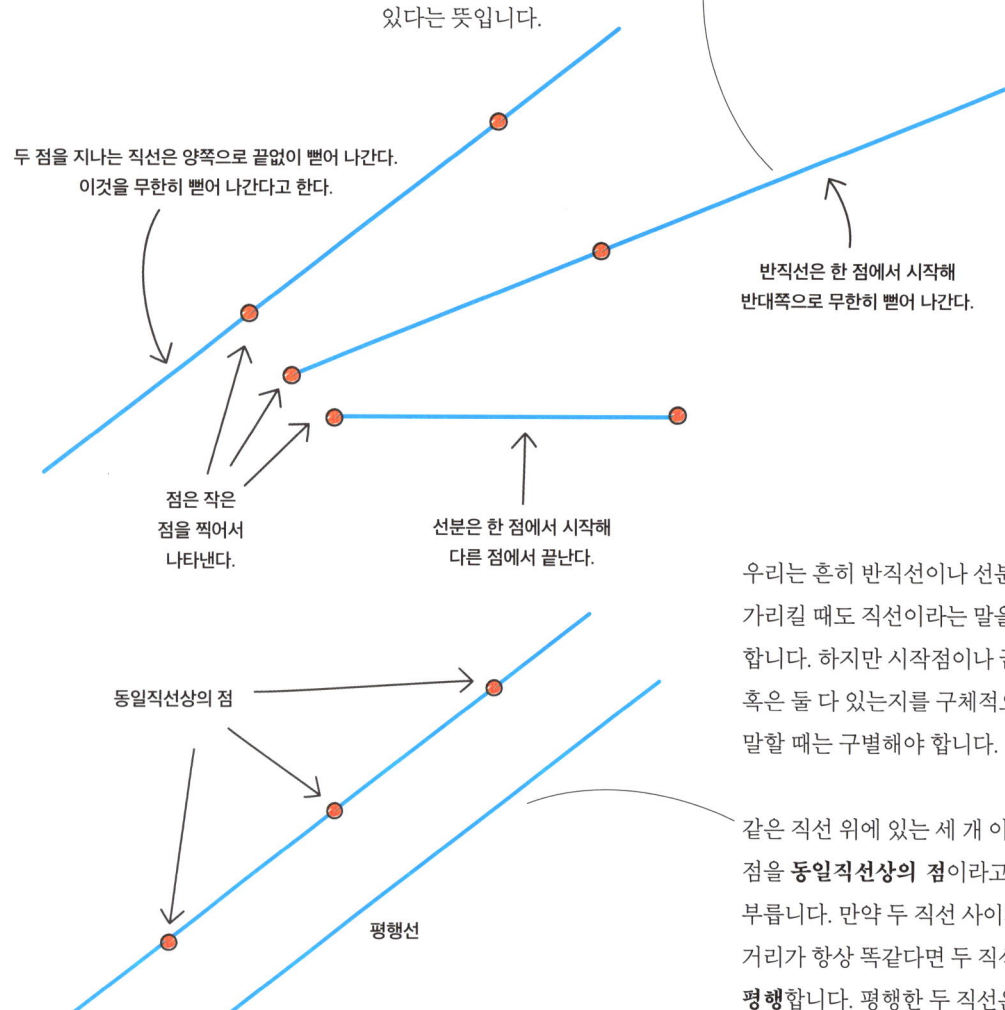

두 점을 지나는 직선은 양쪽으로 끝없이 뻗어 나간다. 이것을 무한히 뻗어 나간다고 한다.

반직선은 한 점에서 시작해 반대쪽으로 무한히 뻗어 나간다.

점은 작은 점을 찍어서 나타낸다.

선분은 한 점에서 시작해 다른 점에서 끝난다.

동일직선상의 점

평행선

우리는 흔히 반직선이나 선분을 가리킬 때도 직선이라는 말을 쓰곤 합니다. 하지만 시작점이나 끝점, 혹은 둘 다 있는지를 구체적으로 말할 때는 구별해야 합니다.

같은 직선 위에 있는 세 개 이상의 점을 **동일직선상의 점**이라고 부릅니다. 만약 두 직선 사이의 거리가 항상 똑같다면 두 직선은 **평행**합니다. 평행한 두 직선은 아무리 가도 가까워지거나 멀어지지 않으며, 절대 만나지 않습니다.

각

직선과 선분을 결합해 다른 도형을 만들 수 있습니다. 두 직선이 만날 때는 그 사이의 **각**을 정의할 수 있습니다.

각은 똑같은 점에서 출발하는 두 반직선으로 생깁니다. 그 점은 각의 **꼭짓점**, 두 반직선은 **변**이라고 부릅니다. 두 변 사이에 있는 각의 크기는 한 변이 꼭짓점을 중심으로 얼마나 회전해야 다른 변에 닿는지를 알려줍니다. 각은 흔히 작은 곡선으로 나타냅니다.

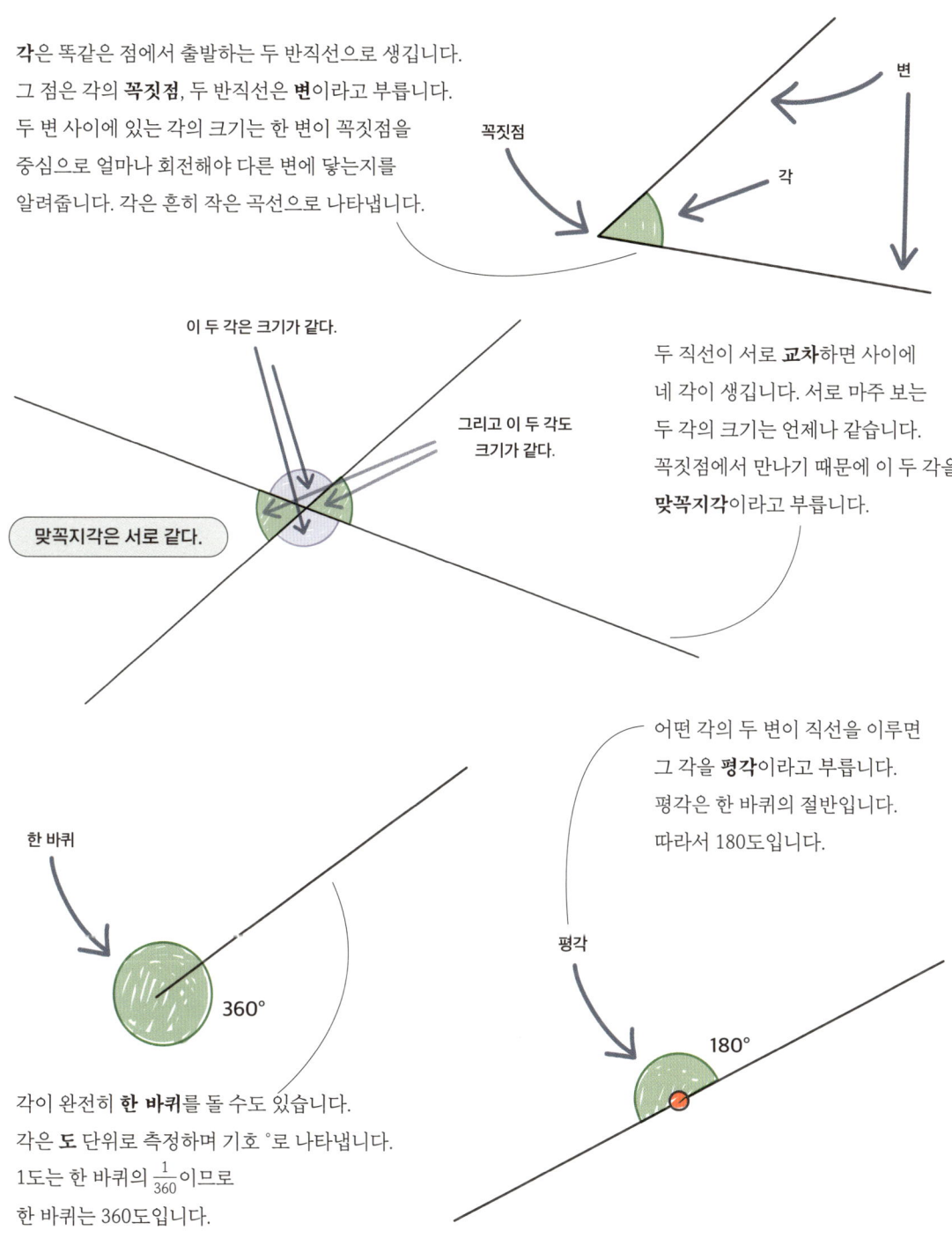

두 직선이 서로 **교차**하면 사이에 네 각이 생깁니다. 서로 마주 보는 두 각의 크기는 언제나 같습니다. 꼭짓점에서 만나기 때문에 이 두 각을 **맞꼭지각**이라고 부릅니다.

어떤 각의 두 변이 직선을 이루면 그 각을 **평각**이라고 부릅니다. 평각은 한 바퀴의 절반입니다. 따라서 180도입니다.

각이 완전히 **한 바퀴**를 돌 수도 있습니다. 각은 **도** 단위로 측정하며 기호 °로 나타냅니다. 1도는 한 바퀴의 $\frac{1}{360}$이므로 한 바퀴는 360도입니다.

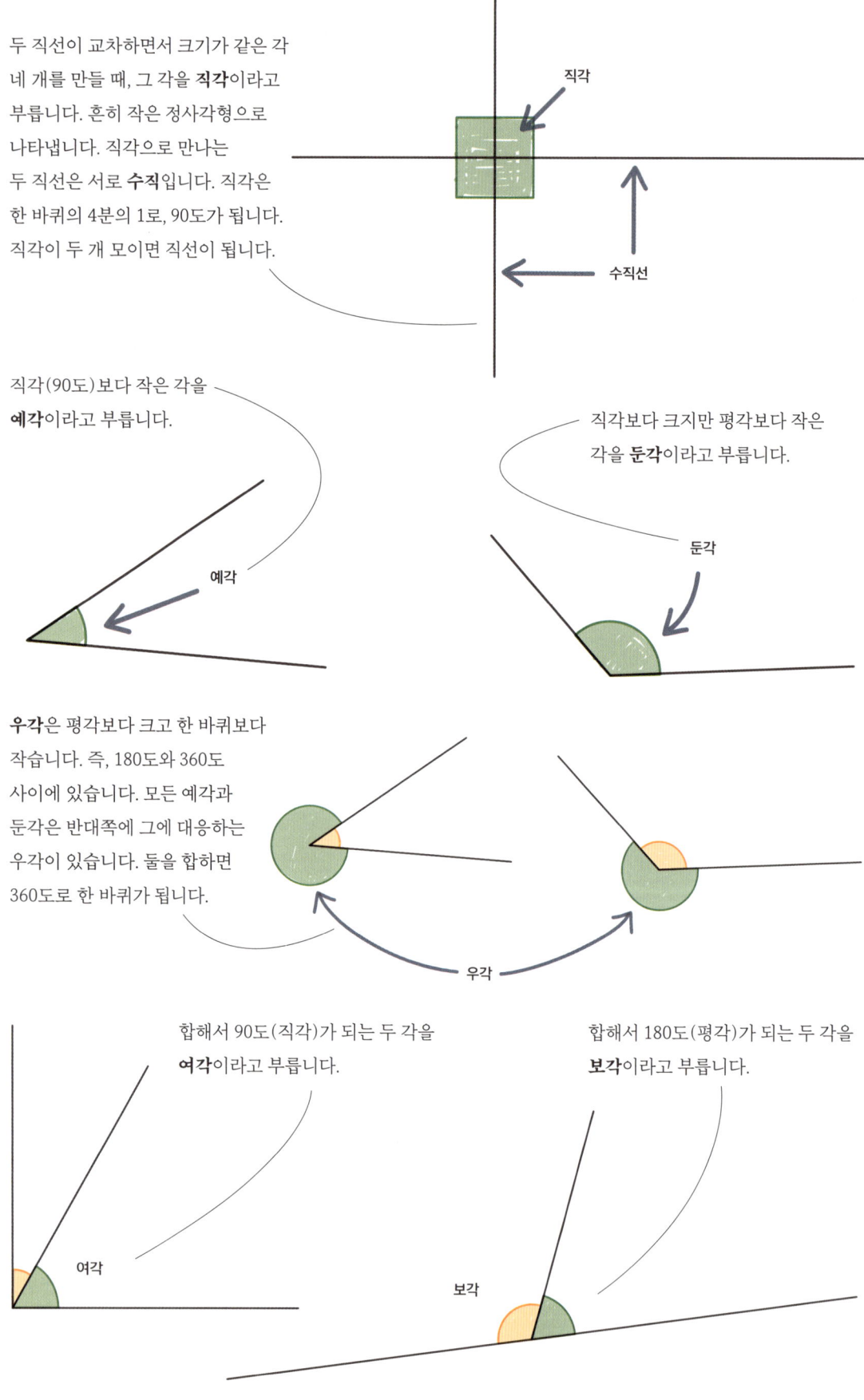

각을 잴 때는 **각도기**를 사용합니다. 반원형의 각도기를 이용하면 180도까지 잴 수 있으며, 원형 각도기로는 360도까지 측정할 수 있습니다.

각을 이루는 두 변 중 하나를 각도기의 기준선에 일치시킵니다. 그러고 다른 변이 가리키는 눈금을 읽습니다. 보통 서로 반대 방향으로 향하는 눈금이 두 개 있기 때문에 첫 번째 변이 눈금의 0을 가리키는 것을 확인하고 거기서부터 시작하는 눈금을 읽어야 합니다.

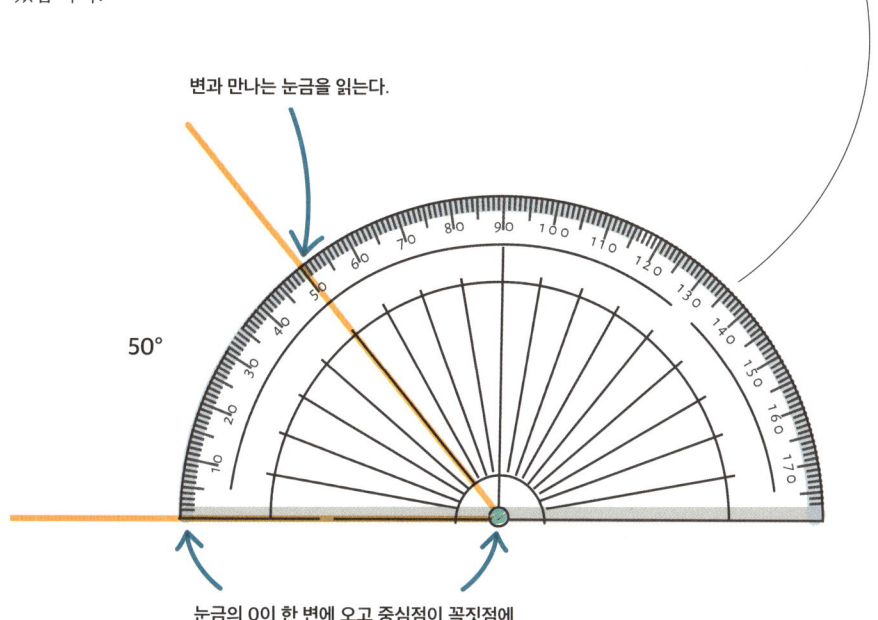

변과 만나는 눈금을 읽는다.

50°

눈금의 0이 한 변에 오고 중심점이 꼭짓점에 오도록 각도기를 놓는다.

원형 각도기를 이용하면 한쪽 눈금으로 예각 또는 둔각을 재고, 반대쪽 눈금으로 우각을 잴 수 있습니다. 둘을 합하면 언제나 360도가 됩니다.

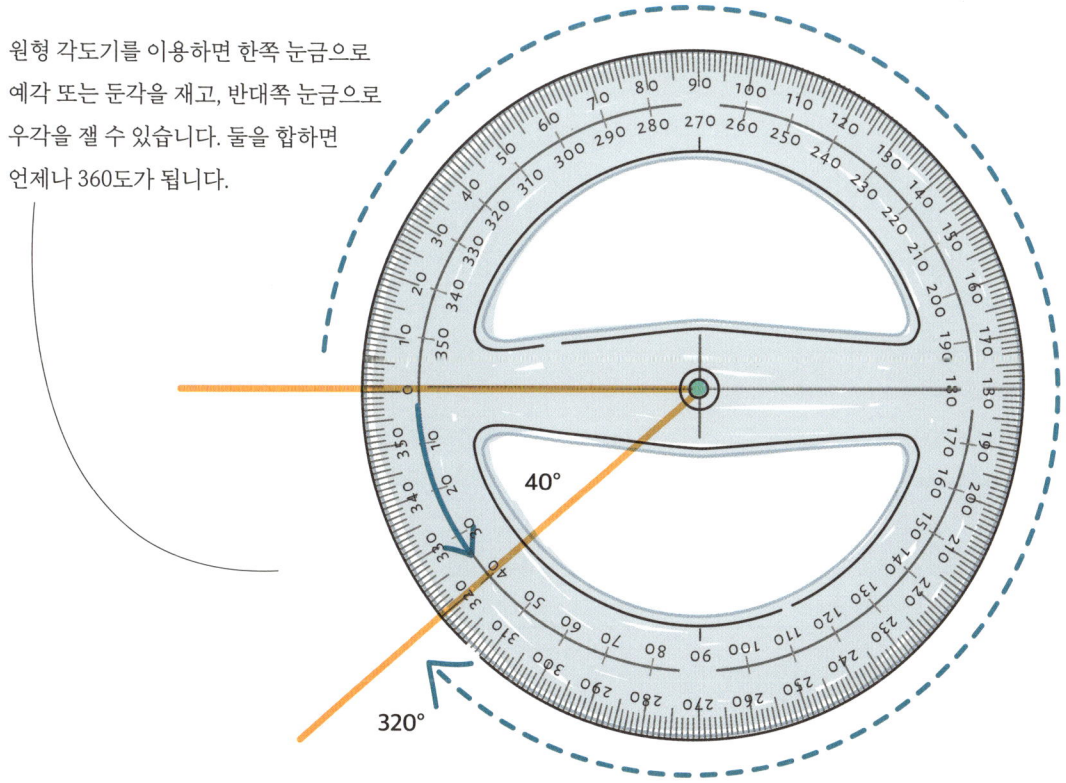

40°

320°

표기법

점과 직선, 각을 비롯한 기하학적 대상에는 흔히 쉽게 부를 수 있도록 이름을 붙입니다.
관례를 이용하면 오해를 불러일으키지 않고 이름을 붙일 수 있습니다.

점을 나타낼 때는 보통 알파벳 **대문자**를 이용합니다. **소문자**는 직선과 선분을 나타낼 때 쓰입니다. 여기 실린 그림에는 점이 일곱 개 있으며, 각각 A와 B, C, D, E, F, G입니다. 직선은 다섯 개 있으며, 각각 l과 m, n, r, s입니다.

그리스 문자는 종종 각을 나타내는 데 사용된다.

소문자는 직선을 나타내는 데 사용된다.

대문자는 점을 나타내는 데 사용된다.

각에는 흔히 **그리스 문자**를 붙입니다. 이 그림에는 각이 세 개 있고, 각각 θ(세타)와 α(알파), β(베타)입니다.

직선 위에 놓인 점을 이용해 직선을 나타낼 수도 있습니다. 예를 들어, 직선 l을 가리키는 또 다른 방법은 직선 AB라고 부르는 겁니다. A와 B 두 점을 지나가기 때문입니다.

각도 점을 이용해 나타낼 수 있습니다. 각 α은 CDB(또는 BDC)라고도 부를 수 있습니다. 점 C에서 D를 거쳐 B로(B에서 D를 거쳐 C로) 가면 직선 CD와 DB 사이의 각 α를 만들 수 있기 때문입니다. 언제나 가운데 있는 점이 각의 꼭짓점을 가리킵니다. 어떤 경우에는 가운데 알파벳 위에 삿갓 모양의 기호를 씌워 표시합니다. 각 $C\hat{D}B$는 점 D에서 생긴다는 뜻이지요.

선분도 직선처럼 나타낼 수 있습니다. 선분 AB는 점 A에서 시작해 점 B에서 끝나는 선분이라는 뜻이 될 수도 있고, 점 A와 B를 지나는 무한히 긴 직선이라는 뜻이 될 수도 있습니다.

직선이 아니라 선분임을 분명히 하고 싶다면 대괄호를 사용해 $[AB]$라고 쓰면 됩니다.

관례는 규칙이 아닙니다. 만약 여러분이 원한다면 점에 '룰루'라는 이름을 붙여도 막을 수 있는 사람은 없습니다! 하지만 관례를 지켜야 다른 사람도 그게 무슨 뜻인지 짐작할 수 있지요.

기하학에서 흔히 쓰이는 그리스 문자

α 알파

β 베타

θ 세타

γ 감마

λ 람다

δ 델타

도형에 쓰이는 표기법 중에는 각이나 직선에 관한 사실을 알려주는 것도 있습니다. 만약 각 두 개에 똑같은 수의 **대시**(-) 표기가 있으면 두 각의 크기는 같습니다. 이 도형에서 작은 대시 표기가 하나씩 있는 각 $D\hat{A}B$와 $B\hat{C}D$의 크기는 같습니다. 대시 표기가 두 개씩 있는 각 $A\hat{D}C$와 $C\hat{B}A$의 크기 역시 같습니다. 크기가 같은 각에 똑같은 수의 호를 사용해 나타내는 또 다른 방법도 있습니다.

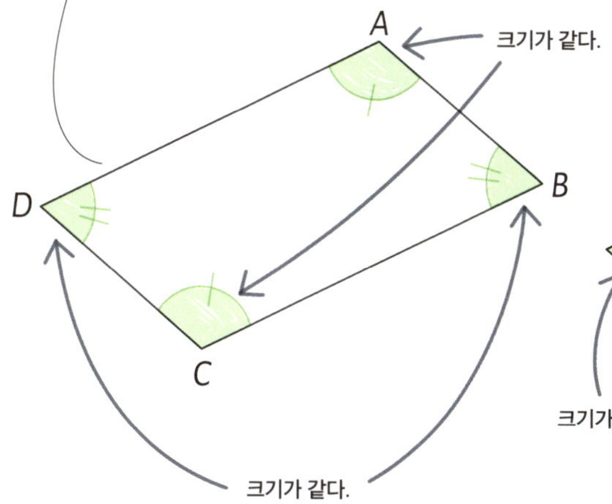

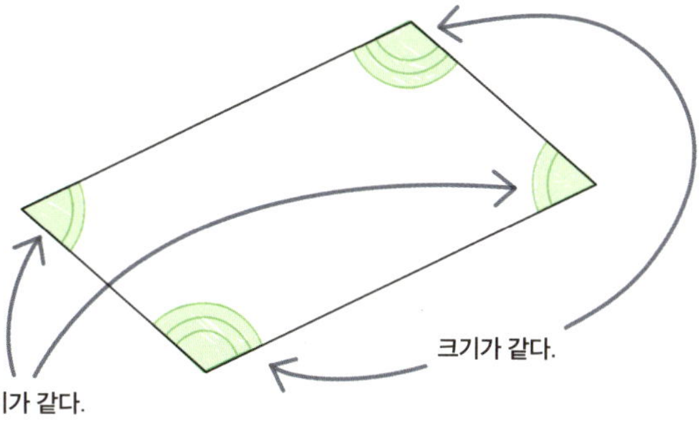

선분에도 똑같은 표기법을 사용할 수 있습니다. 이 그림은 AB와 CD(작은 대시가 하나씩 있음)의 길이가 같으며, AD는 BC(작은 대시가 두 개씩 있음)와 길이가 같다는 사실을 보여줍니다.

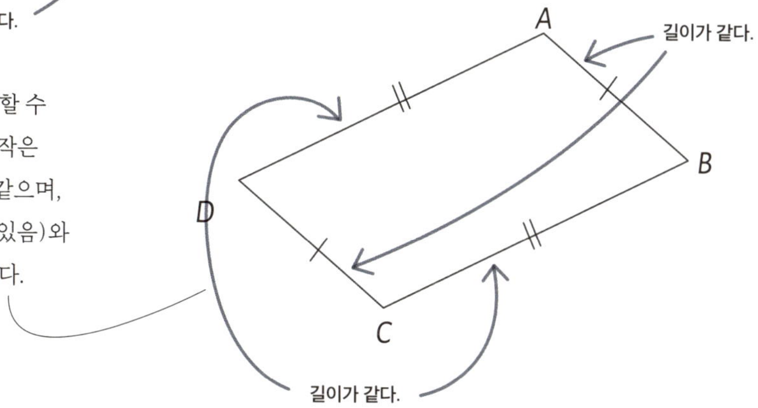

두 직선이나 선분이 평행하다는 사실을 나타낼 때는 **화살표**를 사용합니다. 아래 그림을 보면 AB와 CD(작은 화살표가 하나씩 있음)가 평행하고, AD와 BC(작은 화살표가 두 개씩 있음)가 평행함을 알 수 있습니다.

이런 정보를 한 그림에 모두 표시할 수도 있습니다. 단어를 거의 사용하지 않고도 기하학적 대상에 관한 사실을 전달하는 매우 편리한 방법이지요.

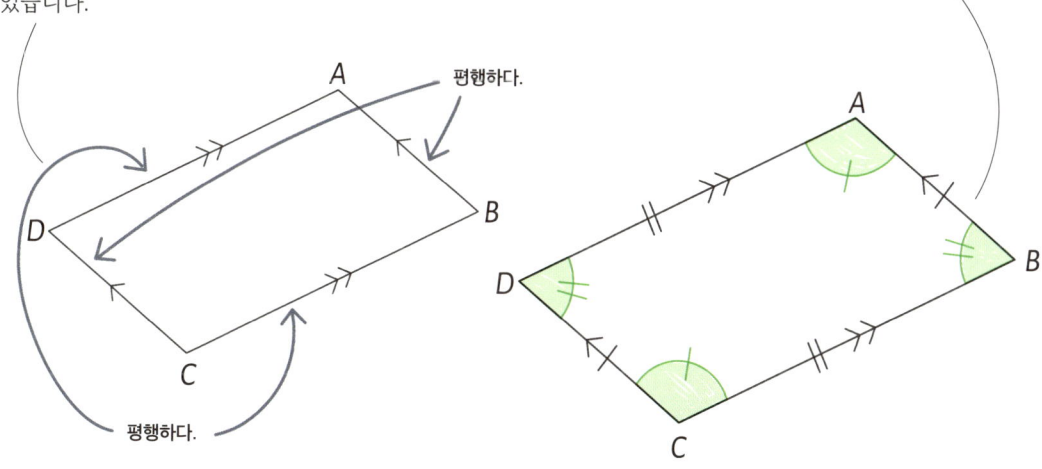

기하학을 위한 대수학

기하학적 대상을 다룰 때 대수학을 사용하면 대상 사이의 관계를 더 쉽게 이해할 수 있습니다. 대수학의 주요 원리는 기호를 이용해 수를 나타내는 것이지요. 앞에서 이미 문자로 점과 직선, 각을 가리킬 수 있다는 사실을 살펴보았습니다. 이렇게 대상의 크기를 문자로 표현하면 비슷한 유형이나 관계의 다른 모든 대상에도 이를 적용해볼 수 있습니다.

평행한 두 선분 AB와 BC가 있다고 할 때 AB의 길이는 2이고, BC의 길이는 3입니다. 선분 AC의 길이를 알아내려면 두 길이를 더하면 됩니다. 2+3=5이죠.

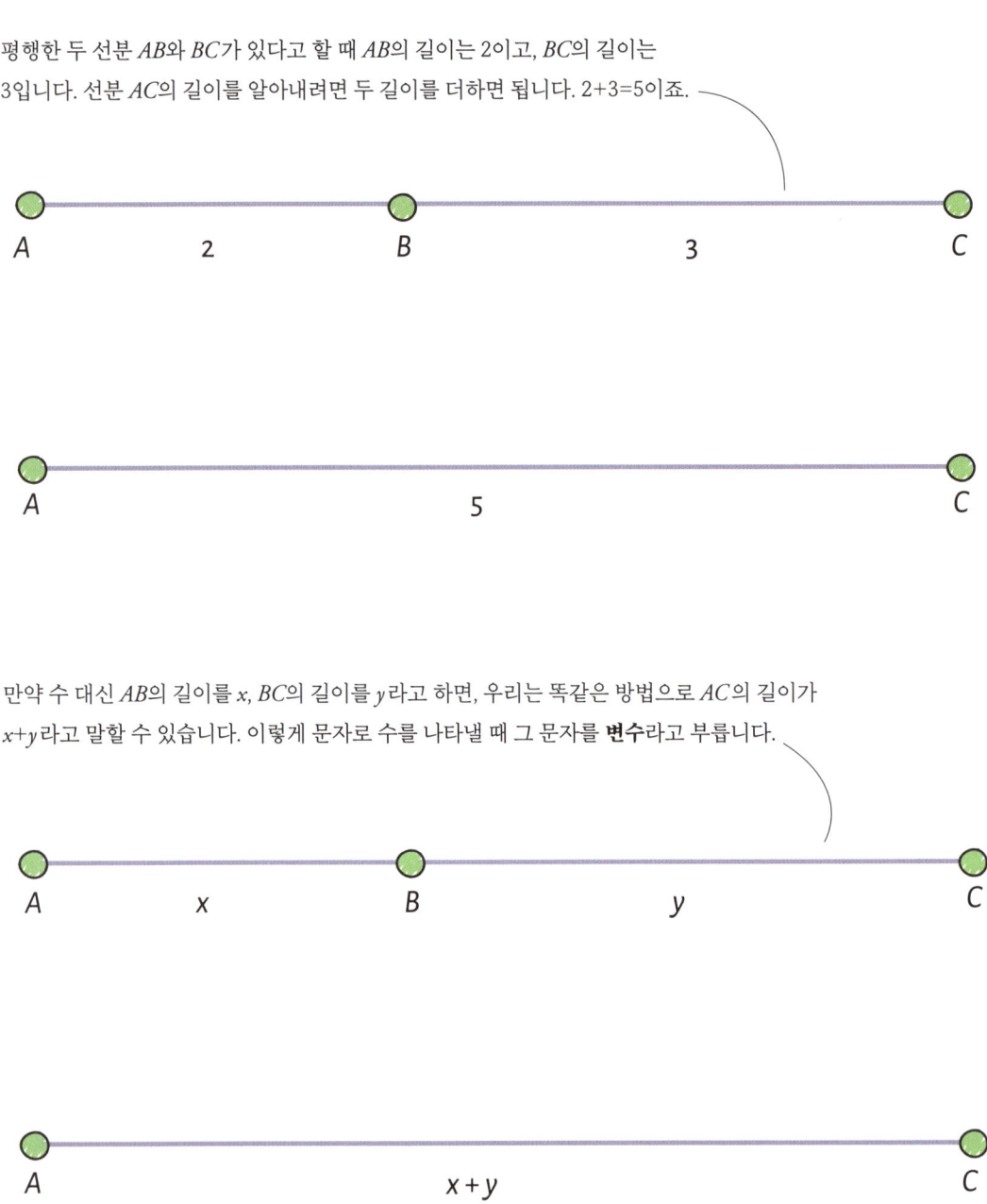

만약 수 대신 AB의 길이를 x, BC의 길이를 y라고 하면, 우리는 똑같은 방법으로 AC의 길이가 $x+y$라고 말할 수 있습니다. 이렇게 문자로 수를 나타낼 때 그 문자를 **변수**라고 부릅니다.

길이가 모두 같은 선분 세 개(AB, BC, CD)가 있는데, 그 길이를 모른다면 어떻게 될까요? 선분의 길이를 z라고 하면 AD의 총 길이는 $z+z+z$가 됩니다. 혹은 $3 \times z$ ($4+4+4$가 3×4이듯이), 줄여서 $3z$라고 쓸 수도 있습니다. 대수학에서는 보통 곱셈 기호를 쓰지 않습니다. 따라서 $3z$는 $3 \times z$와 같은 뜻입니다. 변수 앞의 수를 **계수**라고 부릅니다. 따라서 $3z$에서 변수는 z이고, z의 계수는 3입니다.

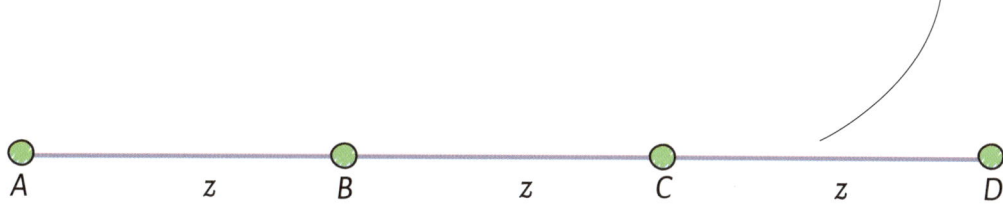

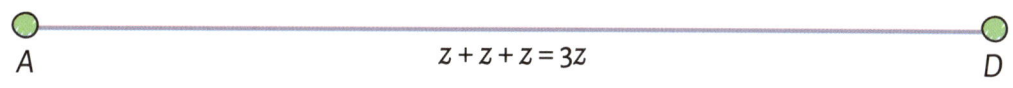

각각의 길이가 z의 배수, 예를 들어 $4z$와 $2z$인 두 선분이 있다면 어떻게 될까요? 우리는 $4z = z+z+z+z$이고, $2z = z+z$임을 알고 있습니다. 만약 둘을 더하면 $6z$가 됩니다. 따라서 길이가 같은 변수의 배수인 선분이 두 개 이상 있다면, 계수를 더해서 총 길이를 알아낼 수 있습니다. $4z+2z=6z$가 됩니다.

대수학은 이보다 훨씬 심오하지만, 이 정도의 기초적인 개념만으로도 이 책을 이해하는 데는 충분합니다. 대수학에 관해 더 알고 싶다면, 『태어난 김에 수학 공부: 대수』를 읽어보세요.

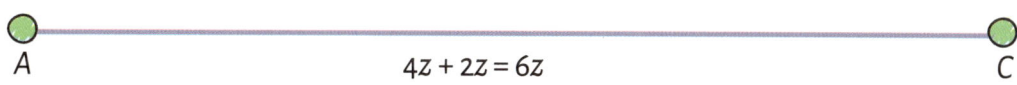

✓ 다시 보기

기하학의 구성 요소

점과 직선

- **직선**: 점이 한 방향으로 움직이는 궤적 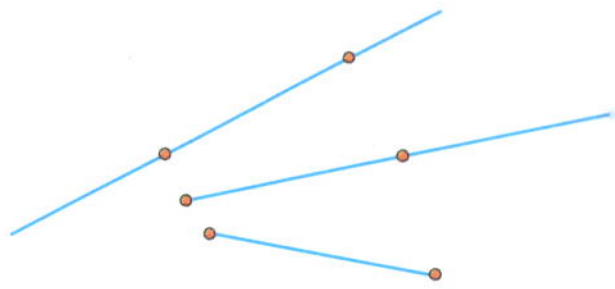
- **점**: 공간상에서 한 위치를 나타낸다.
- **반직선**: 직선의 일부로, 한 점에서 시작해 무한히 뻗어 나간다.
- **동일직선상의 점**: 똑같은 직선 위에 놓인 세 개 이상의 점
- **선분**: 직선의 일부로, 한 점에서 시작해 다른 점에서 끝난다.
- **평행선**: 절대 가까워지거나 멀어지지 않는 두 직선

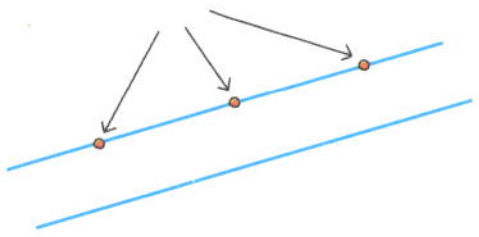

각

- **각**: 한 점에서 만나는 두 반직선 사이의 공간 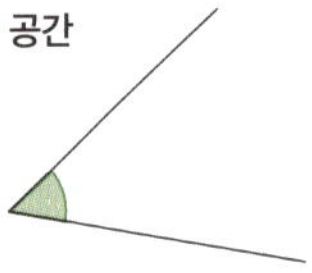
- **꼭짓점**: 각이 생기는 점
- **변**: 각을 이루는 두 반직선
- **한 바퀴**: 360°로, 점 주위를 완전히 돌면 생긴다. 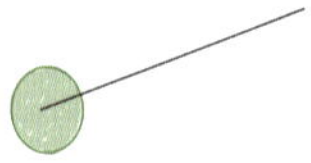
- **평각**: 180°로, 두 변이 직선을 이룰 때 생긴다. 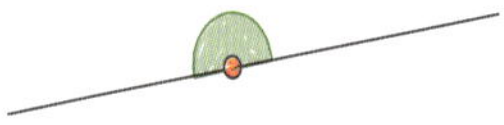
- **수직**: 직각으로 만나는 직선은 서로 수직이다.
- **직각**: 90°로, 교차하는 두 직선이 만드는 네 각의 크기가 모두 같을 때 생긴다.

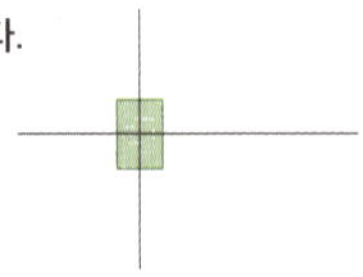

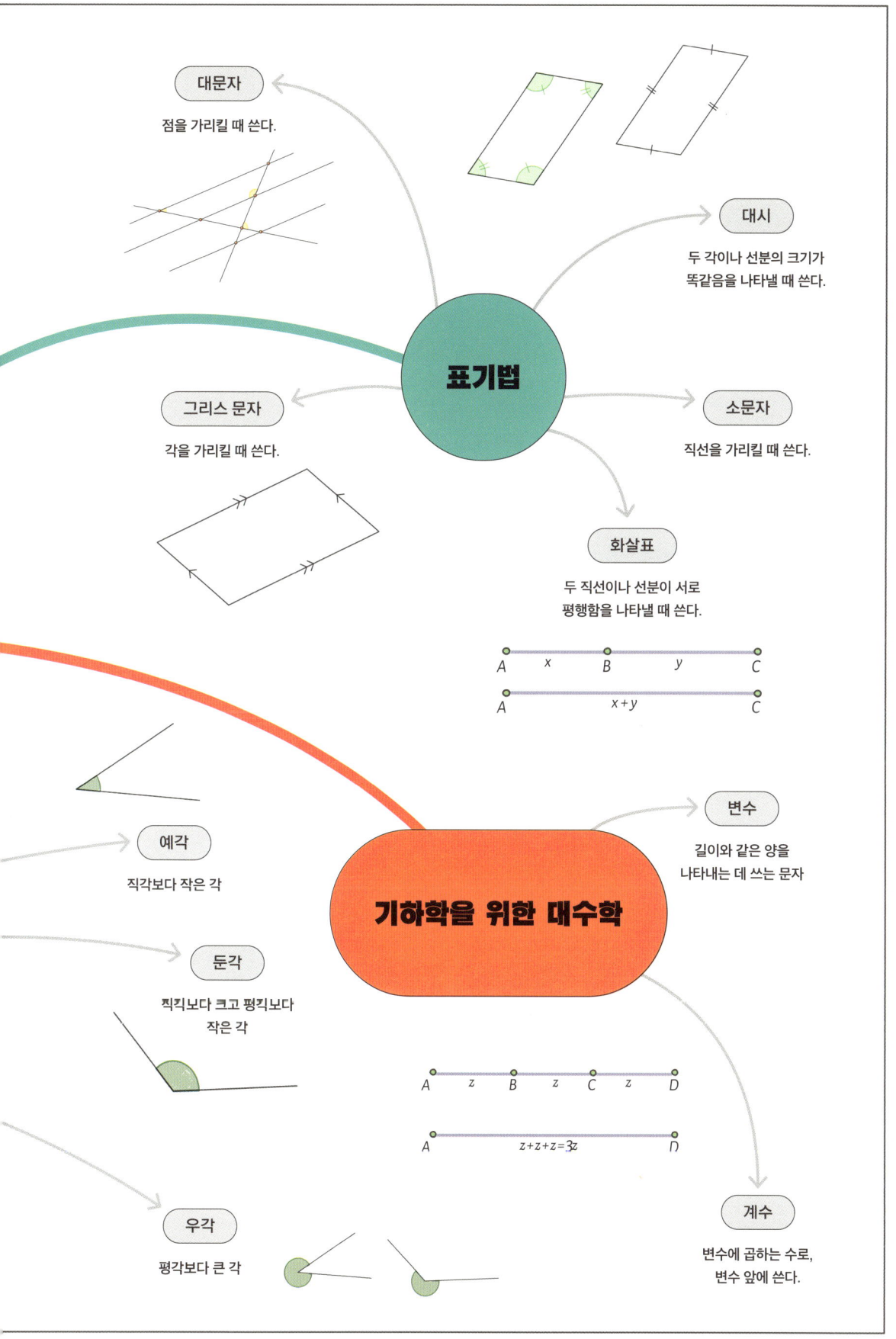

2장

2차원 도형

유클리드의 평면 기하학에서 다루는 도형은 모두 2차원 도형입니다. 이미 많은 2차원 도형을 알고 있겠지만, 그중에는 생소한 것도 있을 겁니다.
이 장에서는 가장 간단한 도형을 알아보겠습니다. 원을 이용해 다소 낯선 다른 도형을 어떻게 만드는지 알 수 있습니다. 또, 다각형과 다각형을 분류하는 방법과 그 성질을 보여주는 몇 가지 유명하고 중요한 정리를 알아보겠습니다.

원

원은 자연에서도 찾을 수 있습니다. 예를 들어, 물에 떨어진 돌은 원형 파동을 만들지요.
인류 역사에서 가장 중요한 발명품이었던 바퀴 역시 원입니다.

원은 중심점에서 일정한 거리에 있는 점들로 이루어진 도형입니다. 이런 성질 덕분에 원은 2차원 도형 중에서 가장 그리기 쉽습니다.

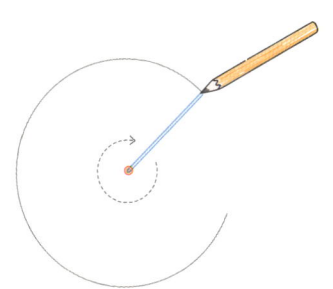 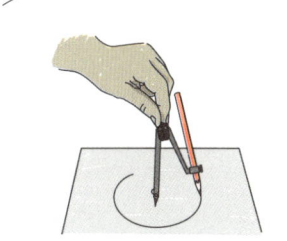

단단한 막대의 한쪽 끝을 고정한 후 다른 한쪽 끝을 천천히 한 바퀴 돌리면서 반대쪽 끝을 따라 선을 그림으로써 원을 만들 수 있습니다. 이 원 위의 모든 점은 중심점으로부터의 거리가 같습니다. 이 거리를 원의 **반지름**이라고 부릅니다. 보통 r로 반지름을 나타냅니다.

반지름과 지름, 원둘레

원둘레 c는 원을 한 바퀴 도는 거리입니다. 원을 그릴 때 연필이 움직이는 거리와 같습니다. 중심점을 지나 원둘레와 두 점에서 만나는 선분의 길이는 **지름**이며, 보통 d라고 씁니다.

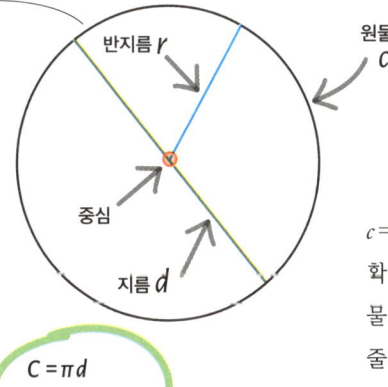

$$c = \pi d$$
$$\text{또는 } c = 2\pi r$$

원둘레와 반지름 또는 지름의 비율은 바로 널리 알려진 상수인 파이로 나타낼 수 있습니다. 파이는 보통 그리스 문자 π로 쓰며, 그 값은 약 3.14159…입니다. 어떤 원이든 지름에 파이를 곱하면 원둘레가 됩니다($c=\pi d$). 지름은 반지름의 두 배이므로 지름의 두 배에 파이를 곱해도 됩니다($c=2\pi r$).

$c=\pi d$가 참이라는 사실은 직접 확인해볼 수 있습니다. 갖고 있는 물건 중에서 원형을 찾아보세요. 줄자나 실을 사용해 원의 둘레를 잽니다. 둘레는 언제나 지름의 세 배를 살짝 넘을 거예요.

원의 넓이

원이 둘러싸고 있는 공간의 크기를 넓이 A라고 합니다. 넓이를 계산하려면 반지름의 제곱에 π를 곱하면 됩니다($A=\pi r^2$).

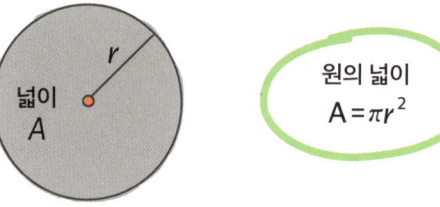

원 나누기

지름은 원을 **반원** 두 개로 나눕니다. 반지름의 양 끝점과 원둘레 위의 한 점을 잇는 삼각형을 그리면 원둘레 위에 있는 꼭짓점의 각은 항상 직각이 됩니다.

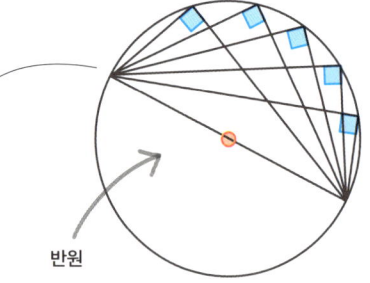

현은 중심점을 지나가지 않으면서 원을 가로질러 원둘레 위의 두 점을 잇는 **선분**입니다. 현은 원둘레를 호 두 개로 나눕니다. 둘 중 작은 호를 열호, 큰 호를 우호라고 부릅니다. 현 역시 원의 넓이를 열활꼴과 우활꼴의 두 활꼴로 나눕니다.

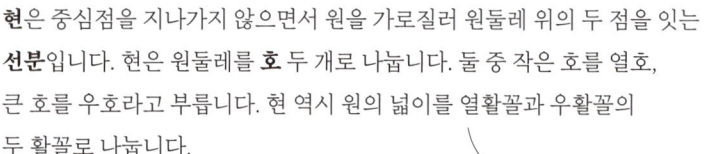

두 반지름으로 둘러싸인 부분을 **부채꼴**이라고 합니다. 부채꼴은 케이크나 피자 조각과 같이 생겼지요.

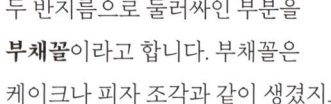

접선

원 바깥의 한 점에서 원둘레 위의 딱 한 점을 지날 뿐 교차하지 않는 **직선**을 그릴 수 있습니다. 그런 직선을 접선이라고 합니다. 중심점에서 접선과 원둘레가 만나는 점으로 반지름을 그리면, 접선과 반지름은 항상 직각을 이룹니다. 한 점에서 만나는 두 접선은 그 점에서부터 원과 만나는 점까지의 거리가 같습니다.

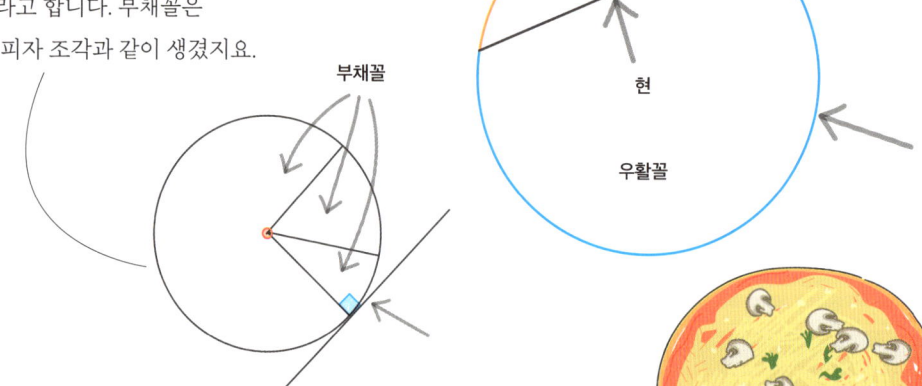

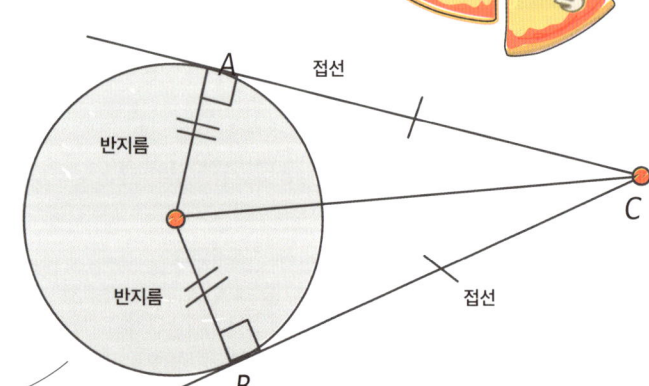

곡선으로 이루어진 도형

우리는 이미 곡선으로 이루어진 도형 하나를 살펴보았습니다. 바로 원이죠.
수학자들은 곡선으로 이루어진 다른 여러 도형을 연구하고 있습니다. 그 흥미로운 성질과 용도도요.

교차하는 원

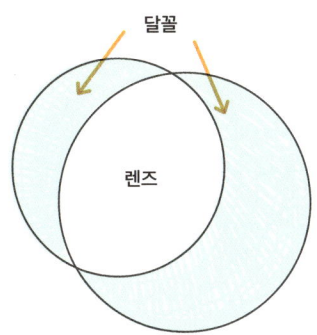

원이 교차하면 곡선 도형이 생깁니다. 두 원이 교차하면, 렌즈(겹치는 영역)와 두 달꼴(초승달 모양의 영역)이 생깁니다.

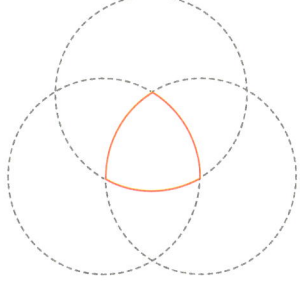

뢸로 삼각형은 반지름이 똑같고 각 원이 다른 두 원의 중심점을 지나는 세 원이 겹치는 영역입니다.

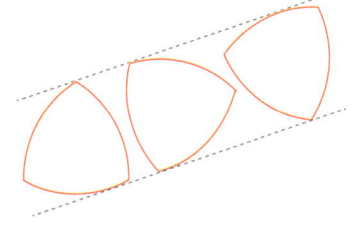

뢸로 삼각형은 폭이 일정한 도형입니다. 아무리 회전해도 일정하게 떨어진 두 평행선 안에 정확하게 들어맞을 수 있다는 뜻입니다.

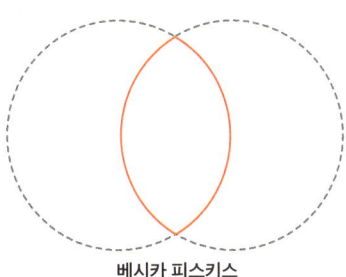

만약 두 원의 반지름이 같고 각 원이 다른 원의 중심점을 지날 경우에 생기는 렌즈를 '베시카 피스키스'라고 부릅니다. 라틴어로 '생선의 부레'라는 뜻입니다.

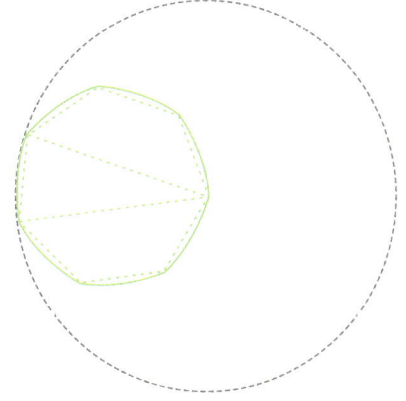

변이 홀수 개인 다각형을 이용하면 폭이 일정한 도형을 그릴 수 있습니다(29쪽 참고). 인접한 두 꼭짓점 사이에 반대쪽 꼭짓점을 중심으로 하는 원호를 그리면 됩니다. 영국의 20펜스와 50펜스짜리처럼 몇몇 나라에서는 동전을 폭이 일정한 도형 모양으로 만들지요. 폭이 일정하기 때문에 이런 동전도 둥근 동전과 똑같이 자판기 같은 기계에 사용할 수 있습니다.

27

타원

타원은 찌그러진 원처럼 생겼습니다. 초점이 두 개 있는데요, 타원 위의 한 점에서 두 초점까지의 거리를 합하면 항상 일정합니다. 예를 들어, 이 그림에서 $a+b$는 $c+d$와 같습니다.

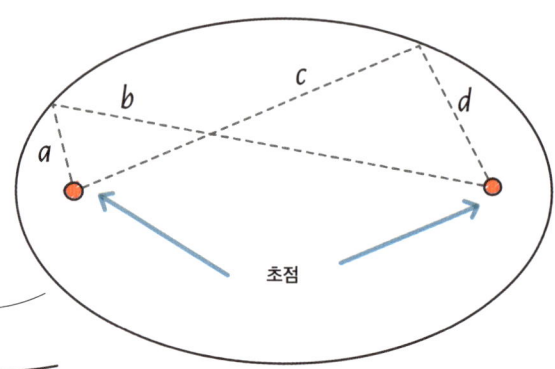

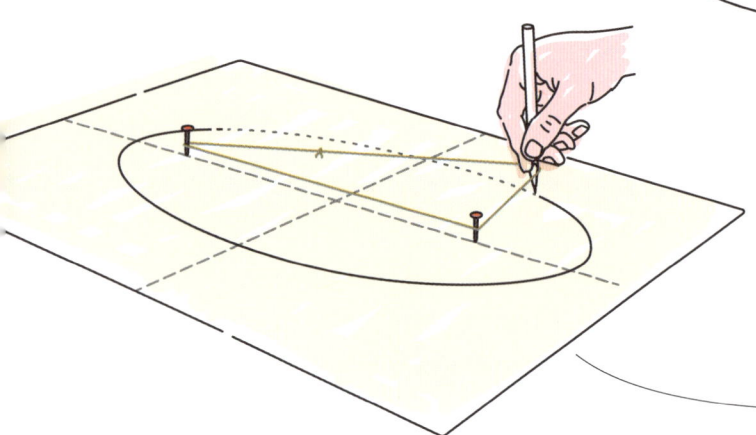

이 성질을 이용해 타원을 그릴 수 있습니다. 두 고정점에 실로 만든 고리를 걸고 연필을 넣어 실을 팽팽하게 잡아당깁니다. 그리고 팽팽함을 유지한 채로 연필을 움직여 그릴 수 있습니다.

심장형

심장형은 말 그대로 심장 모양의 곡선입니다. 한 원이 반지름이 똑같은 다른 원 주위를 돌 때 회전하는 원의 한 점이 그리는 경로지요. 때로는 커피 표면에서 심장형 곡선을 볼 수 있습니다. 컵 가장자리에서 반사된 빛이 표면에서 만드는 무늬입니다.

심장형 마이크는 소리를 포착하는 영역의 모양이 심장형이라서 그렇게 부릅니다. 가수가 내는 소리를 포착하지만 주변에서 나는 잡음은 대부분 걸러냅니다.

다각형

다각형은 곧은 선분으로 이루어진 도형입니다.
많다는 뜻의 '다多'와 각도를 나타내는 '각'으로 이루어진 단어로, 각이 많다는 뜻입니다.

다각형은 변의 수에 따라 이름이 달라집니다. 변의 수가 보통 맨 앞에 붙지요. 예를 들어, 오각형은 모서리가 다섯 개(따라서 변이 다섯 개)입니다. 육각형은 변이 여섯 개, 팔각형은 변이 여덟 개입니다. 마찬가지로, 천각형은 변이 1000개겠지요?

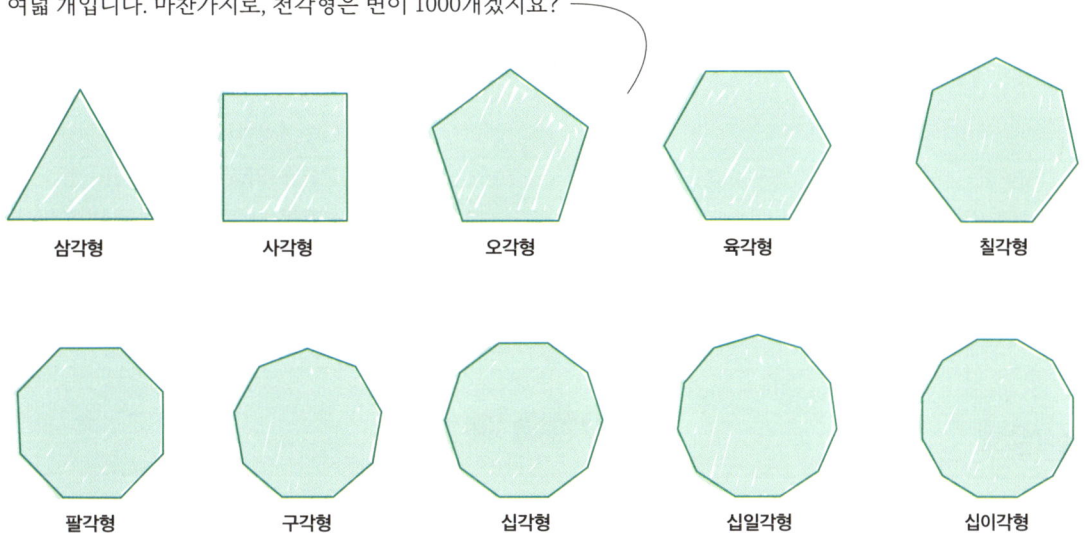

다각형의 변의 길이는 모두 같고 각의 크기는 모두 같다.

정다각형이 아닌 다각형을 불규칙 다각형이라고 합니다.
만약 변의 길이가 모두 같은 다각형이 있다면, 그 다각형을
등변 다각형이라고 합니다. 각이 모두 같다면,
등각 다각형입니다. 따라서 정다각형은 등변 다각형이면서
동시에 등각 다각형입니다.

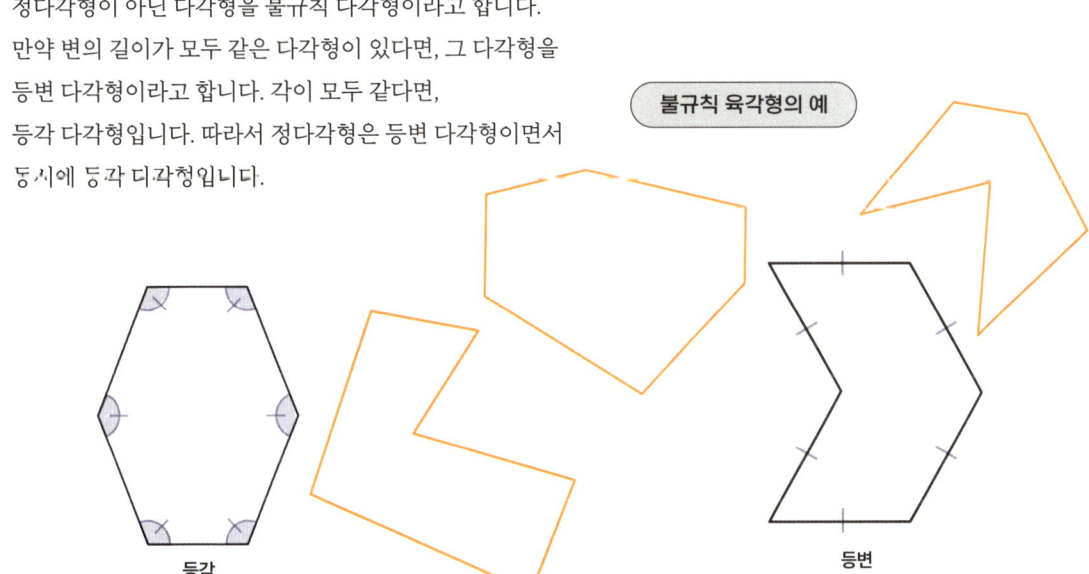

삼각형

변이 세 개인 다각형은 삼각형입니다. 삼각형은 안정적이고 튼튼하기 때문에 건축과 건설 분야에서 유용합니다.
삼각형은 세 종류로 나눌 수 있습니다. 정삼각형과 이등변삼각형, 부등변삼각형입니다.
직각이 있는 유형은 이등변삼각형일 수도 있고 부등변삼각형일 수도 있습니다.

정삼각형

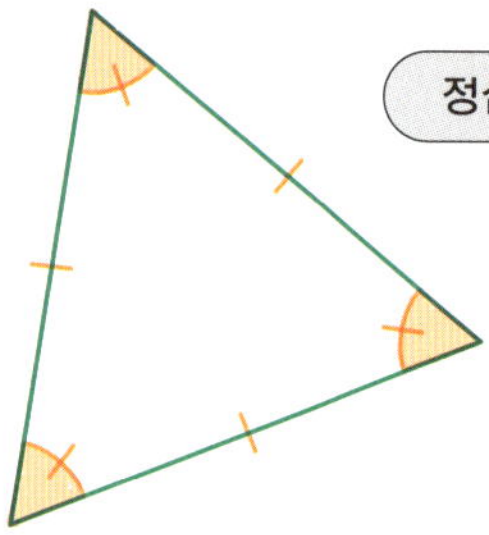

정삼각형은 변이 세 개인 정다각형입니다. 변의 길이는 모두 같고, 각은 모두 60도로 크기가 같습니다.

이등변삼각형

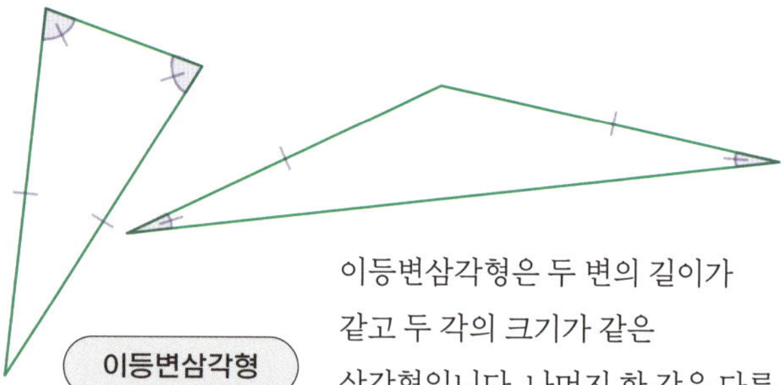

이등변삼각형은 두 변의 길이가 같고 두 각의 크기가 같은 삼각형입니다. 나머지 한 각은 다른 두 각과 크기가 다르며, 항상 길이가 같은 두 변 사이에 있습니다.

삼각형의 유형

부등변삼각형

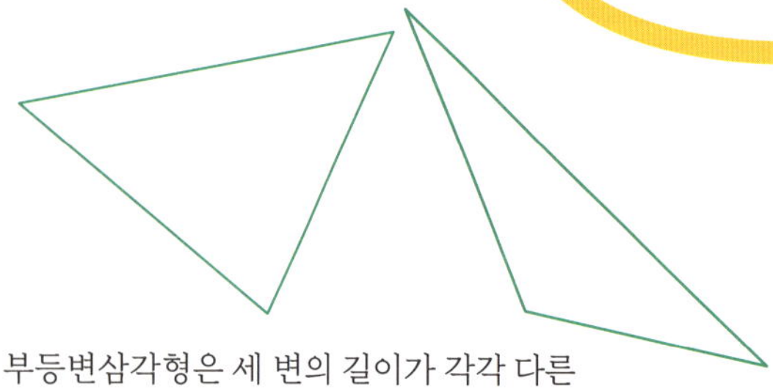

부등변삼각형은 세 변의 길이가 각각 다른 삼각형입니다. 각의 크기도 제각기 다릅니다.

직각삼각형

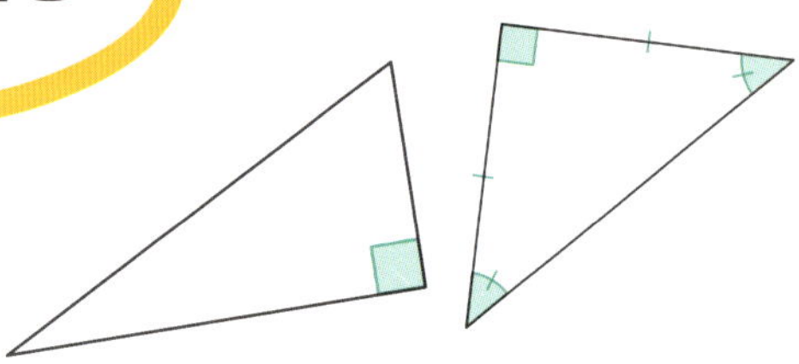

직각삼각형은 한 각이 직각이고 다른 두 각은 예각입니다. 이등변삼각형일 수도, 부등변삼각형일 수도 있습니다.

삼각 부등식

삼각 부등식은 삼각형의 세 변의 길이에 관한 규칙입니다.
가장 긴 변(**빗변**)은 다른 두 변을 합친 것보다 짧아야 합니다.
조금만 생각해보면 당연합니다.
짧은 두 변을 합친 길이가 빗변의 길이보다 작다면, 빗변의 양 끝에

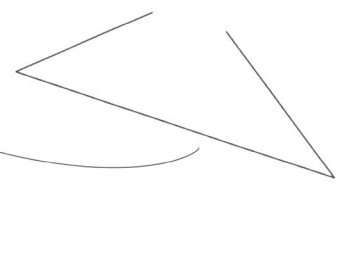

다른 두 변을 붙였을 때 다른 두 변의 반대쪽 끝이 만나 꼭짓점을 만들 수 없습니다. 두 변을 합한 길이가 빗변의 길이와 같다면, 두 변의 반대쪽 끝은 빗변 위의 한 점에서 만납니다. 삼각형이 아니라 선분이 되겠지요.

삼각형의 각

모든 삼각형은 세 각의 크기를 합하면 180도, 즉 평각이 됩니다.
삼각형을 그린 뒤 세 꼭짓점이 각각 나뉘도록 세 조각으로 나누고,
꼭짓점이 만나게 배열하면 곧은 선이 생깁니다.

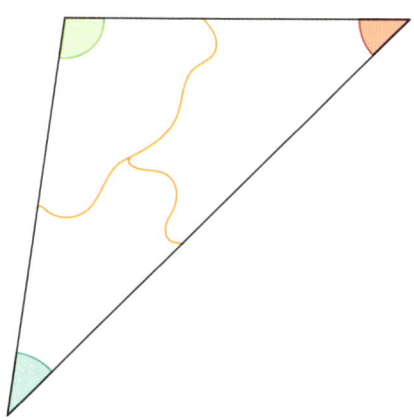

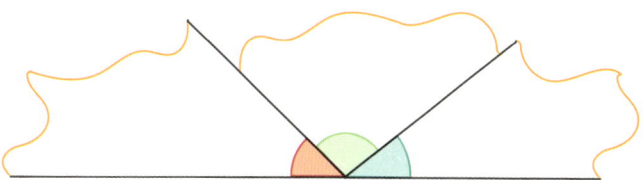

삼각형의 넓이

삼각형의 넓이를 구하려면 두 가지를 알아야 합니다.

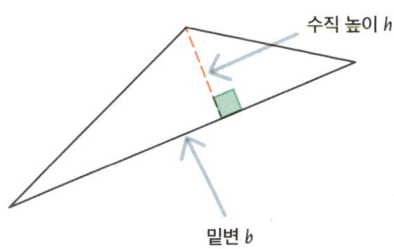

① 우리가 밑변이라고 부르는 한 변의 길이(b).
어느 변이든 밑변이 될 수 있습니다.

② 밑변에 수직인 삼각형의 높이.
이것을 수직 높이(h)라고 부릅니다.

수직 높이를 알아내려면 선택한 밑변에
수직이면서 반대쪽 꼭짓점을 지나는
직선을 그립니다. 반대쪽 꼭짓점이
밑 바로 위쪽에 있지 않다면, 밑변을
연장해야 할 수도 있습니다.

삼각형의 넓이를 알아내려면 밑변의
길이에 수직 높이를 곱한 뒤 2로
나눕니다. 식으로 쓰면 $A=\frac{bh}{2}$가 됩니다.

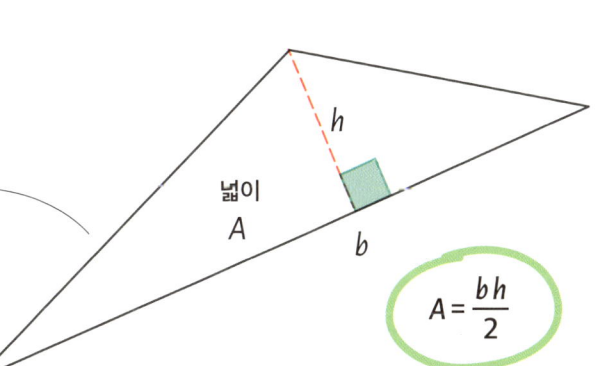

$$A = \frac{bh}{2}$$

피타고라스 정리

고대 그리스인이 발견한 수많은 정리 중에서 피타고라스 정리는 거의 모든 사람이 알고 있습니다. 피타고라스 정리라는 이름이 붙어 있기는 하지만, 이 정리를 고대 이집트인과 바빌로니아인뿐만 아니라 중국과 인도에서도 알고 있었다는 증거가 있습니다. 피타고라스가 태어나기 한참 전에 존재했던 문명이지요!

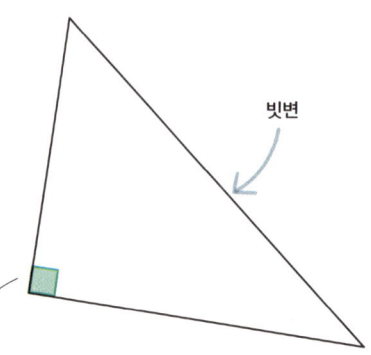
빗변

피타고라스 정리는 직각삼각형의 가장 긴 변(빗변)과 다른 두 변 사이의 관계를 나타냅니다. 빗변은 직각의 반대쪽에 있는 변입니다. 직각을 이루는 두 변 중 하나가 아니라는 뜻입니다.

피타고라스 정리에 따르면, 직각삼각형에서 빗변의 길이가 c이고 다른 두 변의 길이가 a와 b라면 다음이 성립합니다.

$$a^2 + b^2 = c^2$$

직각삼각형에서 직각의 반대쪽 변이 빗변이라는 사실은 직각삼각형이 아닌 다른 모든 삼각형에서도 성립하는 일반적인 관계의 특수한 경우입니다. 삼각형의 가장 긴 변은 항상 가장 큰 각의 반대쪽에 있고, 가장 짧은 변은 항상 가장 작은 각의 반대쪽에 있습니다.

가장 긴 변

가장 큰 각

가장 작은 각

가장 짧은 변

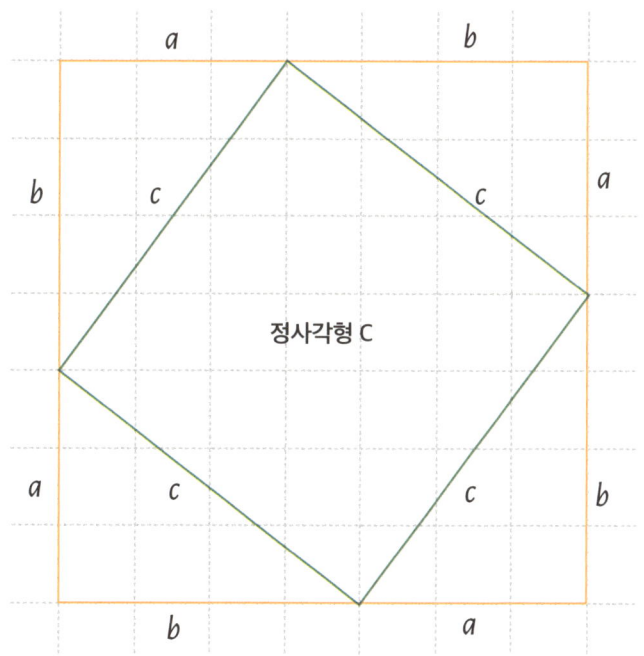

피타고라스 정리가 참임을 확인하고 싶다면 이 두 그림을 보세요. 바깥쪽 정사각형 두 개는 크기가 같습니다. 각 사각형 안에는 짧은 변의 길이가 각각 세 칸과 네 칸인 직각삼각형 네 개가 있습니다. 이 네 개의 직각삼각형은 바깥쪽의 큰 정사각형 안에서 같은 넓이를 차지합니다. 남은 넓이도 같아야 합니다. 따라서 정사각형 C의 넓이는 정사각형 A와 정사각형 B의 넓이를 합한 것과 같아야 합니다. 정사각형의 넓이는 변의 길이의 제곱이므로(39쪽 참고) $a^2+b^2=c^2$이 됩니다.

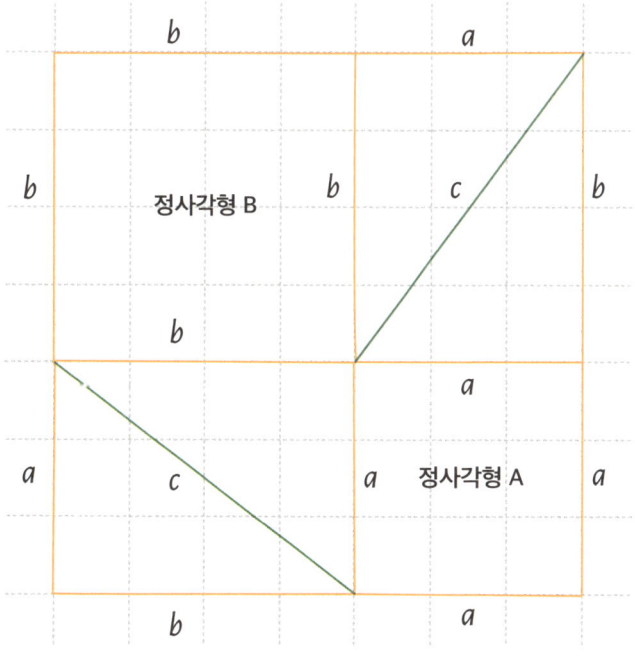

그림을 보고 의미를 이해하는 데는 시간이 걸릴 수도 있습니다. 하지만 괜찮습니다! 수학은 천천히 하는 게임입니다. 모든 개념을 확실히 이해하고 그것을 바탕으로 다음 단계로 넘어가기 위해서는 시간을 들일 가치가 있습니다.
그림에 관해 의문이 생길 수도 있습니다. 예를 들어, 정사각형 C가 정사각형인지는 어떻게 알까? 아주 좋습니다! 여러분은 수학자처럼 생각하고 있는 겁니다! 10장 기하학적 증명에서 이에 관해 더 자세히 알아보겠습니다.

삼각형의 중심

원의 중심을 구하는 건 간단합니다. 다른 모든 점으로부터 똑같은 거리에 있는 점이지요.
삼각형의 경우에는 중심을 구하는 게 그렇게 분명하지 않습니다.
수학자들은 목적에 따라 서로 다른 중심점을 정의하지요. 그런 중심점이 수천 개나 있답니다!

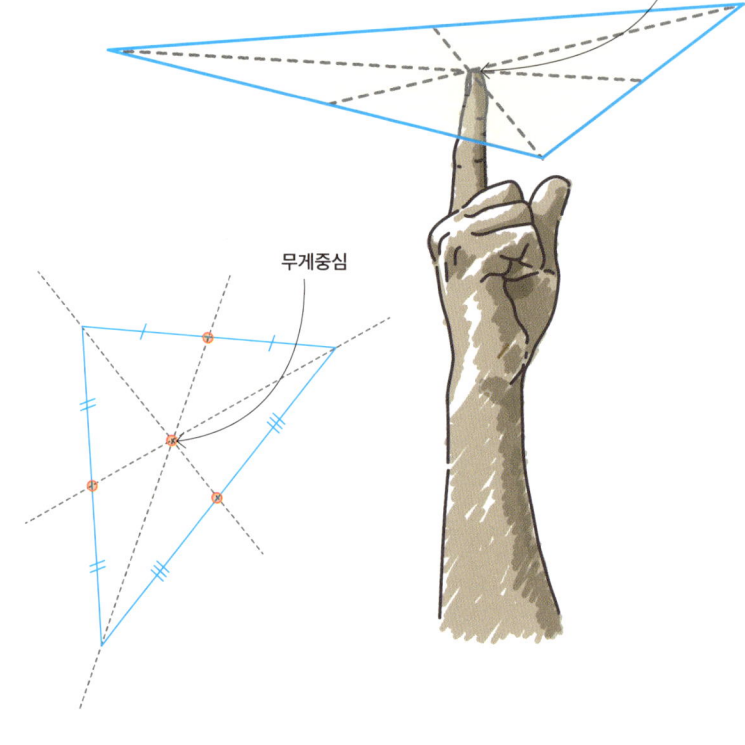

무게중심

가장 실용적인 삼각형의 중심은 **무게중심**입니다. 삼각형의 무게가 고르게 퍼져 있으면 그 점을 중심으로 균형을 잡을 수 있기 때문에 균형점이라고도 부릅니다. 무게중심을 찾으려면 각 변을 이등분하는 점(중간점)을 찾은 뒤 그 점에서 반대쪽 꼭짓점으로 선을 긋습니다. 세 선은 한 점에서 만나며, 그 점이 바로 무게중심입니다.

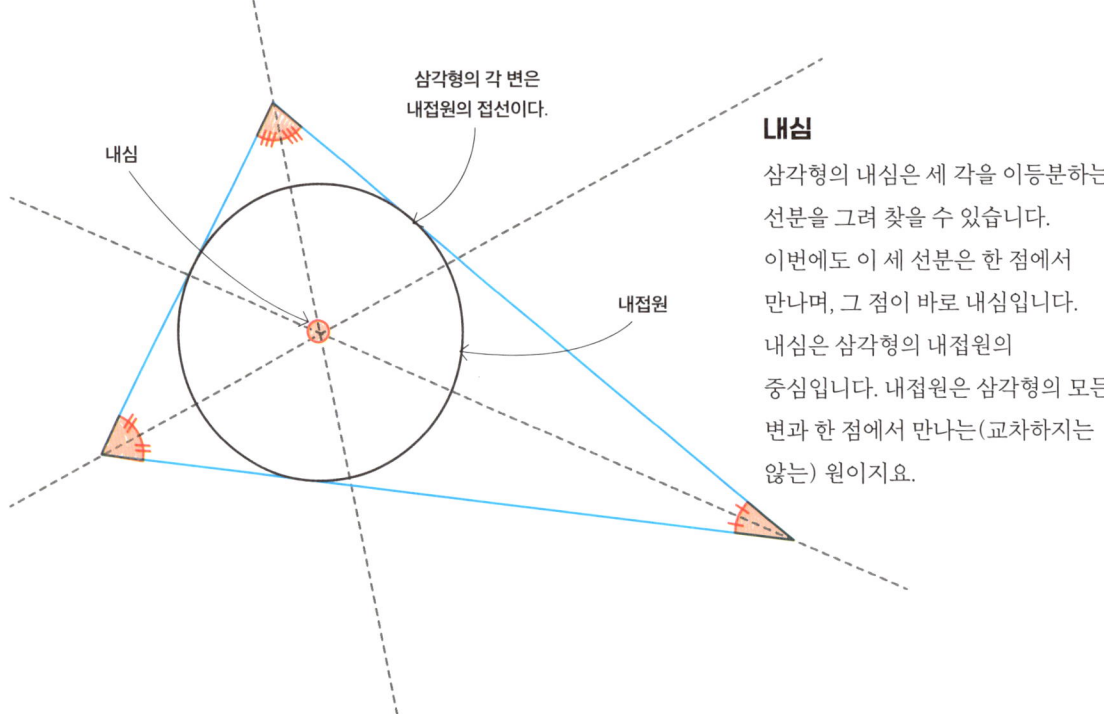

내심

삼각형의 내심은 세 각을 이등분하는 선분을 그려 찾을 수 있습니다. 이번에도 이 세 선분은 한 점에서 만나며, 그 점이 바로 내심입니다. 내심은 삼각형의 내접원의 중심입니다. 내접원은 삼각형의 모든 변과 한 점에서 만나는(교차하지는 않는) 원이지요.

외심

삼각형의 외심은 각 변을 수직이등분하는(48쪽 참고) 선분을 그려 찾을 수 있습니다. 이 수직이등분선은 외심에서 만나는데, 외심은 삼각형의 세 꼭짓점을 지나가는 원인 외접원의 중심입니다.

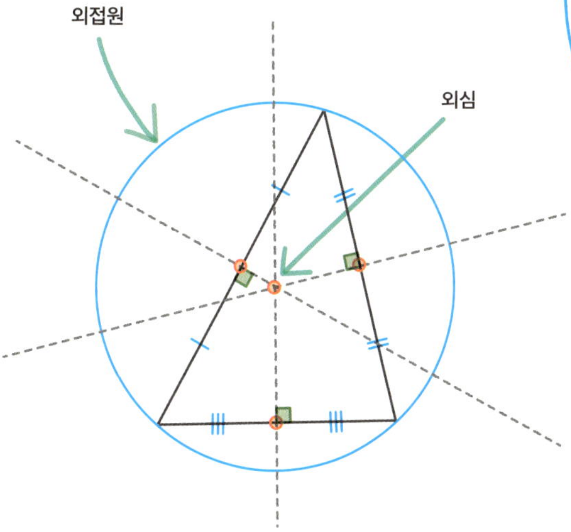

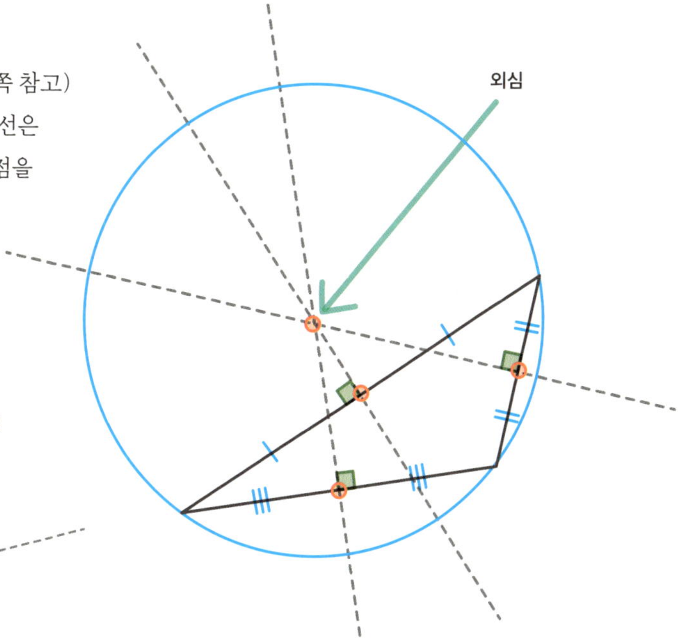

때때로 외심은 삼각형 밖에 있다.

중심의 서로 다른 정의

각 중심을 구하는 과정에서 패턴을 볼 수 있었을 겁니다. 각 변에서 선을 긋든 각 꼭짓점에서 선을 긋든 모든 세 직선은 한 점에서 만납니다. 간단히 이야기하면, 이것이 바로 어떤 점이 삼각형의 중심이 되기 위한 조건입니다. 더욱 신기한 삼각형의 중심 상당수는 꼭짓점에 관한 대수함수를 이용해 정의합니다.

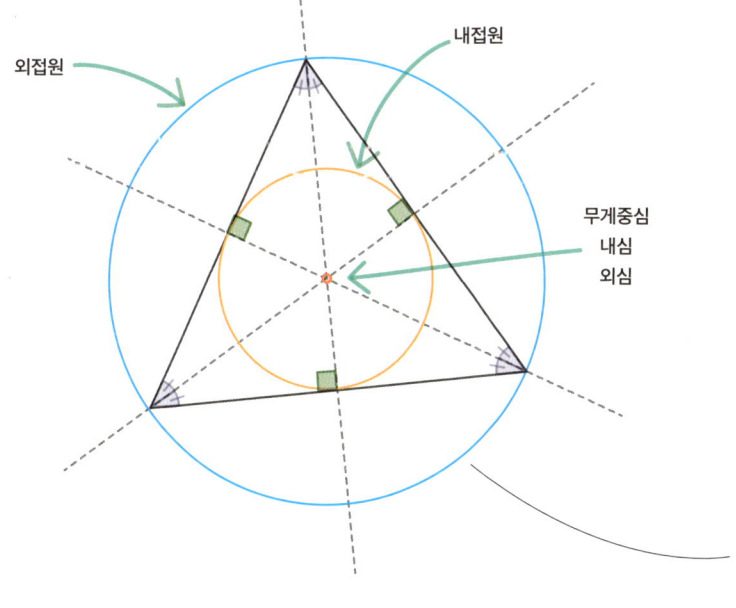

클라크 킴벌링이 만들고 관리하는 『삼각형 중심 백과』에는 5만 4000여 개의 중심이 담겨 있습니다. 외심의 사례에서 보았듯이 삼각형의 중심은 삼각형 안에 있지 않을 수도 있습니다. 따라서 삼각형의 중심은 우리가 으레 생각하는 것과 다를 수 있습니다. 꼭 삼각형 가운데 어디쯤 있는 건 아니라는 뜻입니다. 대부분의 삼각형은 각각의 중심이 서로 다른 점에 있습니다. 정삼각형은 특별한 사례입니다. 모든 중심이 똑같은 점에 있습니다.

사각형

사각형은 변이 네 개인 도형입니다. 주위에서도 많이 볼 수 있는 익숙한 도형이지요. 정사각형과 직사각형은 컴퓨터 모니터에서 욕실 타일에 이르기까지 어디에서나 볼 수 있습니다. 이 외의 사각형은 다소 낯설 수 있지만, 여전히 흥미로운 성질과 용도를 갖고 있습니다.

사각형의 유형

평행사변형은 서로 마주 보는 변이 평행한 사각형입니다. 마주 보는 변끼리는 길이도 같습니다. 대각선으로 마주 보는 두 각의 크기도 같습니다. 만약 모든 변의 길이가 같다면(등변), **마름모**라고 부릅니다. 만약 모든 각의 크기가 같다면(등각), **직사각형**이 됩니다(이때 모든 각은 직각이 됩니다). 등변이면서 등각인 사각형은 **정사각형**이라고 부릅니다.

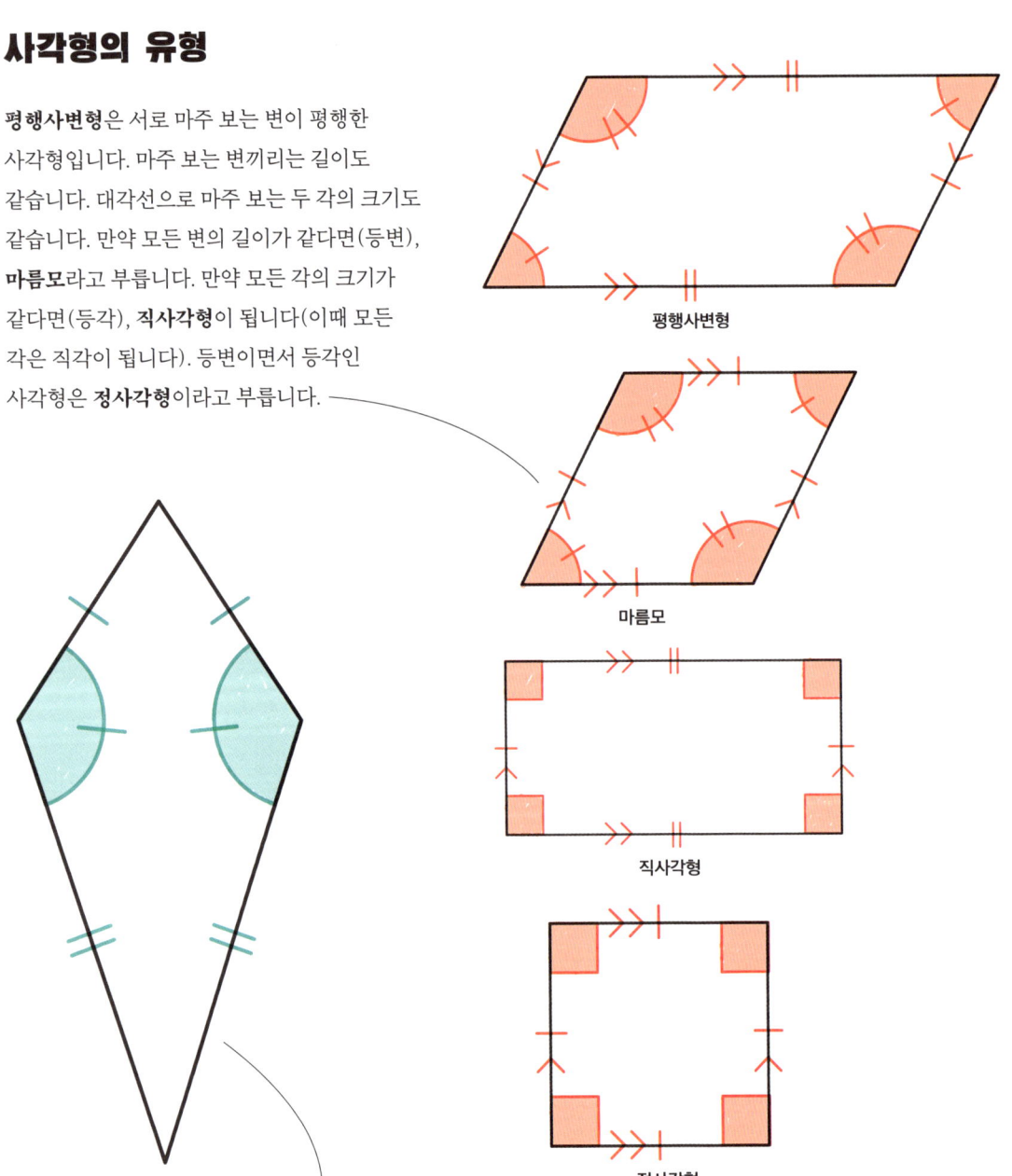

연꼴은 마주 보는 한 쌍의 각 크기가 같고, 두 쌍의 변 길이가 같습니다.

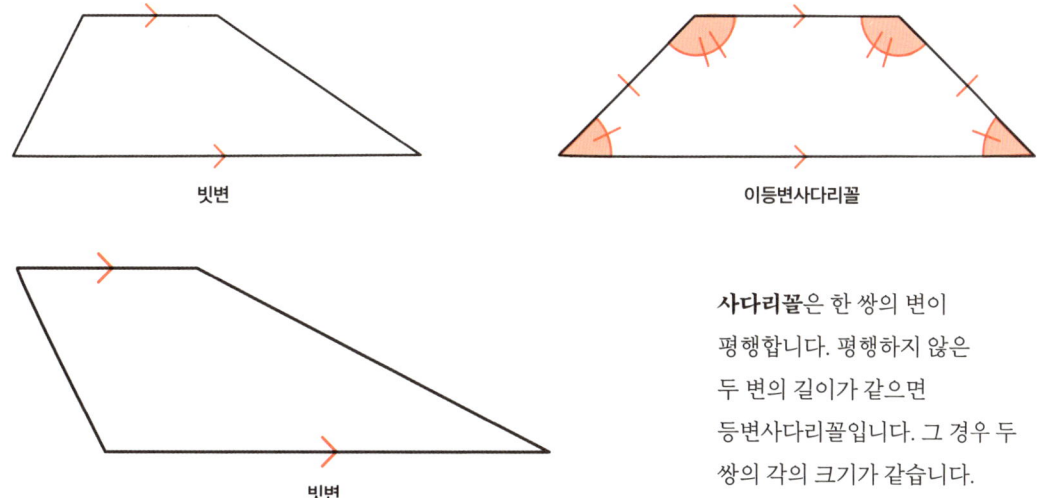

사다리꼴은 한 쌍의 변이 평행합니다. 평행하지 않은 두 변의 길이가 같으면 등변사다리꼴입니다. 그 경우 두 쌍의 각의 크기가 같습니다.

사각형의 분류

정사각형은 직사각형의 일종이며, 마름모의 일종입니다. 마찬가지로 직사각형과 마름모는 평행사변형의 일종입니다. 그리고 정사각형과 마름모는 연꼴의 일종입니다.

사다리꼴이 적어도 한 쌍의 변이 평행한지, 또는 딱 한 쌍의 변만 평행한지에 관해서는 수학자 사이에서도 논란이 있습니다.

첫 번째 정의를 택한다면 평행사변형과 마름모, 직사각형과 정사각형은 모두 사다리꼴입니다. 두 번째를 택한다면 그렇지 않고요.

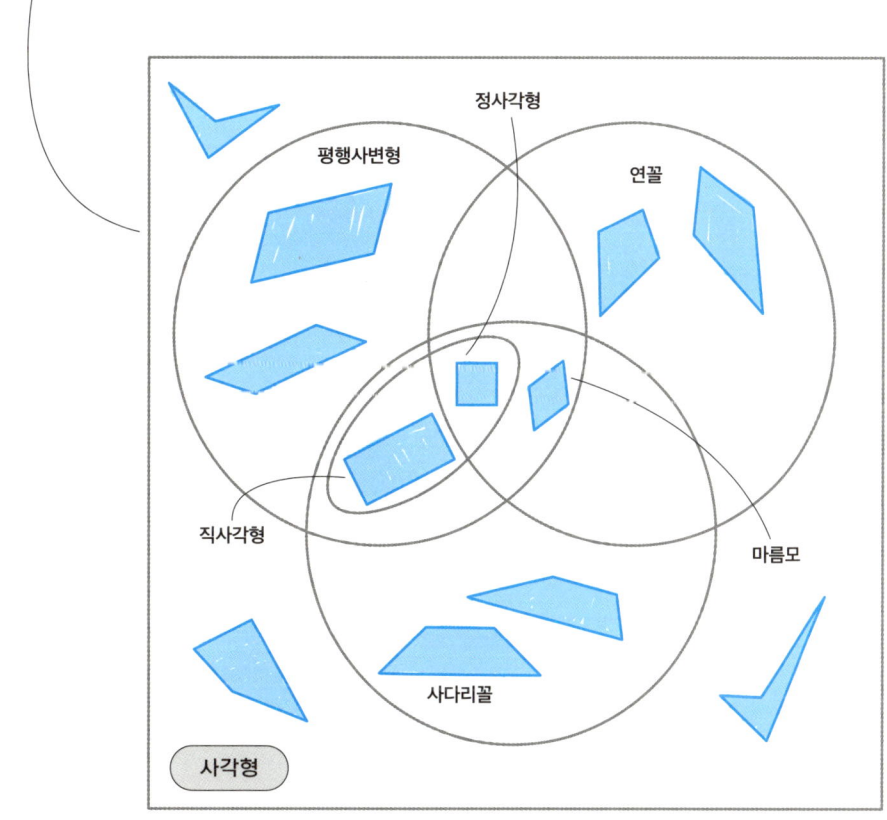

대각선

사각형의 대각선은 한 꼭짓점과 반대쪽 꼭짓점을 잇는 선분입니다.

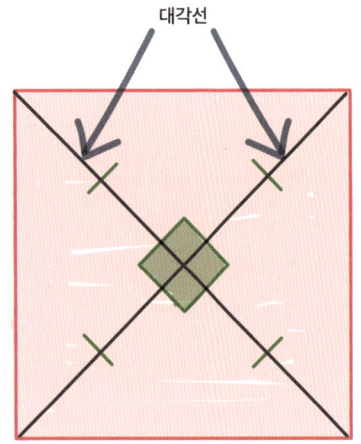

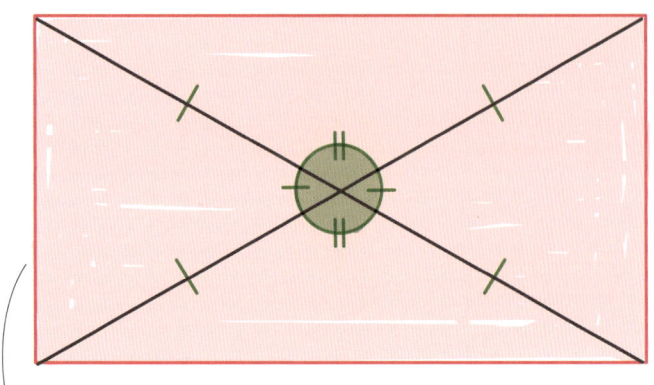

직사각형은 두 대각선의 길이가 같고 서로 이등분합니다. 두 대각선은 직사각형을 두 쌍의 동일한 이등변삼각형으로 나눕니다.

정사각형의 두 대각선은 길이가 같습니다. 둘은 직교하며 서로 이등분합니다. 두 대각선은 정사각형을 네 개의 동일한 삼각형으로 나눕니다.

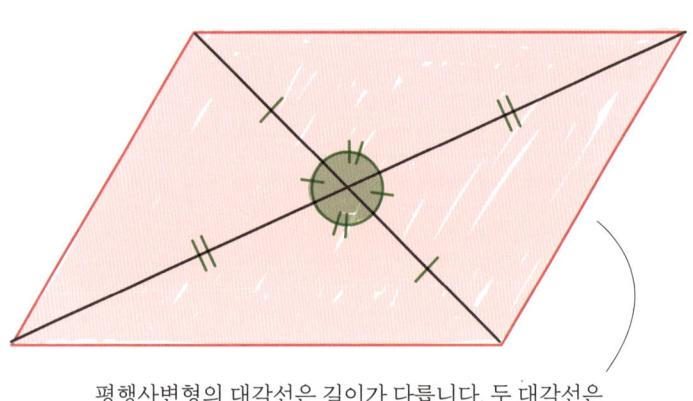

평행사변형의 대각선은 길이가 다릅니다. 두 대각선은 서로 이등분하며 평행사변형을 두 쌍의 동일한 삼각형으로 나눕니다.

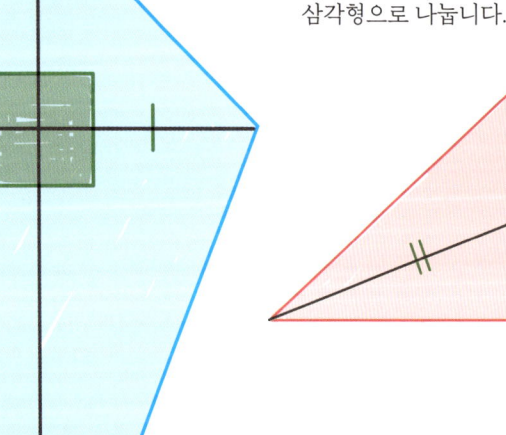

연꼴의 대각선은 직교합니다. 길이는 다르며, 크기가 같은 두 각을 연결하는 대각선은 다른 대각선으로 이등분됩니다.

마름모의 대각선은 길이가 다릅니다. 둘은 직교하며, 서로 이등분합니다. 그리고 마름모를 네 개의 동일한 삼각형으로 나눕니다.

사각형의 넓이

대각선 하나를 그으면 사각형은 두 삼각형으로 나뉩니다. b가 밑변의 길이이고, h가 수직 높이일 때(31쪽 참고) 삼각형의 넓이는 $\frac{1}{2}bh$라는 사실을 우리는 알고 있습니다. 이를 이용하면 여러 가지 사각형의 넓이를 계산할 수 있습니다.

정사각형의 넓이

변의 길이가 a인 정사각형은 밑변의 길이가 a이고 수직 높이가 a인 삼각형 두 개로 나눌 수 있습니다. 각 삼각형의 넓이는 $\frac{1}{2} \times a \times a = \frac{1}{2}a^2$입니다. 정사각형의 넓이는 이 두 삼각형의 넓이를 더해서 구할 수 있으며 다음과 같습니다.

$\frac{1}{2}a^2 + \frac{1}{2}a^2 = a^2$

정사각형의 넓이 = a^2

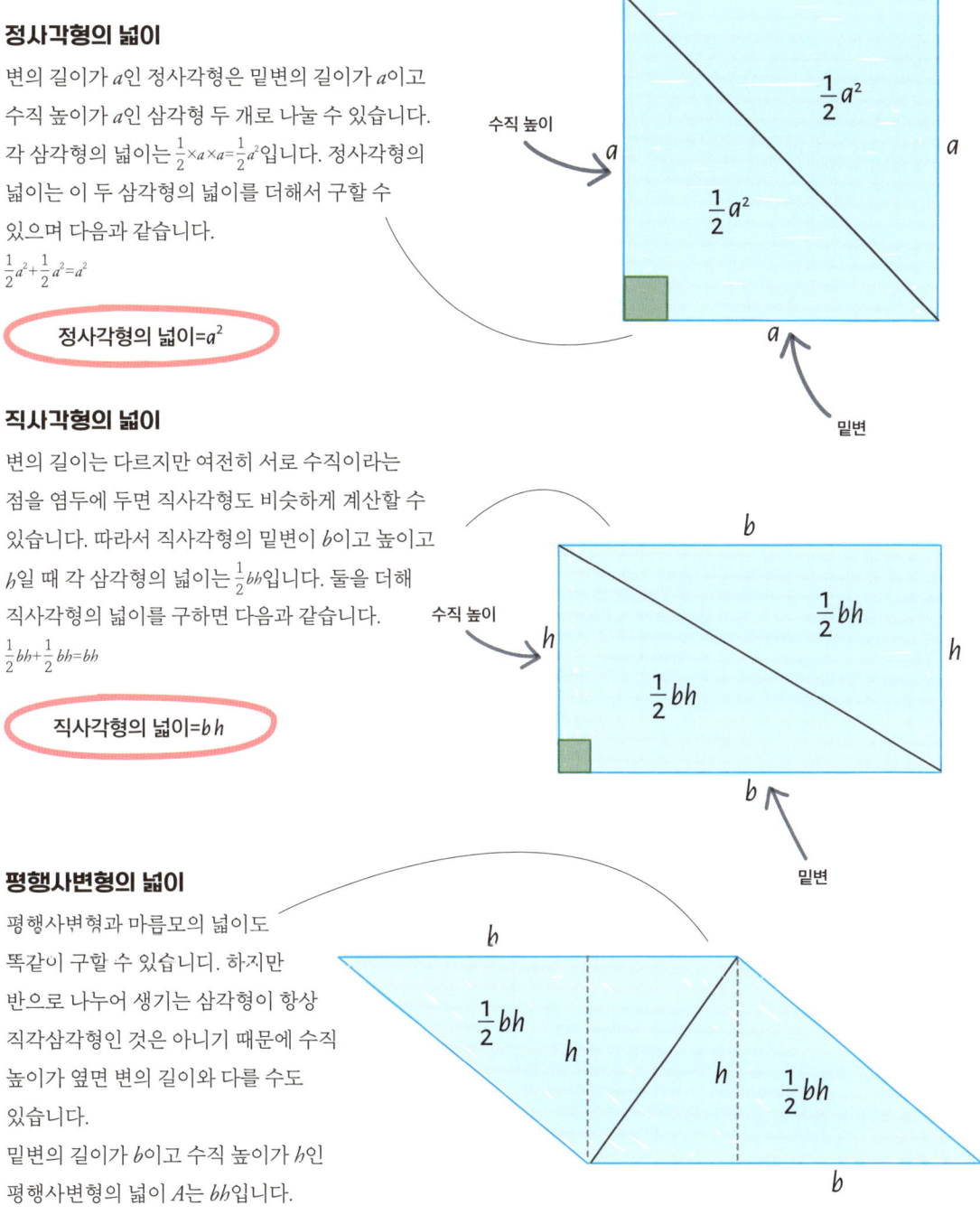

직사각형의 넓이

변의 길이는 다르지만 여전히 서로 수직이라는 점을 염두에 두면 직사각형도 비슷하게 계산할 수 있습니다. 따라서 직사각형의 밑변이 b이고 높이고 h일 때 각 삼각형의 넓이는 $\frac{1}{2}bh$입니다. 둘을 더해 직사각형의 넓이를 구하면 다음과 같습니다.

$\frac{1}{2}bh + \frac{1}{2}bh = bh$

직사각형의 넓이 = bh

평행사변형의 넓이

평행사변형과 마름모의 넓이도 똑같이 구할 수 있습니다. 하지만 반으로 나누어 생기는 삼각형이 항상 직각삼각형인 것은 아니기 때문에 수직 높이가 옆면 변의 길이와 다를 수도 있습니다.
밑변의 길이가 b이고 수직 높이가 h인 평행사변형의 넓이 A는 bh입니다.

평행사변형의 넓이 = bh

연꼴의 넓이

연꼴의 경우에는 대각선의 길이를 알아야 합니다. 크기가 같은 두 각 사이의 대각선이 k이고 다른 대각선이 p라면, p는 연꼴을 밑변이 p인 두 삼각형으로 나눕니다. p는 k와 직교하면서 이등분하므로 수직 높이는 $\frac{k}{2}$입니다. 각 삼각형의 넓이는 $\frac{1}{2} \times p \times \frac{k}{2} = \frac{pk}{4}$입니다. 따라서 연꼴의 넓이는 $\frac{pk}{4} + \frac{pk}{4} = \frac{2pk}{4}$입니다. 간단히 $\frac{pk}{2}$라고 쓸 수 있습니다.

연꼴의 넓이 = $\frac{pk}{2}$

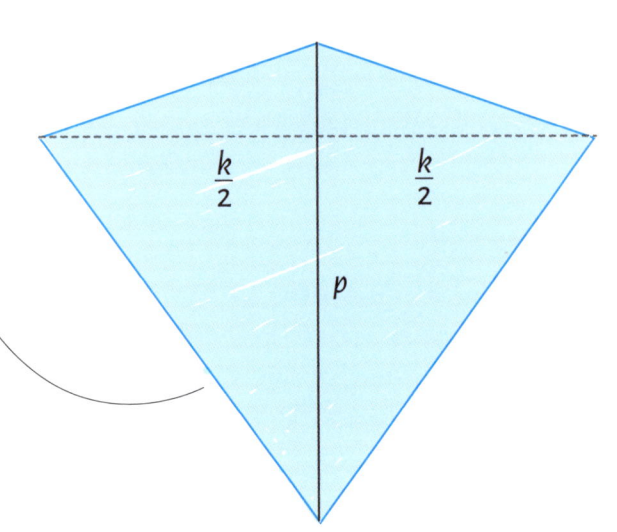

사다리꼴의 넓이

사다리꼴은 둘 다 높이가 h인 두 삼각형으로 나눌 수 있습니다. 두 삼각형의 밑변은 각각 평행한 두 변의 길이인 a와 b가 됩니다. 그러면 넓이가 각각 $\frac{1}{2}ah$와 $\frac{1}{2}bh$인 두 삼각형을 얻습니다. 따라서 사다리꼴의 전체 넓이는 $\frac{1}{2}ah + \frac{1}{2}bh$가 됩니다. 대수학적으로 살짝 만져주면 이 식을 $A = \frac{1}{2}(a+b)h$로 바꿀 수 있습니다.

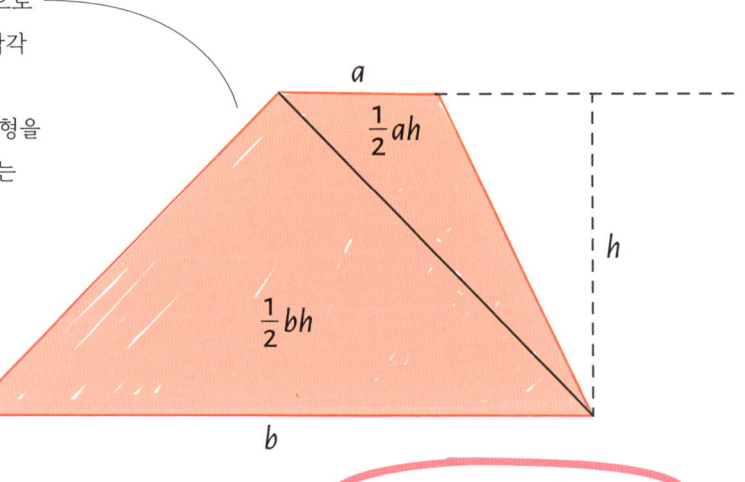

사다리꼴의 넓이 = $\frac{1}{2}(a+b)h$

바리뇽의 정리

바리뇽의 정리는 임의의 사각형이 있을 때 각 변의 중점을 이으면 평행사변형이 된다는 것입니다. 이렇게 나온 도형을 바리뇽의 평행사변형이라고 부릅니다. 바리뇽의 평행사변형은 넓이가 원래 사각형의 절반입니다.

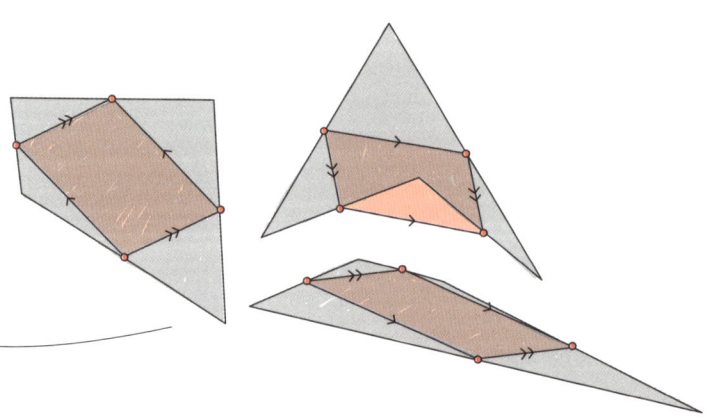

다각형의 각

도형의 안쪽에 있는 각을 **내각**이라고 합니다. 우리는 이미 삼각형의 내각은 총합이 항상 180도(평각과 같습니다)라는 사실을 알아보았습니다. 다른 다각형의 경우 내각의 합은 변의 개수에 따라 달라집니다.

사각형의 내각

사각형은 내각의 합이 언제나 360도(한 바퀴를 돈 각)입니다. 삼각형과 마찬가지로 사각형을 잘라서 확인해볼 수 있습니다. 네 조각으로 잘라 꼭짓점이 모두 만나도록 재배열하면 서로 맞아떨어지면서 한 바퀴를 모두 채웁니다.

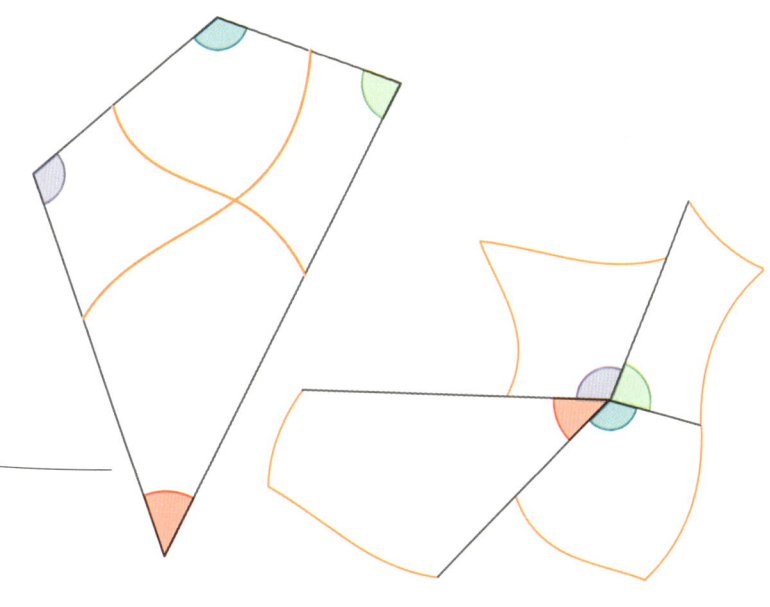

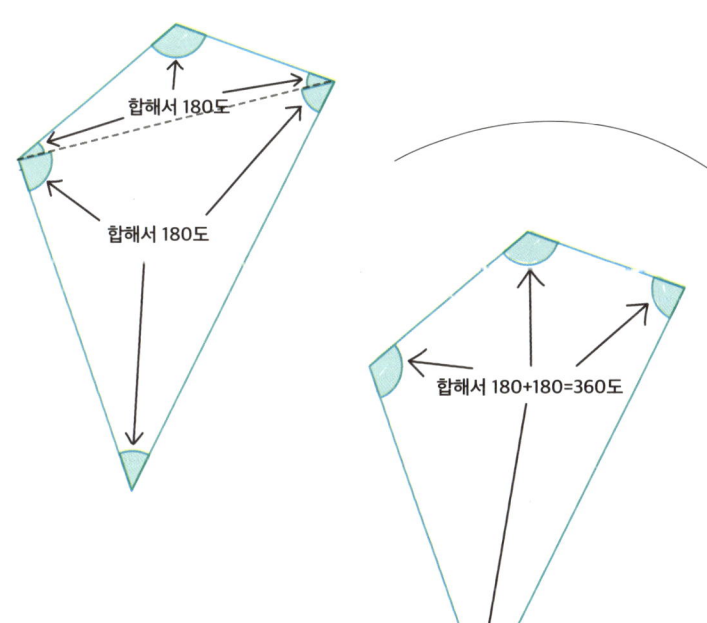

대각선과 삼각형에 관한 지식을 이용해 사각형은 내각의 합이 360도라는 사실을 증명할 수 있습니다. 대각선 하나를 그리면 사각형은 두 삼각형으로 나뉩니다. 각 삼각형은 내각의 합이 180도이므로 두 삼각형의 내각을 모두 합하면, 그 결과는 항상 360도가 됩니다.

변이 n개인 다각형의 내각

사각형 이상의 다각형에서 내각의 합은 얼마일까요?

사각형 이상의 다각형일 경우 대각선은 서로 인접하지 않은 두 꼭짓점을 이은 선분입니다.

모든 다각형은 대각선을 이용해 삼각형으로 나눌 수 있습니다. 한 꼭짓점을 고른 뒤 대각선을 모두 그리면 됩니다.

오각형은 삼각형 세 개로 나뉩니다. 따라서 오각형은 내각의 합이 3×180도=540도입니다.

논리적으로 생각하면 모든 다각형에 대해 내각의 합을 계산할 수 있습니다. 꼭짓점 하나를 골라 대각선을 그린다고 하면 이을 수 없는 꼭짓점이 세 개 있습니다. 우리가 고른 꼭짓점과 바로 양옆에 있는 두 꼭짓점입니다. 따라서 꼭짓점의 수가 n이라면, 우리는 n-3개의 대각선을 그릴 수 있습니다.

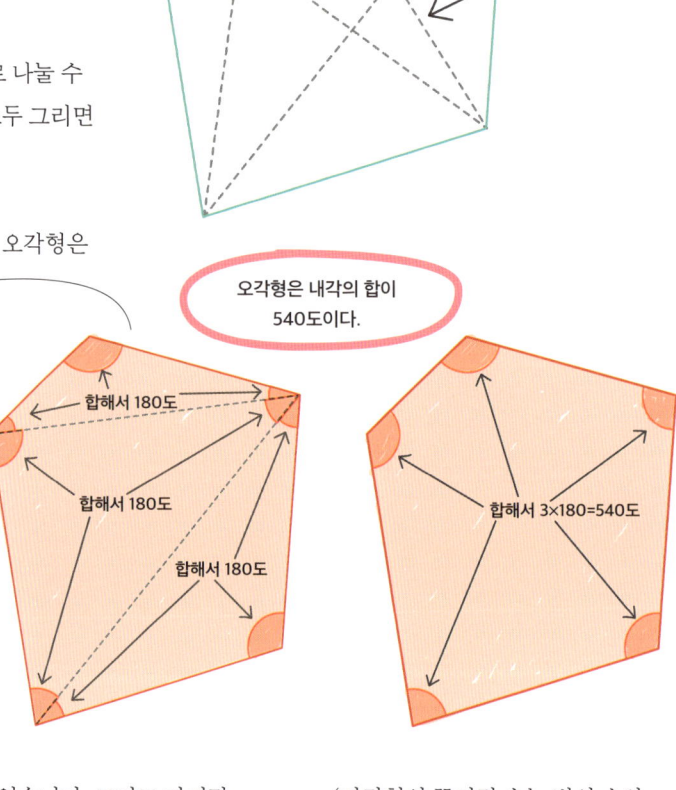

대각선을 하나 그릴 때마다 삼각형 하나를 얻습니다. 그리고 마지막 대각선을 그리면 삼각형 두 개가 생깁니다. 따라서 n-3개의 대각선을 그리면 우리는 다각형을 n-3+1=n-2개의 삼각형으로 나누게 됩니다. 예를 들어, 변과 꼭짓점이 여섯 개인 육각형이라면 삼각형 6-2=4개로 나뉩니다.

(다각형의 꼭짓점 수는 변의 수와 같다는 사실을 기억하세요)

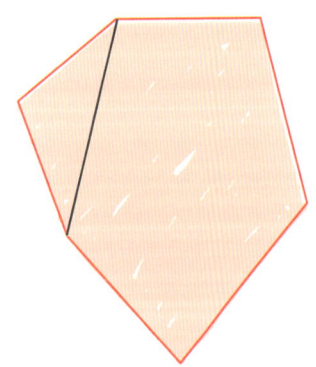

첫 번째 대각선은 삼각형 한 개와 오각형 하나로 나눕니다.

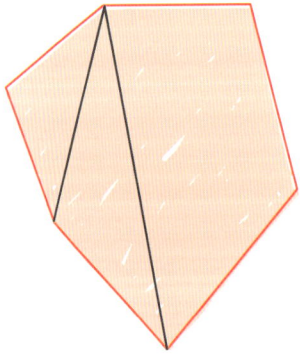

두 번째 대각선은 삼각형 두 개와 사각형 하나로 나눕니다.

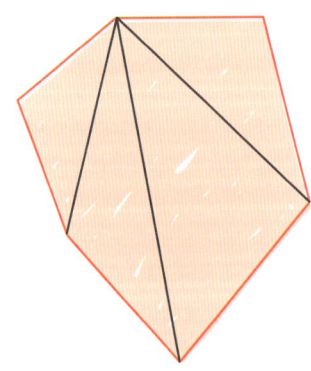

마지막 대각선은 삼각형 네 개로 나눕니다.

여기서 변이 n개인 다각형의 내각의 합 공식을 얻을 수 있습니다. 변이 n개인 다각형은 $n-2$개의 삼각형으로 나뉘고, 각 삼각형은 내각의 합이 180도입니다. 따라서 내각의 합은 $(n-2)\times 180$도입니다.

변이 n개인 다각형은 내각의 합이 $(n-2)\times 180°$

육각형: $4 \times 180° = 720°$

칠각형: $5 \times 180° = 900°$

팔각형: $6 \times 180° = 1080°$

변이 n개인 다각형(n각형이라고 부를 수 있습니다)의 내각의 합을 알고 있다면, 변이 n개인 정다각형의 내각의 크기도 구할 수 있습니다. 정n각형의 내각은 n개이고, 모두 크기가 같습니다. 따라서 내각의 합을 n으로 나누면 각각의 크기를 알아낼 수 있습니다.

정n각형의 내각은 크기가 $\frac{(n-2)\times 180°}{n}$

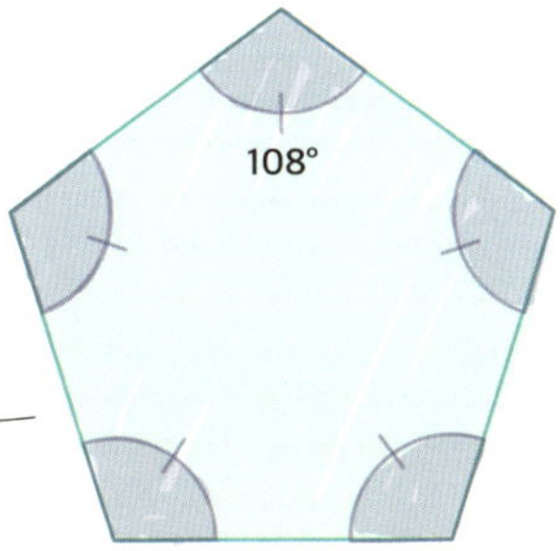

정오각형: $\frac{3\times 180°}{5} = 108°$

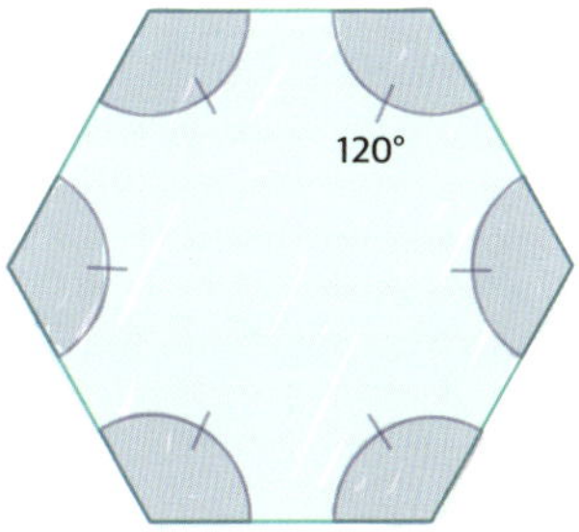

정육각형: $\frac{4\times 180°}{6} = 120°$

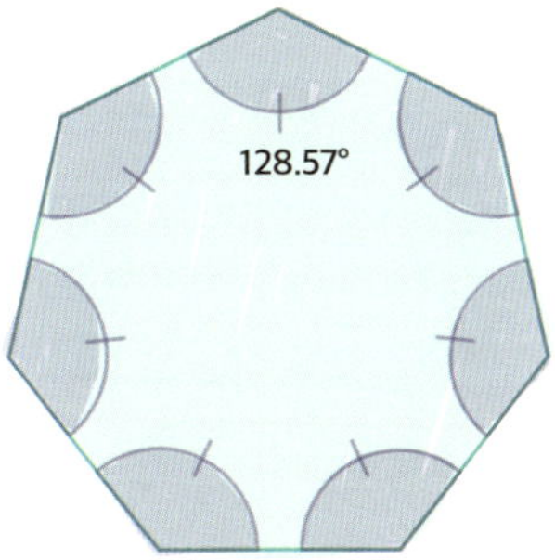

정칠각형: $\frac{5\times 180°}{7} = 128.57°$

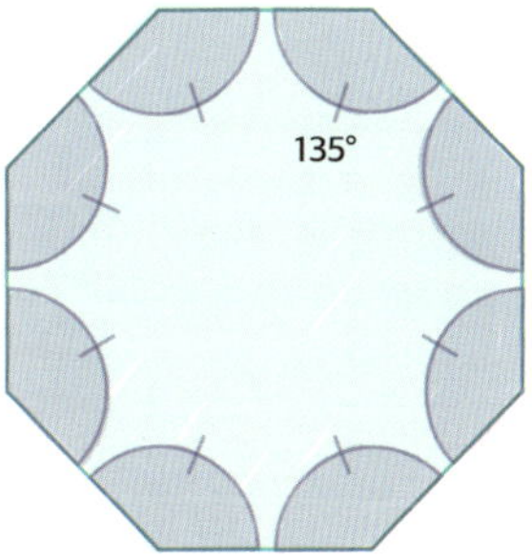

정팔각형: $\frac{6\times 180°}{8} = 135°$

✓ 다시 보기

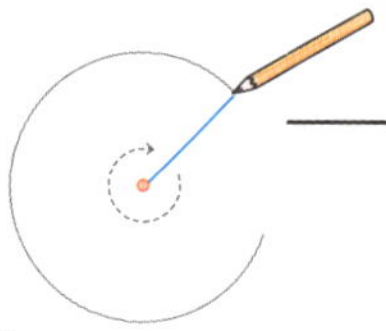

원
중심으로부터 같은 거리에 있는 점으로 이루어진 도형

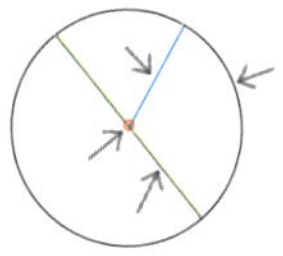

지름
중심을 지나며 원을 가로지르는 거리

반지름
중심에서 원둘레 위의 한 점까지의 거리

호
원둘레의 일부

원둘레
원을 한 바퀴 도는 거리

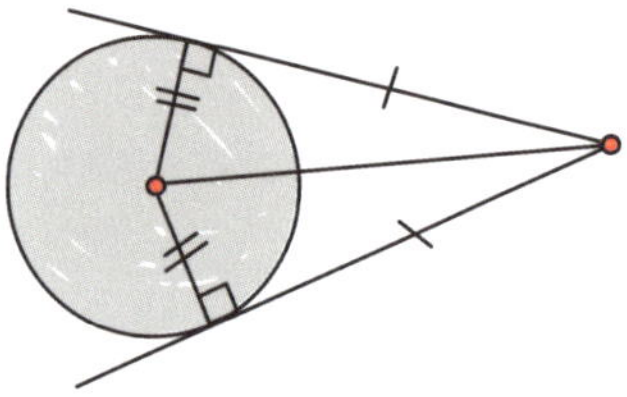

파이(π)
원의 지름에 대한 원둘레의 비율 $\pi = \frac{c}{d}$

접선
원과 한 점에서 만나지만 교차하지 않는 직선

2차원 도형

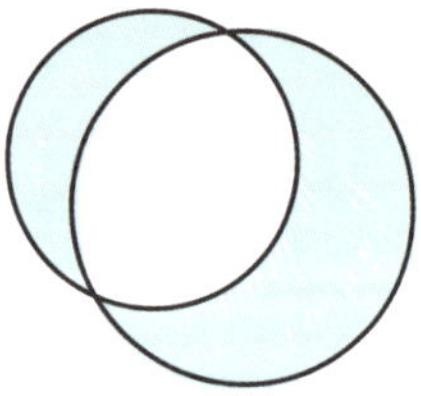

곡선으로 이루어진 도형

달꼴
교차하는 두 원에 생기는 초승달 모양의 도형

뢸로 삼각형
반지름이 모두 같고 서로 다른 두 원의 중심을 지나는 세 원이 교차하면서 겹치는 영역

렌즈
교차하는 두 원이 겹치는 영역

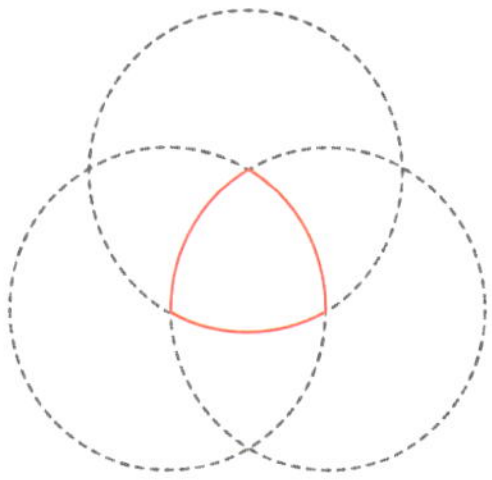

타원
두 초점으로 정의하는 도형. 타원 위의 어느 한 점에서 두 초점까지의 거리를 합하면 항상 같다.

심장형
반지름이 같은 다른 원 주위를 회전하는 원 위에 있는 한 점이 그리는 경로

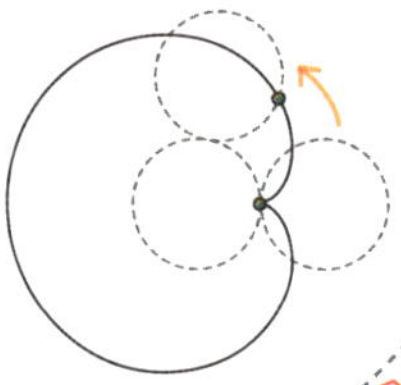

폭이 일정한 도형
거리가 일정한 두 평행선 사이에서 아무리 회전해도 정확히 맞아떨어지는 도형

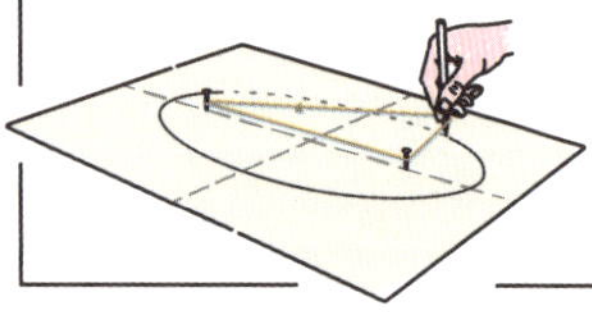

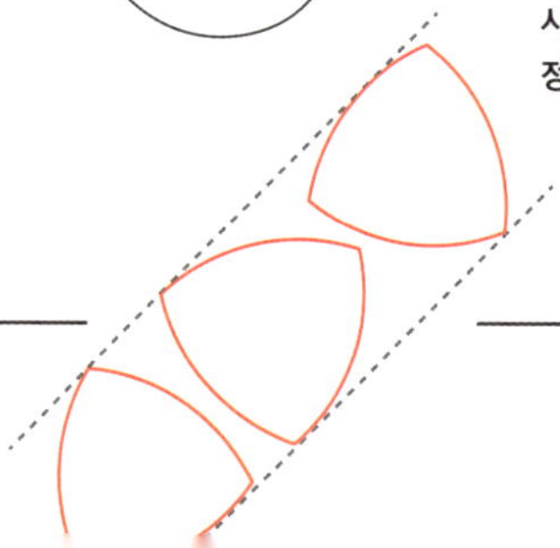

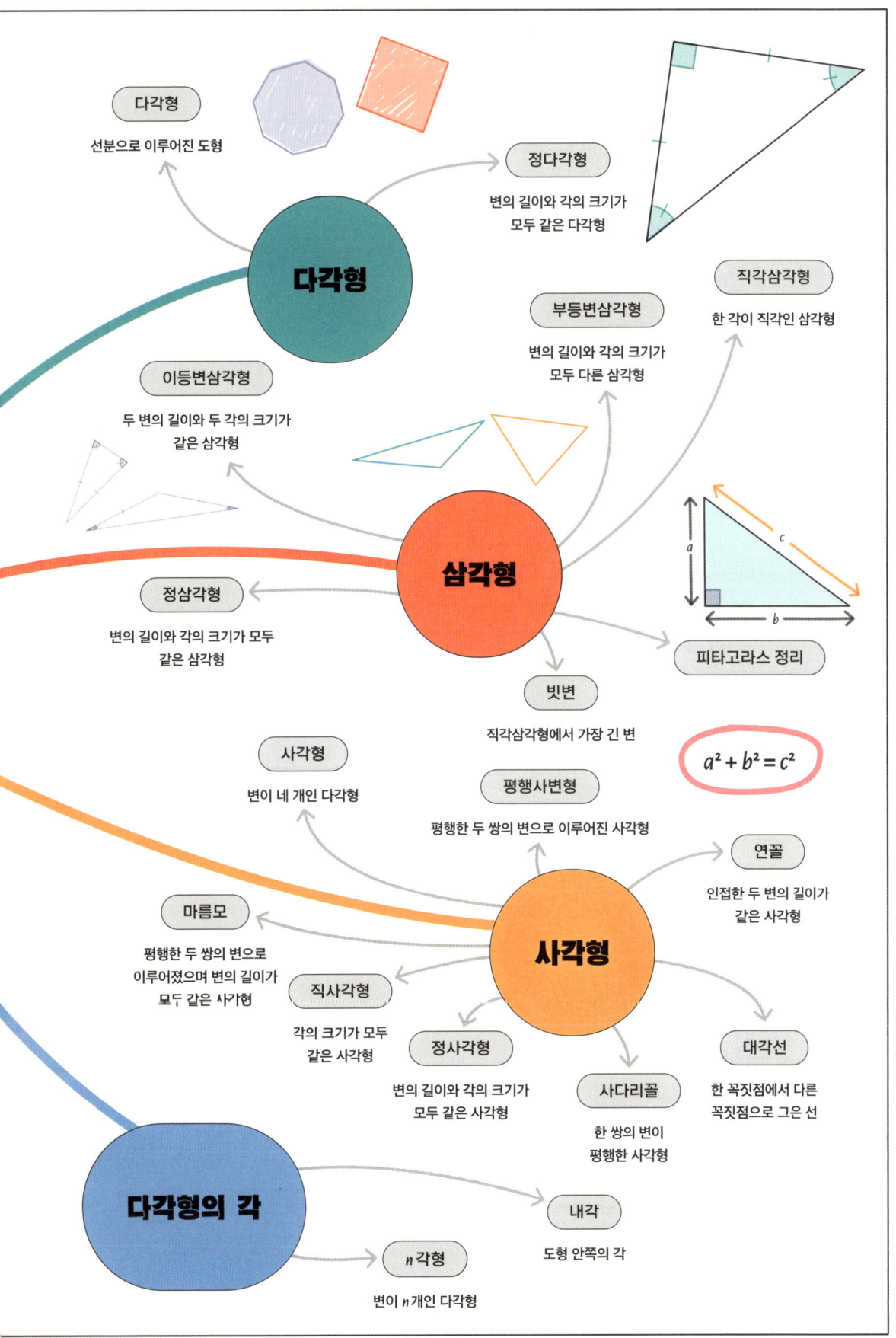

3장

작도와 쪽매맞춤

작도는 기하학적 도형과 그림을 정확하게 그리는 데 쓰이는 과정을 말합니다. 작도에 필요한 기법과 도구는 오랜 세월에 걸쳐 발전했습니다. 하지만 오늘날의 고도로 정교한 기하학 소프트웨어라고 해도 그 바탕이 되는 기본 개념은 고대 그리스에서 도형 작도에 사용했던 것과 다르지 않습니다. 도형을 작도했다면 자연스럽게 도형을 어떻게 끼워 맞출지를 생각하게 됩니다. 쪽매맞춤은 도형을 빈틈없이 배열해 표면을 덮는 것을 뜻합니다. 직사각형 위주의 현대 사회에서 우리는 매일 단순한 쪽매맞춤을 보고 있지만, 더욱 독특한 도형을 이용한 쪽매맞춤으로 멋진 예술 작품을 만들어낼 수도 있습니다.

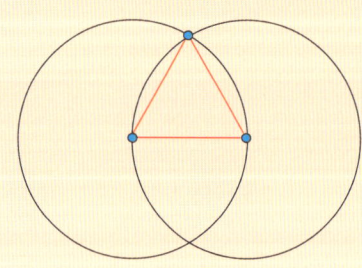

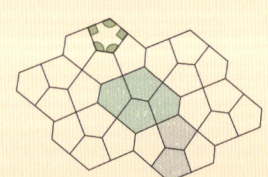

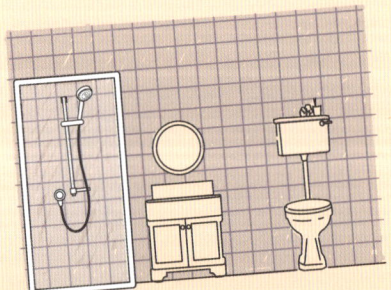

작도

고대 그리스인은 거의 모든 수학 연구에서 **곧은 자와 컴퍼스**를 이용한 작도를 기본으로 사용했습니다. 그리스 수학자 유클리드는 자신의 책 『원론』에서 우리가 앞서 정의했던 점과 직선, 원을 이용해 수백 가지의 기하학적 대상을 만들었고, 많은 정리를 증명했습니다. 여기서 우리는 유클리드가 사용했던 몇 가지 작도법을 살펴보겠습니다.

수직선 작도하기

여기서 우리는 자와 컴퍼스, 연필만을 사용해 다른 직선에 수직인 직선을 작도합니다.

1단계: 아무 직선을 하나 그립니다. 컴퍼스를 사용해 **중심이 직선 위에 있는** 원을 하나 그립니다. 원과 직선의 교점(두 직선 또는 직선과 원이 교차하며 만나는 점) 하나를 표시합니다.

2단계: 컴퍼스의 폭을 유지한 채 한쪽 끝을 1단계에서 표시한 점에 대고 두 번째 원을 그립니다. 두 원의 교점 두 개를 표시합니다.

3단계: 두 원의 교점을 잇는 직선을 그립니다. 이 직선은 원래 직선에 수직입니다.

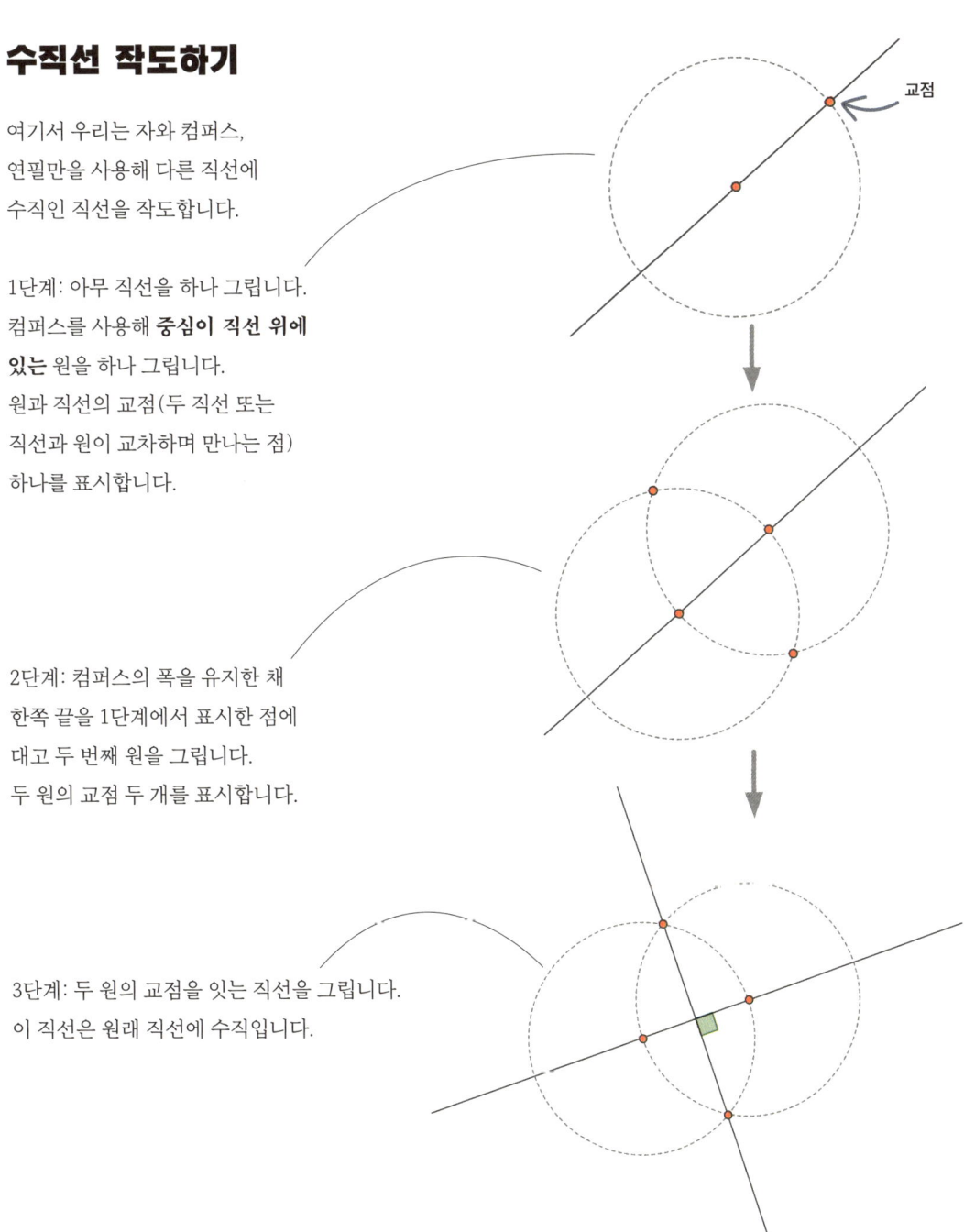

교점

선분을 이등분하는 수직선 작도하기

47쪽에서 사용했던 것과 똑같은 방법을 이용해 선분을 **수직이등분하는 직선을** 작도할 수 있습니다. 선분 AB의 수직이등분선은 AB와 수직이면서 그 중간점을 지나는 직선입니다. 선분 AB를 정확히 절반으로 나누지요. 수직이등분선을 작도할 때는 선분의 양 끝점을 두 원의 중심으로 삼아 앞에서 했던 방법을 그대로 사용하면 됩니다.

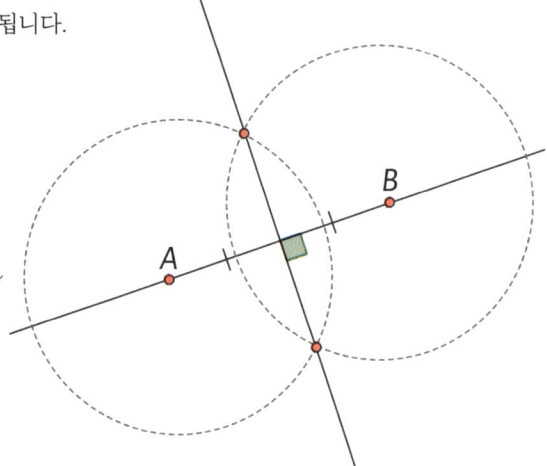

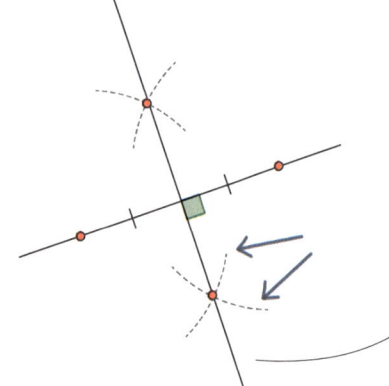

보통 작도할 때 원을 완전히 다 그려야 할 필요는 없습니다. 두 대상이 어디서 교차할지를 대충 알고 있다면, 적당한 곳에 원의 일부분(**호**)만 그려도 정확한 교점을 찾을 수 있습니다.

평행선 작도하기

평행선을 작도하는 한 가지 방법은 수직선을 작도하는 첫 두 단계를 따른 뒤 두 번째 원과 직선의 교점을 중심으로 다른 두 원과 반지름이 똑같은 세 번째 원을 그리는 것입니다. 두 번째와 세 번째 원의 교점을 표시하면 직선의 양쪽에 점이 한 쌍 생깁니다. 그림처럼 각 점을 직선으로 이으면 첫 번째 직선과 평행한 두 직선이 생깁니다.

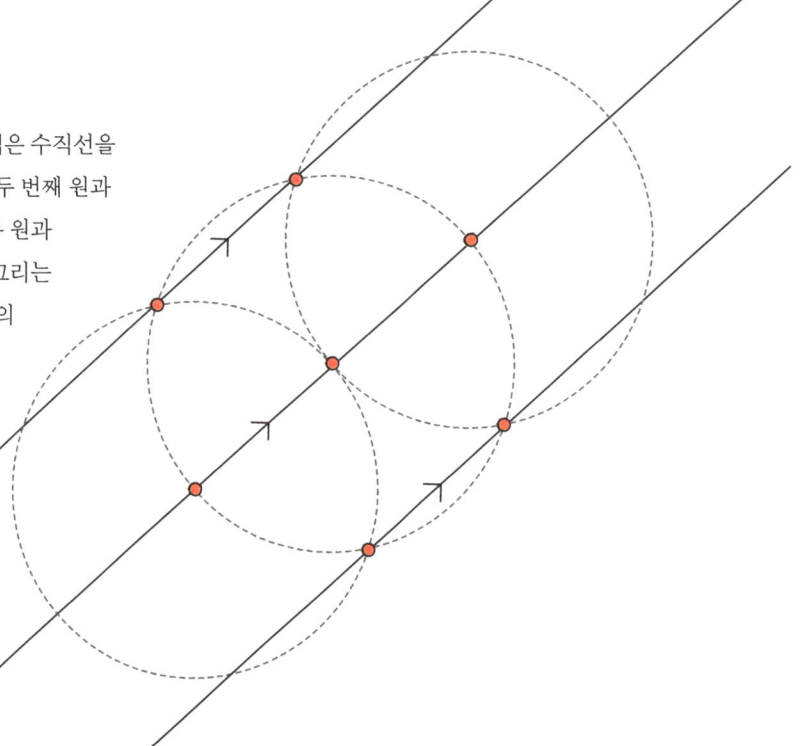

작도 가능한 다각형

많은 정다각형은 곧은 자와 컴퍼스만 가지고 작도할 수 있습니다. 하지만 그렇지 않은 것도 있습니다.
이런 방식으로 작도할 수 있는 정다각형을 **작도 가능한 다각형**이라고 합니다.
어떤 다각형이 작도 가능한지를 이해하려면 두 가지 개념을 알아야 합니다. **2의 거듭제곱**과 **페르마 소수**입니다.

2의 거듭제곱

2의 거듭제곱은 2를 계속 곱하는 것을 말합니다. 처음 몇 개를 사례로 들면 다음과 같습니다. 2를 곱하는 횟수를 지수라고 부릅니다. 따라서 2^4(2의 4제곱)는 2를 네 번 곱한다는 뜻입니다.

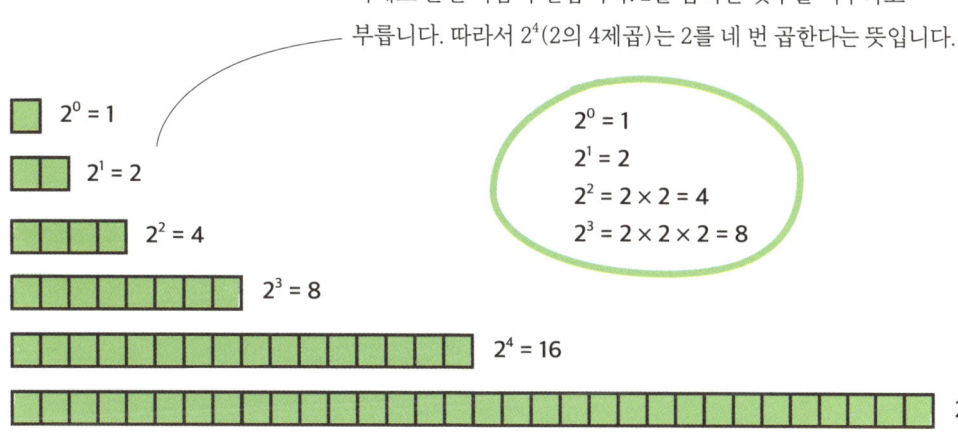

$2^0 = 1$
$2^1 = 2$
$2^2 = 2 \times 2 = 4$
$2^3 = 2 \times 2 \times 2 = 8$

$2^0 = 1$
$2^1 = 2$
$2^2 = 4$
$2^3 = 8$
$2^4 = 16$
$2^5 = 32$

페르마 소수

소수는 1(모든 수의 약수)과 자기 자신 외의 다른 어떤 수로도 나누어떨어지지 않는 수입니다. 처음 몇 개의 소수로는 2, 3, 5, 7, 11 등이 있습니다.

1	2	3	4	5	6	7	8	9	10
11	12	13	14	15	16	17	18	19	20
21	22	23	24	25	26	27	28	29	30
31	32	33	34	35	36	37	38	39	40
41	42	43	44	45	46	47	48	49	50
51	52	53	54	55	56	57	58	59	60
61	62	63	64	65	66	67	68	69	70
71	72	73	74	75	76	77	78	79	80
81	82	83	84	85	86	87	88	89	90
91	92	93	94	95	96	97	98	99	100

색칠된 칸의 수는 모두 소수다.

페르마 소수는 2의 거듭제곱보다 1이 큰 수입니다. 이때 지수 자체도 2의 거듭제곱이어야 합니다. 수학적으로 표기하면, 양의 정수인 m에 대해 $2^{2^m}+1$ 입니다. 첫 번째 페르마 소수는 3입니다. $2^{2^0}+1=2^1+1=2+1=3$ 이기 때문입니다.

페르마 소수는 3, 5, 17, 256, 65537 다섯 개뿐입니다. 지금까지 시도해 본 m 값에 대한 모든 $2^{2^m}+1$은 소수가 아닙니다.

변의 개수가 2의 거듭제곱이거나 2의 거듭제곱과 페르마 소수의 곱인 정다각형은 작도 가능합니다.

즉, 다각형이 작도 가능한 조건은 다음과 같습니다.

- 변의 개수가 2의 거듭제곱입니다.
- 변의 개수가 2의 거듭제곱과 3, 5, 17, 257, 65537을 임의로 중복 없이 조합해 곱한 값으로 이루어진 수입니다.

x	$2^0=1$	$2^1=2$	$2^2=4$	$2^3=8$	$2^4=16$	$2^5=32$	$2^6=64$
3	3	6	12	24	48	96	192
5	5	10	20	40	80	160	320
3 x 5 = 15	15	30	60	120	240	480	960
17	17	34	68	136	272	544	1088
3 x 17 = 51	51	102	204	408	816	1632	3264
5 x 17 = 85	85	170	340	680	1360	2720	5440
3 x 5 x 17 = 255	255	510	1020	2040	4080	8160	16320

이 곱셈표는 2의 거듭제곱과 페르마 소수의 처음 몇 개를 보여줍니다. 3은 이 표에 있으므로(3=3×2^0이기 때문입니다) 정삼각형은 작도 가능합니다. 정사각형과 정오각형, 정육각형 역시 작도 가능합니다. 하지만 정칠각형은 작도할 수 없습니다. 정16320각형의 작도는 매우 복잡하고 그 결과물도 원과 구별하기 어렵겠지만, 이론적으로는 가능합니다.

정삼각형 작도하기

정삼각형의 한 변이 될 선분을 시작으로 원 두 개를 그려 다른 두 변을 작도할 수 있습니다. 첫 두 단계는 수직이등분선을 작도하는 방법과 비슷합니다.

1단계: 선분 AB를 그린 뒤 점 A를 중심으로 하고 원둘레가 점 B를 지나는 원을 그립니다.

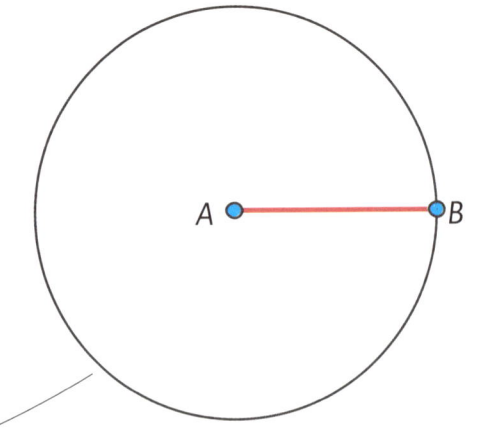

50

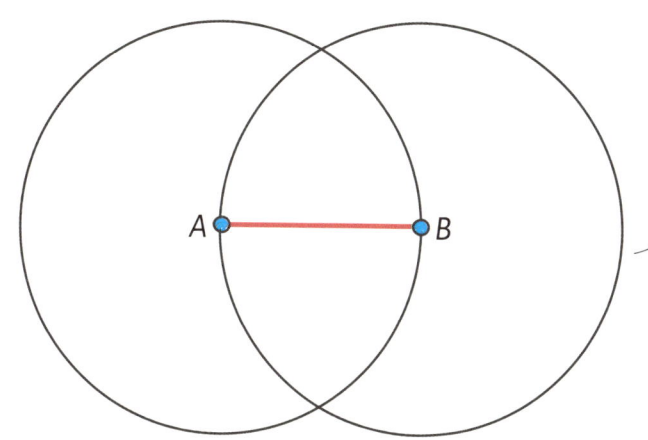

2단계: 점 B를 중심으로 하고 원둘레가 점 A를 지나는 두 번째 원을 그립니다.

3단계: 두 원의 교점을 C와 D라고 표시합니다. 그러면 ABC는 정삼각형이 됩니다. 세 번째 점으로 C 대신 D를 선택해도 됩니다.

이 방법을 이용해 크기가 60도인 각을 작도할 수 있습니다. 정삼각형의 내각이 60도이기 때문이지요. 사실 작도 가능한 다각형의 내각은 모두 곧은 자와 컴퍼스를 가지고 작도할 수 있습니다.

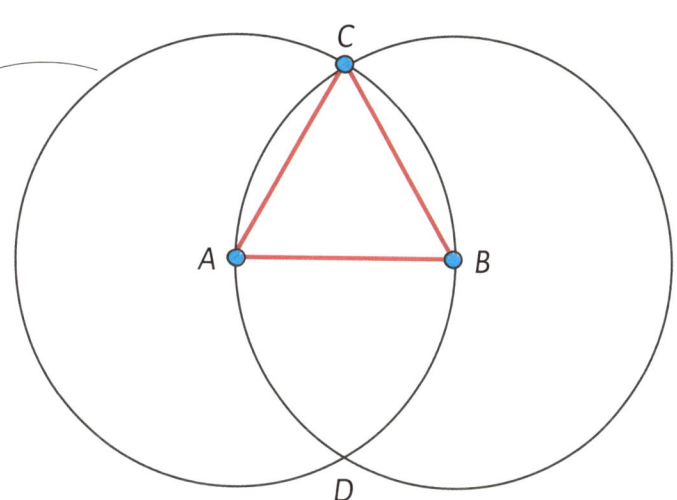

ABC가 정삼각형임을 증명하기

다음을 따라 ABC가 정말로 정삼각형임을 증명해 보세요.

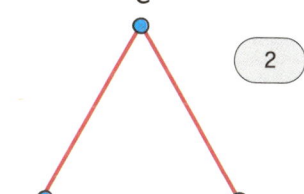

① AB는 두 원 모두의 반지름입니다. 따라서 두 원의 크기는 같습니다. 즉, 두 원의 반지름은 모두 길이가 같습니다.

② A는 원의 중심이고 C는 원둘레 위에 있으므로 AC는 첫 번째 원의 반지름입니다.

③ 마찬가지로 BC는 두 번째 원의 반지름입니다.

④ 따라서 AB와 AC, BC는 모두 길이가 같습니다. 따라서 ABC는 정삼각형입니다.

정사각형 작도하기

정사각형을 작도하려면 한 점을 지나는 수직선을 작도할 수 있어야 합니다.

1단계: 선분 AB를 먼저 그립니다. B에서 선분을 연장합니다. 점 B를 중심으로 하고 A를 지나는 원을 그립니다. 연장한 직선과 원의 표점을 표시합니다.

2단계: B는 점 A와 1단계에서 표시한 교점을 잇는 선분의 중간점입니다. 수직이등분선을 작도하는 방법(48쪽 참고)을 이용해 점 B를 지나는 수직선을 그립니다. 이 선과 1단계에서 그린 원의 교점 중 하나를 C라고 표시합니다. 선분 BC는 정사각형의 두 번째 변이 됩니다.

3단계: 똑같은 방법으로 점 A를 지나는 수직선을 작도하고 정사각형의 네 번째 꼭짓점 D를 찾습니다. 점 C와 D를 이어 정사각형 ABCD를 완성합니다.

변이 더 많은 도형 작도하기

변의 수가 늘어날수록 작도는 더욱 복잡해집니다. 정십칠각형을 작도하려면 원 위에 간격이 일정하게 점 17개를 찍어야 합니다. 점 세 개를 찍는 데만 대상을 11개나 그려야 하지요. 이런 작도 방법의 문제는 어느 단계에서 조금만 부정확해도 최종 도형에 큰 오류가 생길 수 있다는 점입니다. 그리고 단계가 많아질수록 부정확해질 가능성이 큽니다. 1894년에 요한 구스타프 헤르메스가 발표한 65537각형 작도법은 200쪽에 달할 정도로 깁니다.

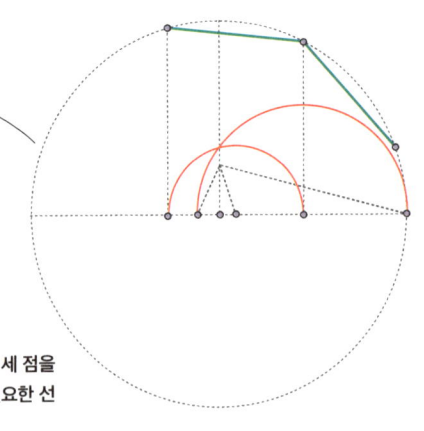

정십칠각형의 첫 세 점을 작도하기 위해 필요한 선

종이접기를 이용한 작도

작도의 또 다른 방법으로 종이접기가 있습니다. 종이접기를 이용해 기하학적 대상을 정확하게 작도할 수 있습니다. 그중에는 앞서 살펴본 자와 컴퍼스만 이용하는 기법으로는 작도가 불가능한 것도 있습니다.

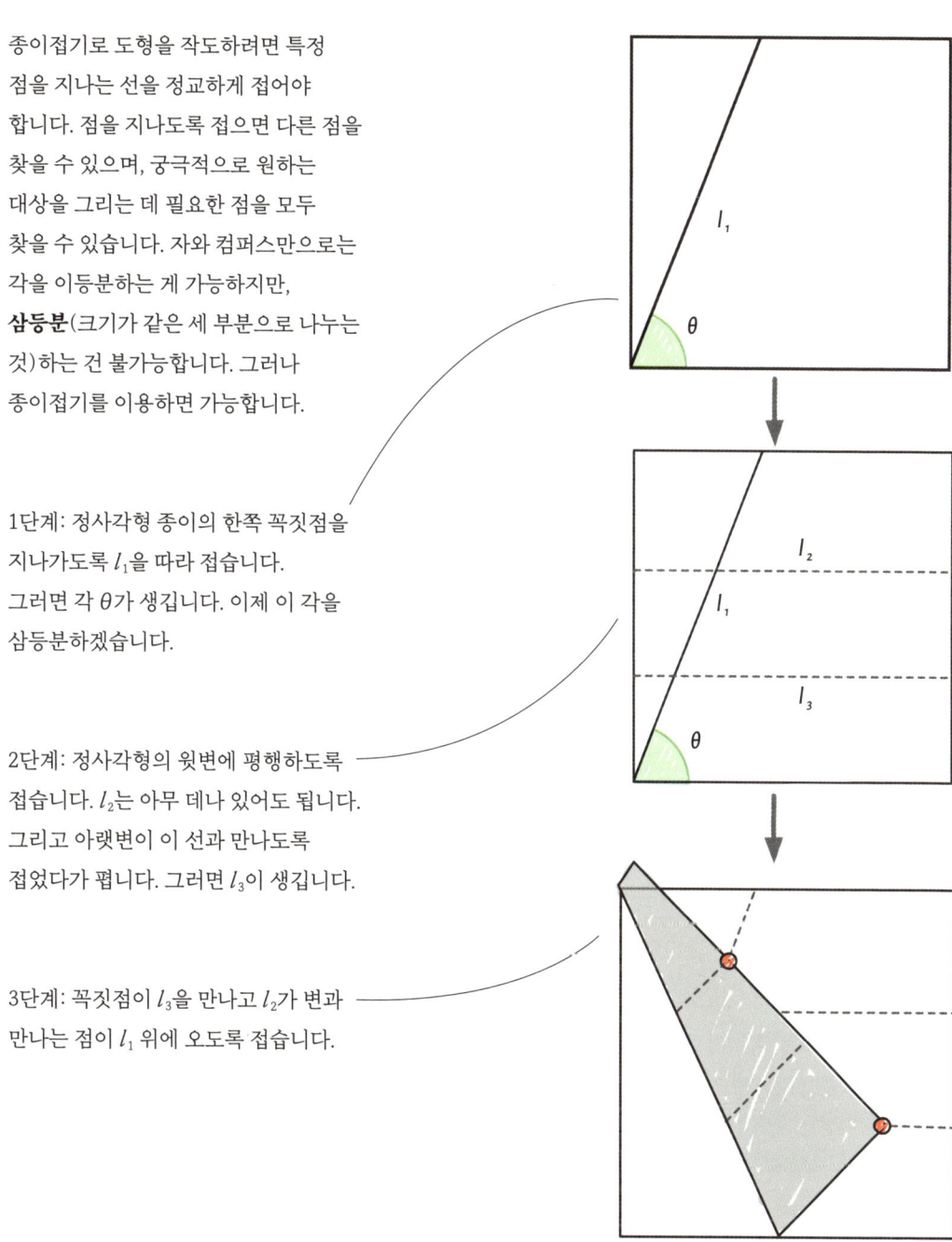

종이접기로 도형을 작도하려면 특정 점을 지나는 선을 정교하게 접어야 합니다. 점을 지나도록 접으면 다른 점을 찾을 수 있으며, 궁극적으로 원하는 대상을 그리는 데 필요한 점을 모두 찾을 수 있습니다. 자와 컴퍼스만으로는 각을 이등분하는 게 가능하지만, **삼등분**(크기가 같은 세 부분으로 나누는 것)하는 건 불가능합니다. 그러나 종이접기를 이용하면 가능합니다.

1단계: 정사각형 종이의 한쪽 꼭짓점을 지나가도록 l_1을 따라 접습니다. 그러면 각 θ가 생깁니다. 이제 이 각을 삼등분하겠습니다.

2단계: 정사각형의 윗변에 평행하도록 접습니다. l_2는 아무 데나 있어도 됩니다. 그리고 아랫변이 이 선과 만나도록 접었다가 폅니다. 그러면 l_3이 생깁니다.

3단계: 꼭짓점이 l_3을 만나고 l_2가 변과 만나는 점이 l_1 위에 오도록 접습니다.

4단계: 대각선으로 접힌 부분 위에 있는 l_3의 일부를 따라 접어 l_4를 만듭니다. 접힌 곳을 다시 펴고 l_4가 꼭짓점까지 연장되도록 접습니다.

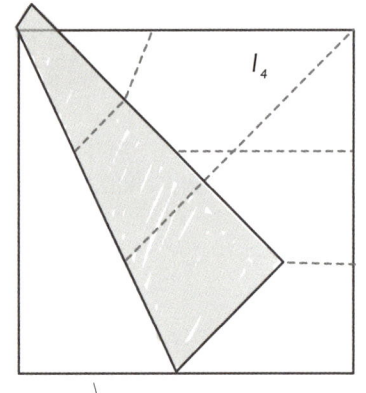

5단계: 아랫변이 l_4와 만나도록 접어 올려 l_5를 만듭니다.

l_4와 l_5는 각을 삼등분합니다.

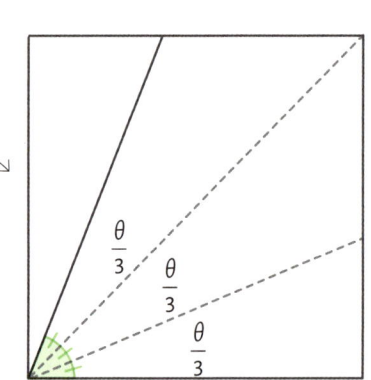

정칠각형과 정구각형은 자와 컴퍼스만으로 작도할 수 없지만, 종이접기로는 작도할 수 있습니다. 안타깝게도, 종이접기로 모든 정다각형을 작도할 수는 없습니다. 종이접기로 n각형을 작도할 수 있으려면, n이 2의 거듭제곱과 3의 거듭제곱, **피어폰트 소수**의 곱이어야 합니다. 피어폰트 소수는 2의 거듭제곱과 3의 거듭제곱의 곱보다 1이 큰 소수를 말합니다. 7은 피어폰트 소수($7=2^1\times3^1+1$)이고, 9는 3의 제곱이므로 정칠각형과 정구각형은 종이접기로 작도할 수 있습니다.

후지타-저스틴 공리는 일곱 가지 접는 방법을 정의합니다. 모든 수학적 종이접기 작도는 이 접기를 바탕으로 이루어집니다. 하나를 제외한 나머지 접기 유형은 자와 컴퍼스 작도 방법과 동일합니다.

예를 들어 두 점을 지나도록 접는 건 두 점을 지나도록 직선을 그리는 것과 같습니다. 두 점 p_1과 p_2를 선분 l_1과 l_2 위에 오게 하는 마지막 접기 덕분에 추가로 작도가 가능해지는 것이지요.

점선을 따라 접으면 p_1은 l_1 위에, p_2는 l_2 위에 오게 됩니다.

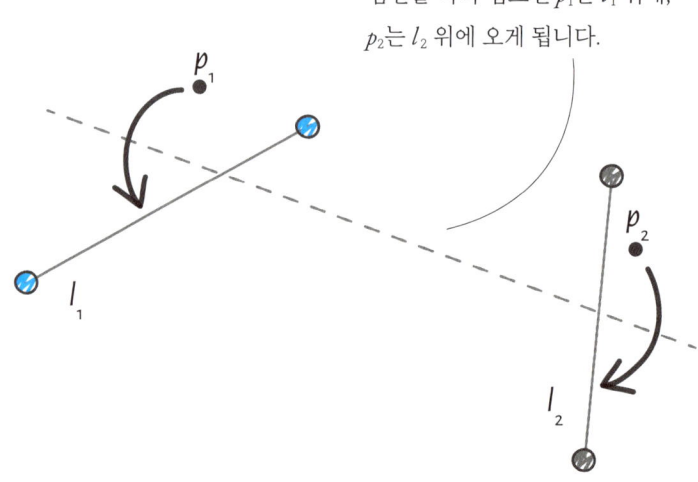

쪽매맞춤

두 도형이 빈틈없이 맞아떨어졌을 때 우리는 쪽매 맞았다고 합니다. 어떤 도형, 혹은 몇몇 도형의 조합은 빈틈없이 무한히 넓은 표면을 채울 수 있습니다. 이를 **쪽매맞춤** 또는 **타일링**이라고 합니다.

정다각형 중에서는 정삼각형과 정사각형, 정육각형만이 쪽매맞춤이 가능합니다. 이를 **정규 쪽매맞춤**이라고 부릅니다. 여기에 쓰이는 도형은 모두 동일한 정다각형입니다. 꼭짓점에서 만나는 배열 역시 전체 평면에 걸쳐 동일합니다.

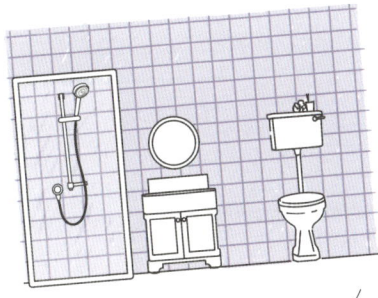

이런 패턴은 어느 방향으로든 무한히 반복될 수 있습니다. 끝이 없는 벽이라면요.

평면을 채울 수 있는 비정규 다각형도 많습니다. 모든 사각형과 삼각형은 평면을 채울 수 있습니다. 내각의 합 때문입니다. 한 점을 한 바퀴 도는 각은 360도입니다. 따라서 다각형으로 쪽매맞춤을 하려면 꼭짓점에서 만나는 내각의 합이 360도가 되어야 합니다.

삼각형은 내각의 합이 180도입니다. 따라서 꼭짓점 여섯 개를 모아 360도를 만드는 게 가능합니다. 사각형도 비슷합니다. 내각의 합이 360도이므로 꼭짓점 네 개를 모으면 언제나 360도를 만들 수 있습니다.

a와 b, c는 삼각형의 내각이므로 $a+b+c=180$입니다. 그러므로 $a+b+c+a+b+c=180+180=360$도가 됩니다. 모든 삼각형에 적용할 수 있습니다.

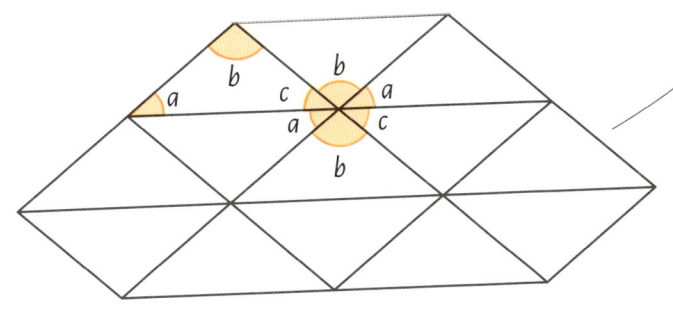

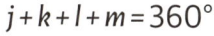
$j+k+l+m=360°$

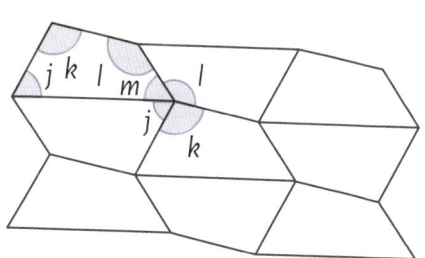

정오각형으로는 평면을 채울 수 없습니다. 정오각형의 내각은 108도입니다. 세 개가 한 점에서 만나면 324도가 되어 빈틈이 생기고, 네 개가 만나면 432도가 되어 넘치게 됩니다. 그러나 열다섯 종류의 비정규 오각형은 평면을 채울 수 있습니다. 이들 중 일부는 오래전부터 알려져 있었지만(카이로 타일이라고 부르는 오각형 타일을 이용한 쪽매맞춤은 18세기 인도의 건축물에서 찾아볼 수 있습니다), 불과 얼마 전인 2015년에야 발견된 것도 있습니다.

정오각형 세 개를 한 점에 모으면 빈틈이 생기고, 네 개를 모으면 겹칩니다.

카이로 타일은 오각형 네 개가 모여 육각형을 이룹니다. 이 사례에서 타일 한 쌍은 팔각형을 이루며, 팔각형 역시 평면을 채울 수 있습니다.

15번째이자 마지막 오각형 쪽매맞춤은 2015년 케이시 만과 제니퍼 맥라우드-만, 데이비드 본 드로가 발견했습니다. 2017년 마이클 라오는 더 이상 평면을 채울 수 있는 다른 오각형은 없다는 사실을 증명했습니다.

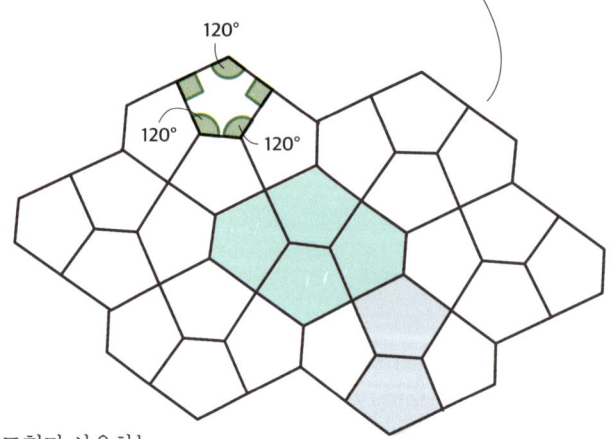

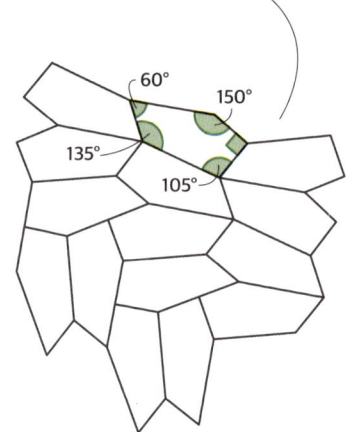

한 가지 도형만 사용하는 쪽매맞춤을 **일면 쪽매맞춤**이라고 부릅니다. **준정규** 쪽매맞춤은 두 개 이상의 정다각형을 사용합니다. 준정규 쪽매맞춤을 가능하게 하는 정다각형의 조합은 모두 여덟 개가 있습니다.

정팔각형과 정사각형은 준정규 쪽매맞춤을 만듭니다. 정육각형과 정사각형, 정삼각형도 또 다른 준정규 쪽매맞춤을 형성합니다.

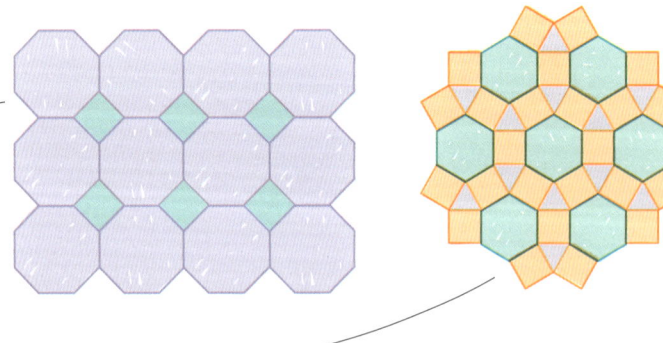

비주기적 쪽매맞춤과 무주기적 쪽매맞춤

앞서 소개한 모든 쪽매맞춤 패턴은 **주기적**입니다. **평행이동 대칭**(128쪽 참고)이 가능합니다. 패턴 전체를 밀어서 모든 타일이 다른 곳에 오게 해도 전체 모습에는 변화가 없다는 뜻입니다. **비주기적 쪽매맞춤**은 평행이동 대칭이 없는 쪽매맞춤입니다.

어떤 경우에는 주기적 쪽매맞춤을 이루는 도형을 다른 방식으로 조립해 비주기적 쪽매맞춤을 만들 수 있습니다. 변의 길이가 1과 2, 빗변의 길이가 √5인 직각삼각형은 변의 길이가 서로 같은 작은 삼각형 다섯 개로 나눌 수 있습니다. 작은 삼각형은 원래 삼각형과 닮은꼴(133쪽 참고)이며, 서로 합동(131쪽 참고)입니다. 이 과정을 무한히 반복해 '핀휠 타일링'이라고 불리는 비주기적 쪽매맞춤을 만들 수 있습니다. 삼각형으로 방사형 쪽매맞춤 또는 나선형 쪽매맞춤을 만들 수도 있습니다.

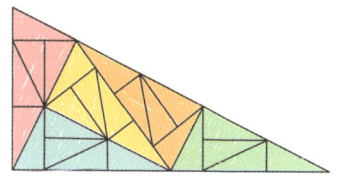

핀휠 타일링을 만드는 초기 단계

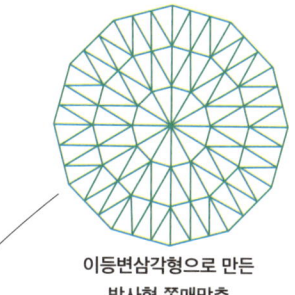
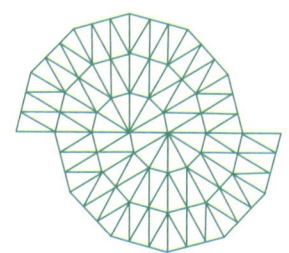

이등변삼각형으로 만든 방사형 쪽매맞춤

이등변삼각형으로 만든 나선형 쪽매맞춤

무주기적 타일 집합은 비주기적 쪽매맞춤만 만들 수 있는 도형의 집합입니다. 이 도형을 조합해 주기적 쪽매맞춤을 만드는 건 불가능합니다. 로버트 베르거가 만든 최초의 무주기적 타일 집합에는 2만 426개의 타일이 있습니다. 1961년 왕하오가 제안한 왕 타일에 바탕을 두고 있었지요. 왕 타일은 각 변에 색이나 요철 부위가 있는 정사각형입니다. 각각의 타일을 뒤집거나 회전할 수 없으며, 변이 맞도록 조립해야 합니다. 즉, 첫 번째 경우라면 색이 서로 맞아야 하고, 두 번째 경우라는 튀어나온 곳과 움푹 들어간 곳이 맞아야 합니다.

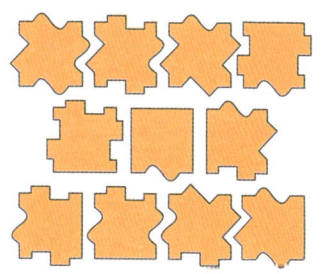

왕 타일 11개로 이루어진 무주기적 타일 집합. 왼쪽은 색으로 구분한 것이고 오른쪽은 모양으로 구분한 것이나.

수학자들은 계속해서 왕 타일의 더 작은 무주기적 타일 집합을 찾아왔습니다. 그러던 중, 2015년 타일 11개로 이루어진 집합을 발견했습니다. 왕 타일만 사용할 경우 이게 가장 작은 무주기적 타일 집합임이 증명되었습니다. 그러나 다른 도형을 사용한다면 더 작은 무주기적 타일 집합도 가능합니다.

로저 펜로즈는 비주기적으로 평면을 채울 수 있는 서로 다른 두 쌍의 타일을 발견했습니다. 이를 **펜로즈 타일**이라고 부릅니다. 기본적인 형태에서는 주기적 쪽매맞춤도 만들 수 있습니다. 따라서 진정한 무주기적 타일 집합은 아닙니다. 그러나 왕 타일과 마찬가지로 가장자리를 변형해 특정 변끼리만 맞아떨어지게 한다면 강제로 무주기적으로 만들 수 있습니다.

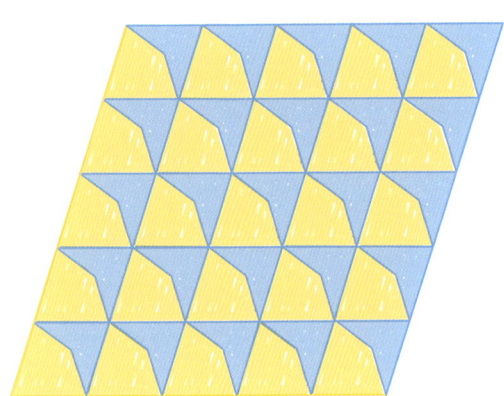

펜로즈 연꼴과 다트 타일 집합은 주기적으로(왼쪽) 또는 비주기적으로(위) 평면을 채울 수 있다.

2023년 아마추어 수학자 데이비드 스미스는 **무주기적 일면타일**을 발견했습니다. 평면을 무주기적으로만 채울 수 있는 단일 타일을 말합니다. 최초의 형태는 다연꼴, 즉 몇 개의 연꼴로 이루어진 도형이었습니다. 머리가 높은 모자와 비슷하다고 해서 **모자 타일**이라고 불렸지요. 그런데 사실 데이비드는 수많은 도형을 발견한 셈입니다. 각각은 모자 타일과 내각이 같지만, 변의 길이는 다릅니다. 모두 무주기적 일면타일입니다.

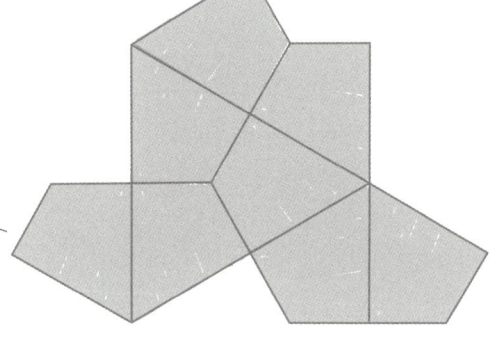

모자 타일은 동일한 연꼴 여덟 개로 이루어져 있다.

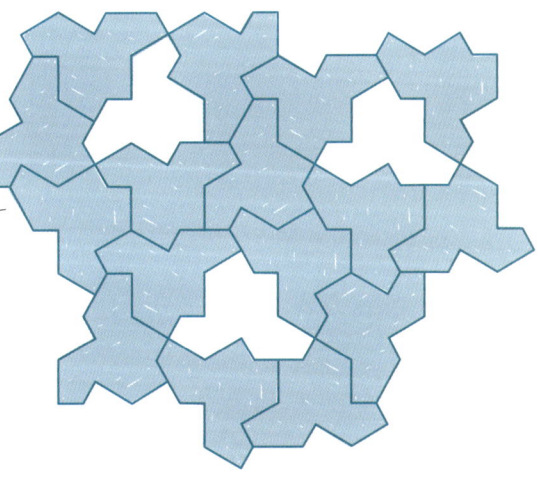

모자 타일의 일부는 반전해야 합니다. 어떤 사람들은 반전된 것을 다른 타일로 정의합니다. 같은 해에 얼마 뒤 반전 필요 없이 무주기적으로 평면을 채울 수 있는 모자 타일이 발견되었습니다.

모자 타일로 만든 쪽매맞춤. 하얀색 타일은 색깔 있는 타일이 반전된 형태다.

모자 타일에는 변의 길이가 두 종류 있습니다. 그리고 두 변의 길이 비율을 바꾸어 다른 타일을 만들 수 있습니다. 변의 길이가 같을 때는 주기적으로 평면을 채우는 타일이 생깁니다. 하지만 변의 모양을 변형해 특정한 변끼리만 맞아떨어지게(왕 타일과 펜로즈 타일의 경우처럼) 하면, 무주기적으로만 평면을 채우는 단일 타일이 됩니다. 수학자들은 변이 번갈아 볼록해졌다가 오목해지는 모양을 제안했습니다. 모양이 유령과 같다고 해서 **유령**이라는 이름이 붙었지요.

유령 타일은 무주기적으로만 평면을 채운다.

각도는 모자 타일과 같지만, 모든 변의 길이가 같다. 변의 모양을 변형해 유령을 만들 수 있다.

재료과학자들은 원자 구조가 무주기적인 형태를 갖는 물질인 준결정에 관해 연구했습니다. 아직 실험은 초기 단계에 있지만, 달라붙지 않고 흠집에 강한 프라이팬 코팅 재료나 단열 재료에 쓰일 수 있는 전망을 보여주고 있습니다.

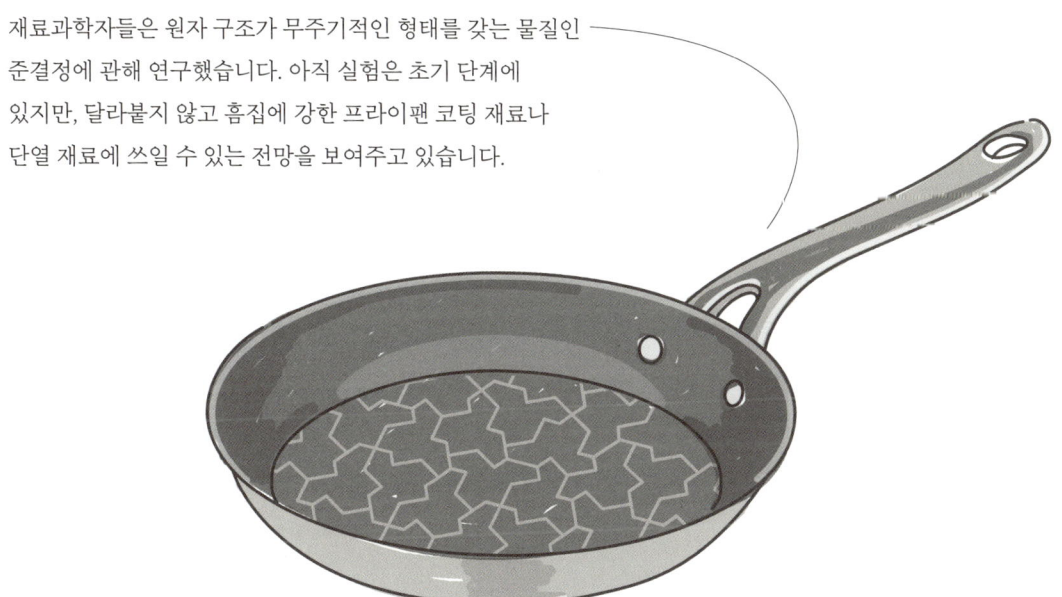

원 쌓기

원으로는 쪽매맞춤을 할 수 없습니다. 원을 다닥다닥 붙여 놓으면 항상 빈틈이 생깁니다. 그런 빈틈을 얼마나 작게 만들 수 있을까요? **원 쌓기**는 원을 겹치지 않고 배열해 가장 작은 공간을 남기는 방법을 연구하는 분야입니다.

흔히 원의 배열은 정다각형을 이용한 쪽매맞춤에 바탕을 두고 있습니다. 예를 들어, 정사각형 쪽매맞춤의 각 정사각형 안에 접한 원을 그릴 수 있습니다. 다각형의 각 변이 원의 접선(26쪽 참고)이면 원이 다각형 안에 접했다고 합니다.

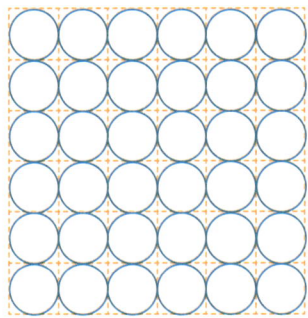

원 쌓기의 **쌓기 밀도**는 전체 공간에 대한 원이 차지하는 공간의 비율입니다. 각 원의 반지름이 1이면, 원을 둘러싼 정사각형의 한 변은 길이가 2입니다. 따라서 이 정사각형 격자에 원을 쌓았을 때 밀도는 다음과 같습니다.

가장 효율적인(빈틈을 가장 작게 남기는) 쌓기 방법은 정육각형 쪽매맞춤에 바탕을 두고 있습니다. 쌓기 밀도가 0.907입니다.

$$\frac{\text{원의 넓이}}{\text{정사각형의 넓이}} = \frac{\pi \times 1^2}{2^2} = \frac{\pi}{4} \approx 0.785$$

정해진 수의 원을 가장 효율적으로 쌓는 방법을 연구하다 보면 놀라운 사실을 알게 됩니다. 다음과 같은 문제도 생각해볼 수 있지요. "정해진 수의 동일한 원이 들어갈 수 있는 가장 작은 정사각형은 무엇일까?" 여섯 개 이하의 원은 가장 작은 정사각형에 꽤 깔끔하게 들어갑니다. 각각의 원이 다른 원이나 정사각형의 변에 접하면 됩니다.

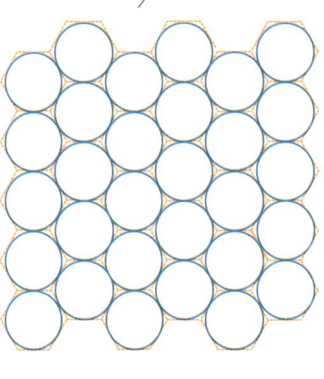

그러나 원이 일곱 개면 원 하나가 남습니다. 돌아다닐 수 있는 공간이 남게 되지요.

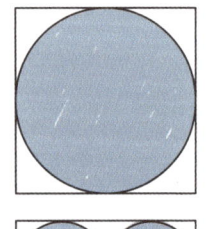

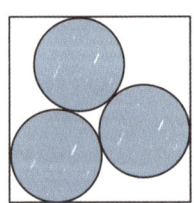
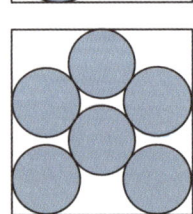

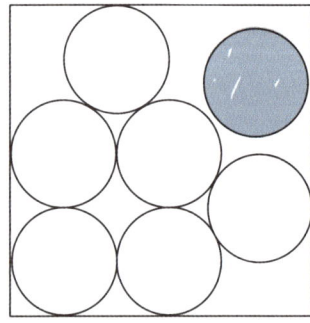

하얀 원은 정사각형의 크기를 결정한다. 색칠된 원은 자유롭게 움직일 수 있다.

정사각형 쌓기

쪽매맞춤이 가능한 도형이라고 해도 특정한 도형 안에 정해진 수를 쌓아야 할 때는 쪽매맞춤이 반드시 가장 효율적인 방법이라고 할 수는 없습니다. **최적 쌓기**는 공간이 가장 작게 남는 배열입니다.

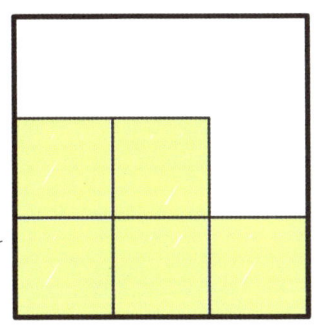 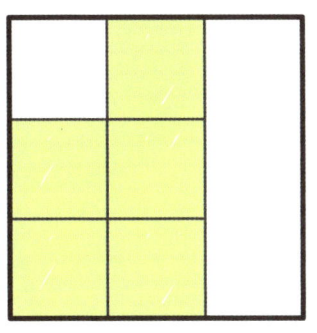 

정사각형 다섯 개가 쪽매맞춤되어 있다면, 이게 들어갈 수 있는 가장 작은 정사각형은 변의 길이가 원래 정사각형의 최소 3배가 됩니다. 그러면 정사각형 네 개가 더 들어갈 공간이 남습니다. 그건 공간의 커다란 낭비지요!

정사각형을 이렇게 배열하면 변의 길이가 안쪽 정사각형의 2.71배밖에 안 되는 정사각형 안에 쌓을 수 있습니다.

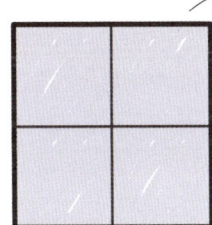

동일한 정사각형 네 개가 들어가는 가장 작은 정사각형은 변의 길이가 원래 정사각형의 두 배인 정사각형입니다. 아무 빈틈없이 들어맞아 남는 공간이 없습니다.

정사각형 11개일 때는 가장 효율적으로 여겨지는 쌓기 모양이 다소 어수선해 보입니다! 바깥쪽 정사각형은 변의 길이가 안쪽의 작은 정사각형의 3.88배입니다. 이게 정사각형 11개를 가장 작은 정사각형 안에 쌓는 방법인지는 아직 증명되지 않았습니다. 수학자들이 아직 연구 중이지요.

가장 작은 원이나 정삼각형 안에 정사각형을 쌓은 비슷한 결과도 여기 있습니다. 어떤 경우에는 깔끔하게 쌓였지만, 어떤 경우에는 보기 싫을 정도로 어수선하네요!

✓ 다시 보기

작도와 쪽매맞춤

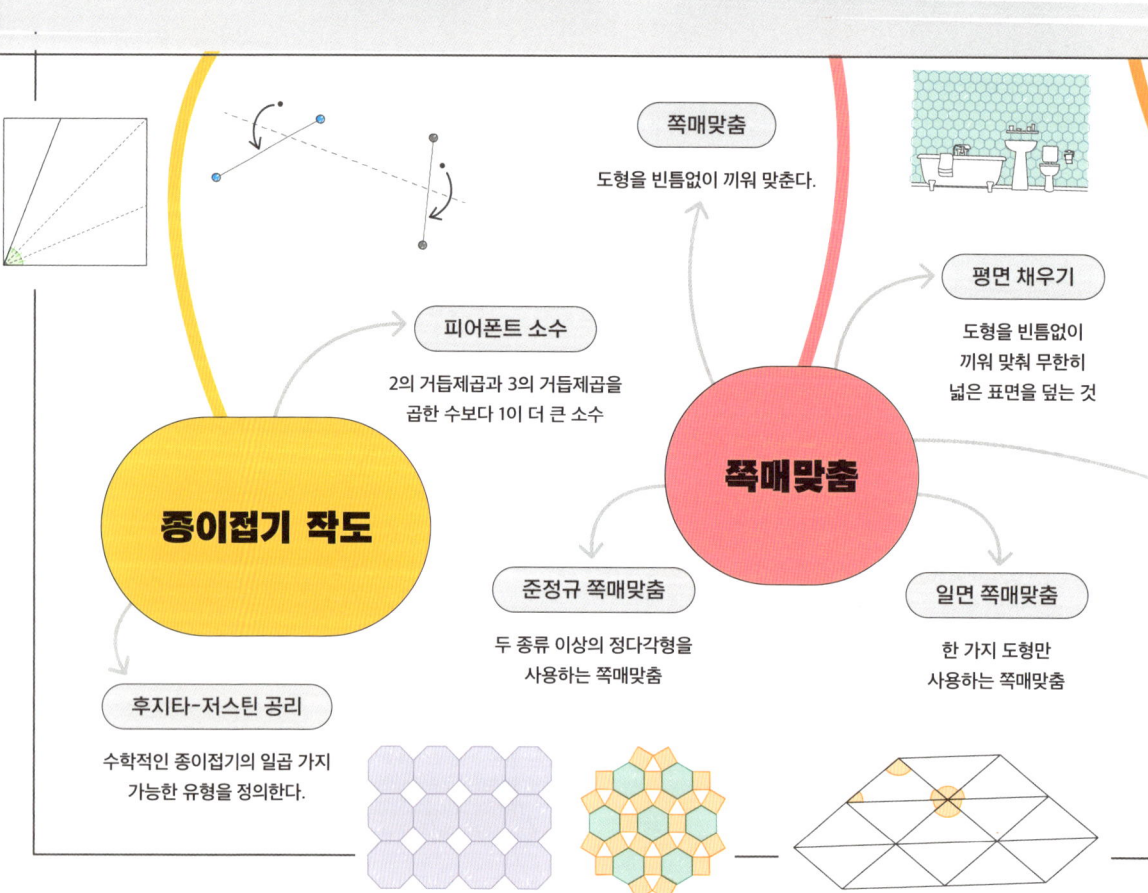

작도

- **곧은 자와 컴퍼스 작도**: 곧은 자와 컴퍼스를 사용해 기하학적 대상을 정확하게 작도하는 과정
- **수직이등분선**: 어떤 선분에 수직이면서 절반으로 나누는 직선
- **교점**: 두 기하학적 대상(두 직선 또는 직선과 원 등)이 교차하거나 만나는 점

작도 가능한 다각형

- **작도 가능한 다각형**: 곧은 자와 컴퍼스로 작도할 수 있는 정다각형
- **2의 거듭제곱**: 2를 여러 번 곱해서 얻은 수

종이접기 작도

- **피어폰트 소수**: 2의 거듭제곱과 3의 거듭제곱을 곱한 수보다 1이 더 큰 소수
- **후지타-저스틴 공리**: 수학적인 종이접기의 일곱 가지 가능한 유형을 정의한다.

쪽매맞춤

쪽매맞춤: 도형을 빈틈없이 끼워 맞춘다.

- **평면 채우기**: 도형을 빈틈없이 끼워 맞춰 무한히 넓은 표면을 덮는 것
- **준정규 쪽매맞춤**: 두 종류 이상의 정다각형을 사용하는 쪽매맞춤
- **일면 쪽매맞춤**: 한 가지 도형만 사용하는 쪽매맞춤

평행이동 대칭

만약 어떤 쪽매맞춤에 평행이동 대칭이 있다면, 각각의 타일이 다른 위치에 놓이지만 전체 모습은 변하지 않도록 전체를 밀 수 있다.

비주기적 쪽매맞춤

평행이동 대칭이 없는 쪽매맞춤

주기적 쪽매맞춤

평행이동 대칭이 있는 쪽매맞춤

무주기적 일면타일

비주기적 쪽매맞춤만 만들 수 있는 단일 도형

비주기적 쪽매맞춤과 무주기적 쪽매맞춤

페르마 소수

2의 거듭제곱보다 1이 큰 수. 이때 지수 자체도 2의 거듭제곱이어야 한다.

무주기적 타일 집합

비주기적 쪽매맞춤만 만들 수 있는 도형의 집합. 주기적 쪽매맞춤을 만드는 건 불가능하다.

원 쌓기

쌓기 밀도

전체 넓이에 대해 원이 차지하는 넓이의 비율

원 쌓기

겹치지 않으면서 가장 작은 공간이 남도록 원을 배열하는 방법을 연구한다.

정사각형 쌓기

최적의 쌓기

남는 공간이 가장 작은 배열

정규 쪽매맞춤

정다각형으로 이루어진 쪽매맞춤. 쪽매맞춤이 가능한 건 정삼각형, 정사각형, 정육각형뿐이다.

4장

3차원 도형

우리는 3차원 세상에서 삽니다. 이 장을 읽으면 그런 세상을 이해하는 데 도움이 될 거예요.
곧은 변과 구부러진 변으로 이루어진 3차원 도형을 살펴보고, 그런 도형이 서로 어떤 관계를 맺고 있으며 어떻게 서로 맞아떨어지는지를 알아보겠습니다. 3차원 도형을 만들 수 있는 전개도를 포함해 3차원을 2차원에 나타내는 방법에 관해서도 배울 수 있습니다. 단면과 그림자로부터는 3차원 도형이 감추고 있는 놀라운 성질을 알 수 있습니다. 마지막으로 4차원과 그 너머를 탐구하며 우리가 상상밖에 할 수 없는 도형에 관해 알아보겠습니다.

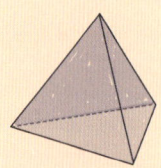
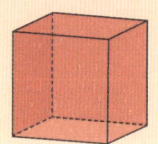
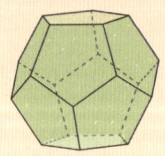
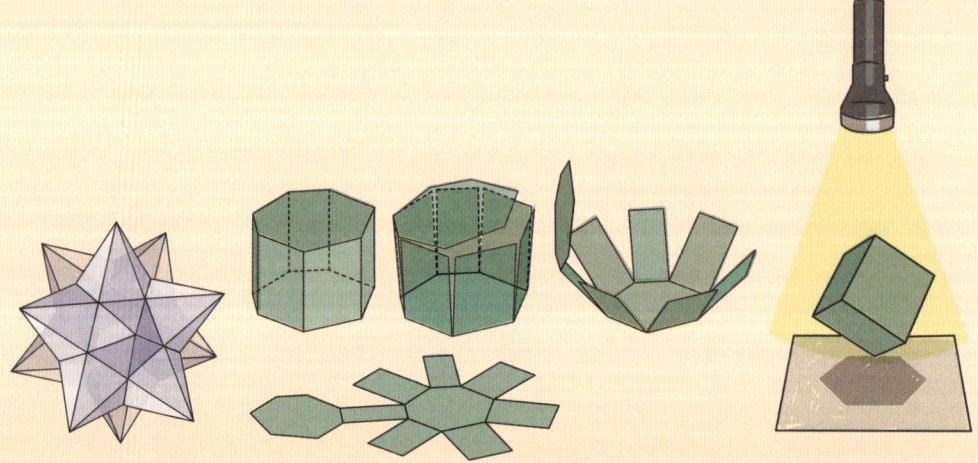

다면체

다면체는 2차원의 다각형과 같은 3차원 도형입니다. 면이 평면다각형으로 이루어진 입체도형이지요. 많다는 뜻의 '다'와 '면'으로 이루어진 이름입니다.

다면체에는 **꼭짓점**과 **모서리**, **면**이 있습니다. 면은 다면체를 이루는 다각형이고, 모서리는 다각형의 변이며, 꼭짓점은 다각형의 꼭짓점과 같습니다.

정다면체

정다면체는 면이 모두 동일한 정다각형으로 이루어져 있으며, 꼭짓점 주위에 보인 면의 구성이 똑같은 다면체입니다. 어떤 꼭짓점을 골라도 그 주위의 면이 똑같다는 뜻입니다. 예를 들어, 사면체의 각 꼭짓점에는 정삼각형 세 개가 모여 있습니다. 이런 다면체는 다섯 종류밖에 없으며 흔히 정다면체, 또는 플라톤 다면체라고 부릅니다.

꼭짓점

모서리

면

정사면체: 정삼각형 면 네 개로 이루어짐

정육면체: 정사각형 면 여섯 개로 이루어짐

정이십면체: 정삼각형 면 20개로 이루어짐

플라톤 다면체

정팔면체: 정삼각형 면 여덟 개로 이루어짐

정십이면체: 정오각형 면 12개로 이루어짐

65

쌍대다면체

모든 다면체에는 **쌍대다면체**가 있습니다. 쌍대다면체는 면과 꼭짓점을 바꿔 만든 다면체입니다. 면이 꼭짓점이 되고, 꼭짓점이 면이 되는 것이지요. 만약 면이 정다각형이라면, 각 면의 중심을 꼭짓점으로 만들고 이 새 꼭짓점들을 이어서 쌍대다면체를 만들 수 있습니다. 이렇게 새로 생긴 모서리는 원래 다면체의 각 꼭짓점 위치에 면을 형성합니다.

정다면체는 짝을 이루는 쌍대다면체가 있습니다. 정육면체와 정팔면체가 짝이고, 정십이면체는 정이십면체와 짝입니다. 정사면체의 쌍대다면체는 자기 자신입니다.

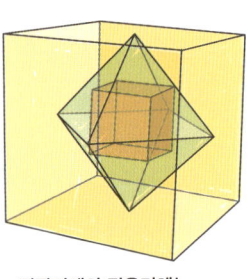

정팔면체와 정육면체는 서로 쌍대다면체다.

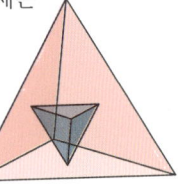

정사면체는 자기 자신과 쌍대다면체다.

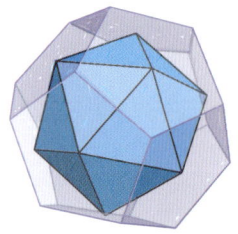

정십이면체와 정이십면체는 서로 쌍대다면체다.

반정다면체

두 종류 이상의 정다각형으로 이루어진 다면체를 **반정다면체**라고 부릅니다.

아르키메데스 다면체는 면이 모두 정다각형이지만 모두 동일한 정다각형은 아니어도 됩니다. 아르키메데스 다면체는 13종류가 있습니다. 예를 들어 '다듬은 정육면체'의 면은 삼각형과 사각형입니다. 플라톤 다면체와 마찬가지로 아르키메데스 다면체도 모든 꼭짓점 주위의 면 배열이 같습니다. 예를 들어, 다듬은 정육면체의 꼭짓점에는 정삼각형 네 개와 정사각형 하나가 모여 있습니다.

아르키메데스 다면체의 쌍대다면체는 카탈랑의 다면체라고 부르며, 면이 반드시 정다각형인 건 아닙니다.

다듬은 정육면체는 아르키메데스 다면체. 면은 정사각형 6개와 정삼각형 32개이고, 꼭짓점은 24개다.

열네 번째 아르키메데스 다면체의 존재 가능성이 있지만, 아직 논쟁의 여지가 있습니다. 유사마름모육팔면체는 정사각형과 정삼각형으로 이루어져 있으며 각 꼭짓점에서 정사각형 세 개와 삼각형 한 개가 만납니다. 여기까지는 좋습니다!

그러나 유사마름모육팔면체의 윗부분은 아래쪽에 비해 비뚤어져 있습니다. 이것은 각 꼭짓점에서 다각형의 배열이 같아야 한다는 전체적 등방성이라고 하는 조건에 부합하지 않습니다.

전체적 등방성은 미묘한 조건입니다. 간단히 말하면, 도형에서 두 꼭짓점을 아무렇게나 고른다고 할 때 도형의 모습이 변하지 않으면서 첫 번째 꼭짓점이 두 번째 꼭짓점이 있던 위치로 갈 수 있도록 회전하는 게 가능해야 합니다. 유사마름모육팔면체의 경우 일부 꼭짓점은 이게 가능하지만, 모든 꼭짓점에서 가능하지는 않습니다.

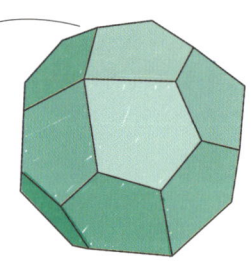

다듬은 정육면체의 쌍대다면체는 오각이십사면체. 면은 동일한(정다각형은 아닌) 오각형 24개(다듬은 정육면체의 각 꼭짓점당 하나)이고, 꼭짓점은 38개(다듬은 정육면체의 각 면당 하나)다.

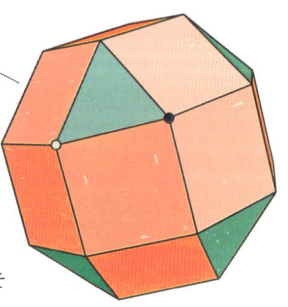

모양이 똑같으면서 검은 꼭짓점이 하얀 꼭짓점의 위치로 오도록 유사마름모육팔면체를 돌릴 수 있는 방법은 없다.

유사마름모육팔면체를 아르키메데스 다면체로 볼 것이냐 그러지 않을 것이냐 하는 문제는 아르키메데스 다면체를 어떻게 정의하는지에 따라 다릅니다. 전체적 등방성이 정의에 중요하다고 생각하면 유사마름모육팔면체는 아르키메데스 다면체가 될 수 없습니다. 하지만 유사마름모육팔면체를 아르키메데스 다면체에 포함하는 게 합리적인 상황도 있을 수 있습니다. 예를 들어, 아르키메데스 다면체와 유사마름모육팔면체에는 적용되지만 다른 다면체에는 적용되지 않는 성질이 있다면, 아르키메데스 다면체라고 보아야 할 겁니다. 수학이 원래 그렇듯이 불명확하거나 불완전한 정의는 혼란과 논쟁을 불러일으킵니다.

유사마름모육팔면체가 아르키메데스 다면체가 아니라면, 존슨 다면체에 들어가는 게 확실합니다. 존슨 다면체는 면이 모두 정다각형인 다면체로, 모두 92종류가 있습니다. 정다면체나 반정다면체가 아닌 모든 다면체는 **불규칙 다면체**입니다.

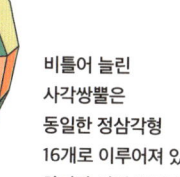

늘린 비틀어 붙인 오각둥근지붕은 정사각형과 정삼각형, 정오각형으로 이루어진 존슨 다면체다.

비틀어 늘린 사각쌍뿔은 동일한 정삼각형 16개로 이루어져 있다. 하지만 어떤 꼭짓점에서는 삼각형 다섯 개가 만나고, 어떤 꼭짓점에서는 네 개가 만나기 때문에 플라톤 다면체가 아니다.

기타 다면체

각뿔은 바닥면이 있는 다면체입니다. 바닥은 어떤 다각형이든 될 수 있으며, 각 변에 삼각형이 붙어 있습니다. 따라서 정사면체는 각뿔입니다. 삼각형은 정점이라고 부르는 점에서 만납니다.

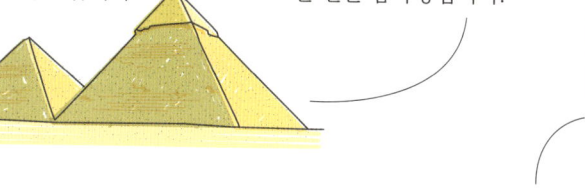

각뿔은 보통 바닥에 오는 도형의 이름을 따 부릅니다. 따라서 바닥이 정사각형인 각뿔은 정사각뿔이고, 오각형인 각뿔은 오각뿔입니다. 이집트와 멕시코의 유명한 피라미드는 모두 정사각뿔입니다. 각뿔의 면 개수는 바닥에 오는 도형의 변의 수보다 1이 큽니다. 그리고 바닥을 제외한 모든 면은 삼각형입니다.

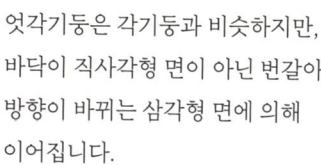

직육면체는 직사각형 면 여섯 개가 서로 직각으로 만납니다. 정육면체는 모든 면이 정사각형이므로 정다각형으로 이루어진 직육면체입니다. 우리는 직육면체 모양의 벽돌로 건물을 짓고, 직육면체 상자로 찬장을 채웁니다. 평행육면체는 여섯 면이 평행사변형인 찌그러진 직육면체입니다.

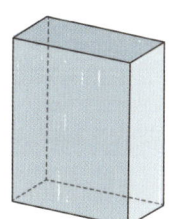

각기둥에는 서로 동일한 다각형인 평행한 두 면(바닥)이 있습니다. 바닥의 모서리와 모서리는 직사각형 면으로 이어집니다. 따라서 직육면체는 바닥이 직사각형인 각기둥입니다. 각기둥을 바닥에 평행하게 자르면 항상 단면의 모양이 같습니다. 바닥에 평행하게 자르면 잘린 표면의 모양은 바닥과 똑같다는 뜻이 됩니다.

엇각기둥은 각기둥과 비슷하지만, 바닥이 직사각형 면이 아닌 번갈아 방향이 바뀌는 삼각형 면에 의해 이어집니다.

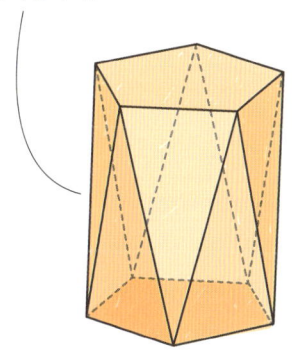

볼록 다면체

다면체의 면이 이루는 각이 모두 바깥을 향하고 있다면, 그 다면체를 **볼록**하다고 말합니다. 그렇지 않으면 **볼록하지 않습니다**. 좀 더 수학적으로 정의하면, 볼록 다면체의 표면에 있는 두 점을 잇는 선은 전체가 다면체 안에 있습니다.

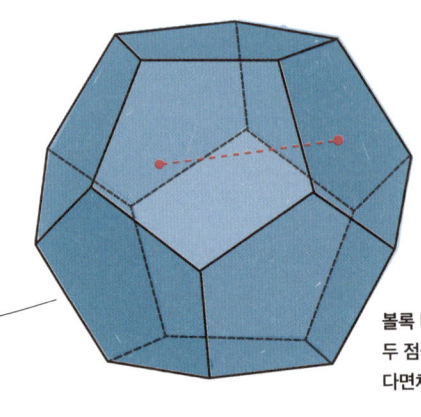

볼록 다면체의 표면에 있는 두 점을 잇는 선은 전체가 다면체 안에 있다.

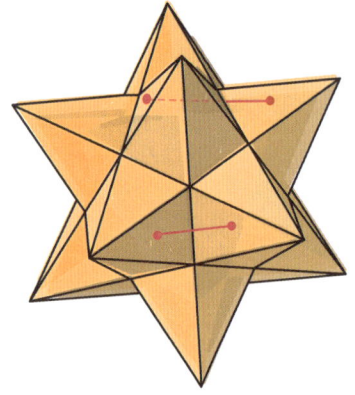

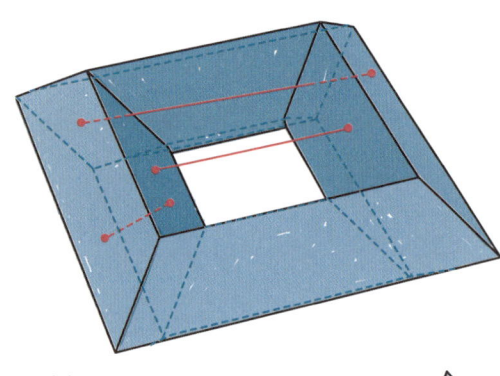

볼록하지 않은 다면체의 표면에 있는 두 점을 잇는 선은 전체가 안에 있을 수도, 전체가 밖에 있을 수도, 안팎에 모두 있을 수도 있다.

만약 각기둥(엇각기둥)의 바닥을 이루는 다각형이 볼록하지 않다면, 그 결과로 생기는 각기둥(엇각기둥) 역시 볼록하지 않다.

별모양화를 이용하면 여러 가지 아름답고 복잡한 다면체를 만들 수 있습니다. 별모양화는 새로운 다면체가 생길 때까지 다면체의 모서리나 면을 늘리는 것입니다. 별모양화로 만든 다면체는 보통 볼록하지 않습니다.

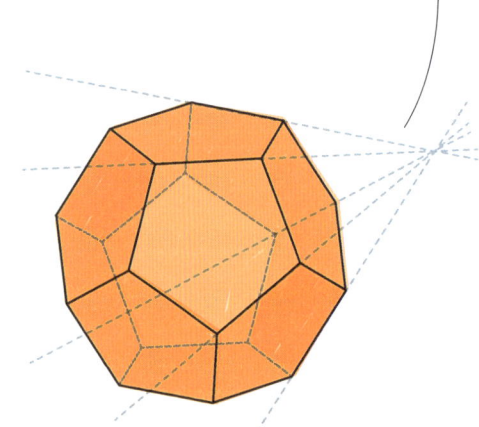

정십이면체의 모서리를 연장하면 연장선이 만나는 곳에 새로운 꼭짓점이 생긴다.
모든 모서리에 대해 이 과정을 반복하면 별모양화된 정십이면체가 생긴다.

오일러 지표

다면체의 **오일러 지표**는 꼭짓점의 수(V)와 모서리의 수(E), 면의 수(F)의 관계를 나타낸 공식으로 구할 수 있습니다.

오일러 지표
$= V - E + F$

모든 볼록 다면체의 오일러 지표는 2입니다. 구멍을 하나 추가하면 오일러 지표가 2씩 줄어듭니다. 오일러 지표는 표면의 곡률과도 관계가 있습니다(147쪽 참고).

	꼭짓점	모서리	면	오일러 지표
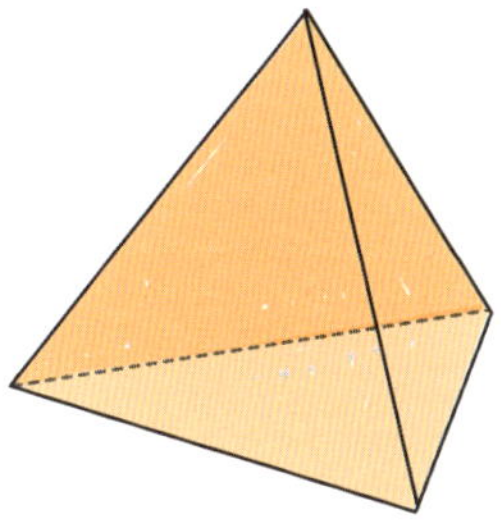	4	6	4	2
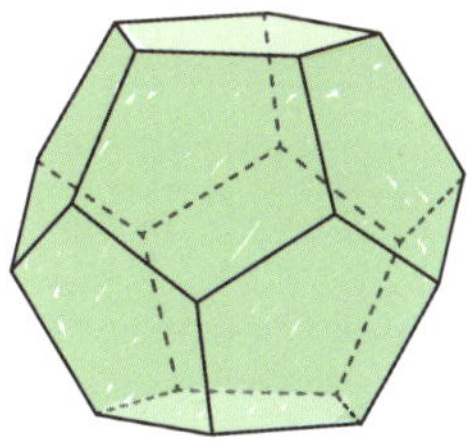	20	30	12	2
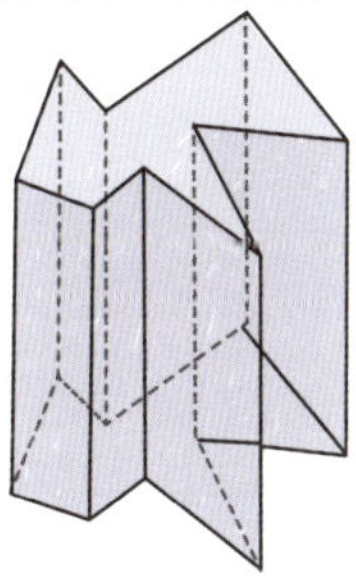	18	27	11	2
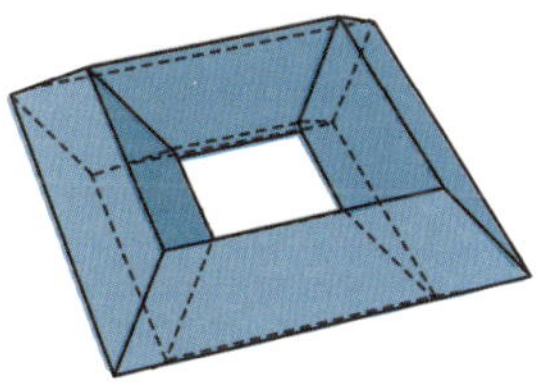	16	32	16	0

전개도

전개도는 접어서 입체도형을 만들 수 있는 2차원 도형입니다. 전개도를 접어서 모서리를 따라 붙이면 다면체의 3차원 모형을 만들 수 있습니다.

다면체의 전개도를 그리려면 평평하게 펼 수 있을 때까지 모서리를 하나씩 자르는 상상을 해야 합니다. 이 과정을 **펼침**이라고 합니다. 자를 모서리를 선택할 때는 신중해야 합니다. 어떤 면의 모든 모서리를 자른다면 그 면은 떨어져 나와 전개도의 일부가 되지 못합니다. 그러나 각 꼭짓점에 모인 모서리 중에서 적어도 하나를 자르지 않으면 그 꼭짓점 주위의 면은 평평하게 펴지지 않습니다.

하지만 이런 규칙을 따른다고 해도 항상 제대로 된 전개도가 나오는 건 아닙니다. 어떤 경우에는 다면체를 펼치면 몇몇 면이 겹치기도 합니다. 이런 식으로 펼쳐진 모양은 다면체를 만드는 데 쓸 전개도로 그리기가 불가능합니다.

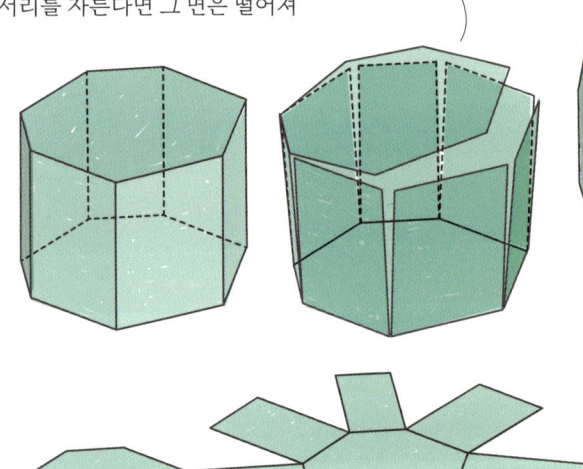

사면체는 삼각형 면 네 개로 이루어져 있습니다. 따라서 전개도는 삼각형 네 개가 붙어 있는 형태입니다. 이런 형태에는 몇 종류가 있지만, 모두가 접어서 사면체로 만들 수 있는 건 아닙니다.

만약 이 전개도를 접으면 이 두 모서리가 만나며 두 면이 겹치게 된다.

이 전개도는 사면체로 접을 수 없다.

만약 이 전개도를 접으면 이 두 모서리가 만나며 다른 모서리가 만날 수 없다.

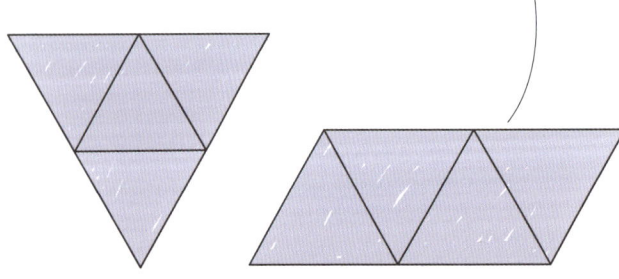

이 두 전개도는 사면체로 접을 수 있다.

마찬가지로 정육면체의 전개도는 정사각형 여섯 개가 붙어 있는 형태입니다. 정육면체를 접을 수 있도록 정사각형 여섯 개를 배열하는 방법은 11가지입니다. 이 외에도 많은 배열이 있지만, 정육면체를 접을 수는 없습니다.

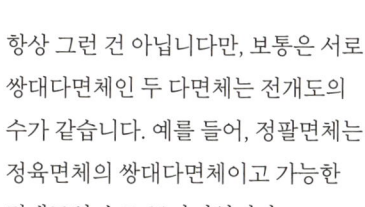

항상 그런 건 아닙니다만, 보통은 서로 쌍대다면체인 두 다면체는 전개도의 수가 같습니다. 예를 들어, 정팔면체는 정육면체의 쌍대다면체이고 가능한 전개도의 수도 11가지입니다.

다면체의 면이 몇 개 되지 않는다면 전개도를 만드는 것도 비교적 간단합니다. 면의 수가 많아질수록 시각화는 점점 더 힘들어집니다. 가능한 전개도의 수 역시 늘어납니다. 정십이면체와 정이십면체의 가능한 전개도는 각각 4만 3380가지입니다.

정십이면체의 4만 3380가지 전개도 중 하나

정이십면체의 4만 3380가지 전개도 중 하나

모든 볼록 다면체의 전개도를 만들 수 있는지는 아직 밝혀지지 않았습니다. 아직 전개도를 만들 수 없는 다면체를 찾은 건 아니지만, 볼록 다면체의 전개도를 만드는 간단한 방법이 없는 것 역시 사실입니다. 그러나 볼록하지 않은 다면체의 일부는 전개도를 만들 수 없습니다.

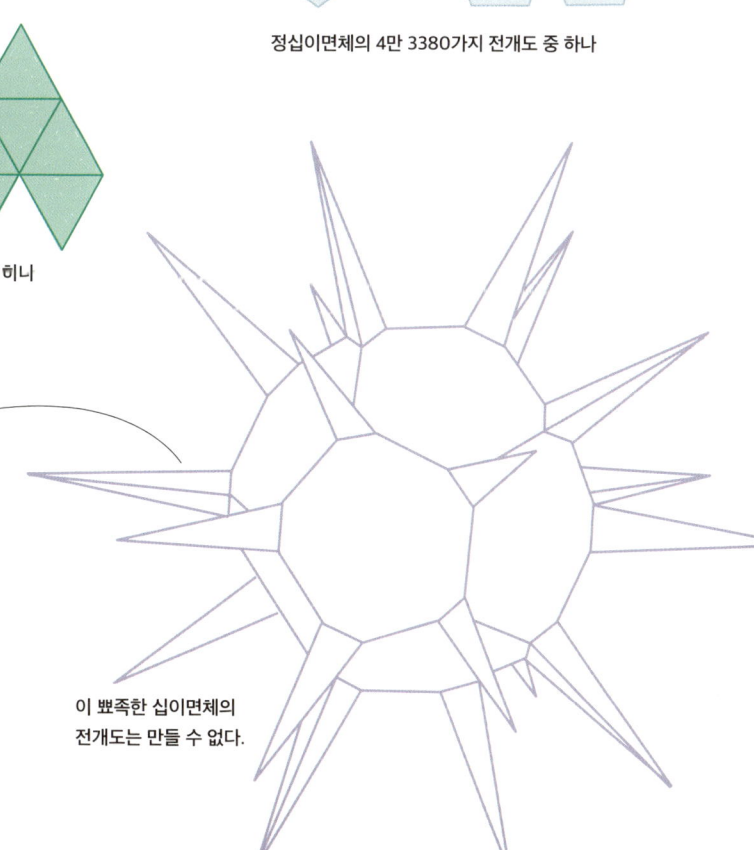

이 뾰족한 십이면체의 전개도는 만들 수 없다.

구

구는 원에 상응하는 3차원 도형입니다. 중심으로부터 거리가 같은 모든 점으로 이루어진 입체도형이지요. 오렌지, 테니스공, 우리가 사는 지구 등의 모양으로 우리에게 친숙합니다.

지름을 중심으로 원을 회전할 때 생기는 궤적으로 구를 그릴 수 있습니다. 이처럼 2차원 도형을 회전해 얻을 수 있는 입체도형을 **회전체**라고 합니다. 원과 마찬가지로 구에도 다음과 같은 요소가 있습니다.

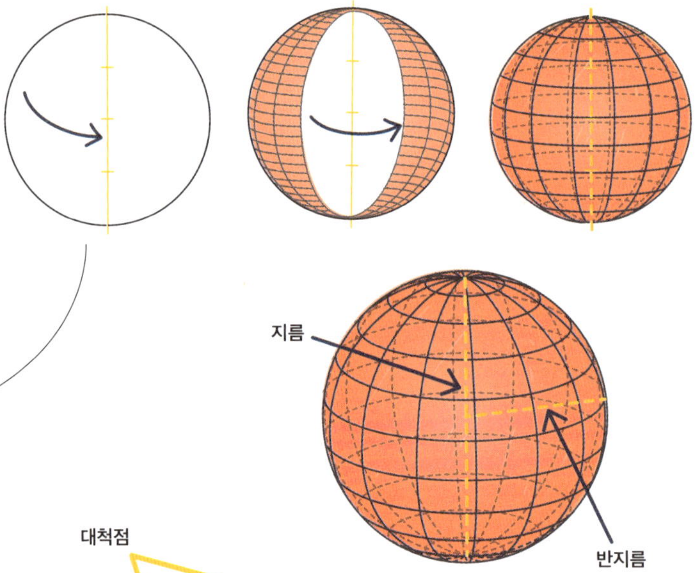

- **반지름**: 중심에서 구의 표면까지의 거리

- **지름**: 중심을 지나며 표면 위의 두 점을 잇는 선분의 길이

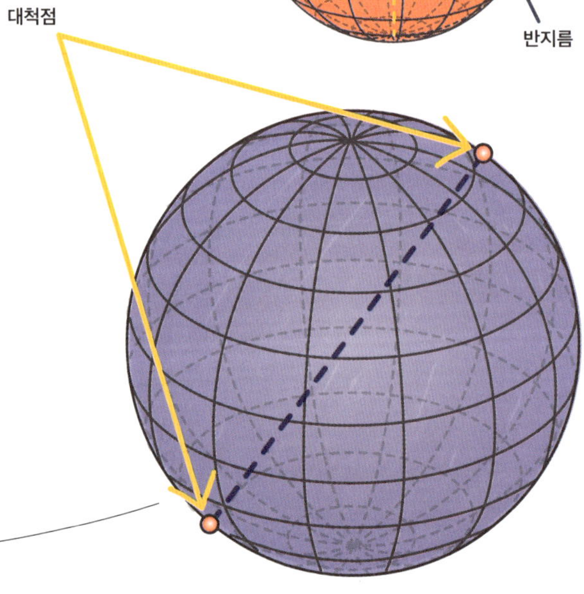

지름의 한쪽 끝은 다른 쪽 끝의 **대척점**입니다. 지구에도 이런 지점이 있습니다. 북극점과 남극점이 그렇지요. 뉴질랜드 북섬의 대척점은 스페인과 포르투갈에 있습니다. 서울의 대척점은 우루과이 인근의 남대서양이고, 미국 뉴욕의 대척점은 인도양 한가운데에 있습니다.

한 쌍의 대척점을 지나 구를 한 바퀴 도는 원을 **대원**이라고 부릅니다. 구 위에 그릴 수 있는 가장 큰 원이기 때문입니다. 지구에서는 적도가 대원이며, 그리니치 자오선 역시 대원입니다. 하지만 대원은 무한히 많습니다. 한 쌍의 대척점을 지나는 대원의 수도 무한합니다. 대척점이 아닌 구 위의 점 한 쌍을 지나는 대원은 딱 하나뿐입니다.

한 쌍의 대척점을 지나는 대원은 무한히 많다.

그 외의 다른 한 쌍의 점을 지나는 대원은 하나뿐이다.

대원을 따라 구를 자르면 구의 중심을 지나게 되며, 그 단면(79쪽 참고)은 구와 반지름이 같은 원입니다. 구에서 얻을 수 있는 가장 큰 단면이지요. 이런 방식으로 구를 자르면 **반구**라고 하는 똑같은 두 부분으로 나뉩니다. 구의 다른 곳을 자르면 여전히 원을 얻지만, 그 크기는 단면이 구의 중심에서 얼마나 떨어져 있느냐에 따라 달라집니다. 중심에서 멀수록 원이 작아집니다.

정다면체 또는 반정다면체(65쪽 참고)는 모든 꼭짓점을 지나는 원을 갖습니다. 다면체의 모서리로 이어지는 꼭짓점 쌍을 지나는 **대호**(대원의 일부분)를 그리면 **구면 다면체**를 만들 수 있습니다.

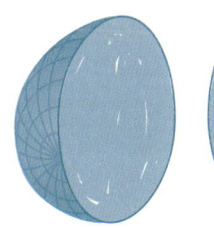
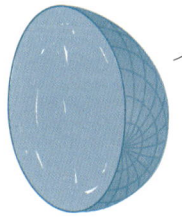
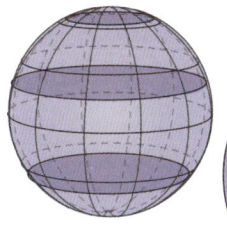
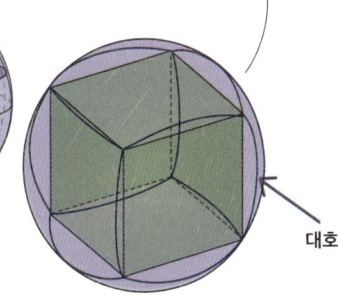

대호

가장 친숙한 구면 다면체는 축구공입니다. 아르키메데스 다면체인 깎은 정이십면체를 바탕으로 만들 수 있습니다.

그에 대응하는 다면체가 없는 구면 다면체도 있습니다. 예를 들어 똑같은 대척점 쌍을 지나는 대원을 여러 개 그려 구를 나눌 수 있습니다. 하지만 이 경우에는 꼭짓점이 두 개뿐이라 다면체를 이룰 수 없습니다. 이와 같은 구면 다면체를 호소헤드론이라고 부릅니다. 주변에서 흔히 볼 수 있는 예시로는 배구공이 있습니다.

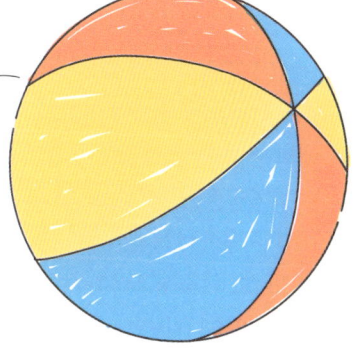

원뿔과 원기둥

원뿔과 **원기둥**은 우리 주변의 여러 물건에서 찾아볼 수 있는 3차원 도형입니다.
몇 가지 예를 들자면, 안전고깔, 아이스크림콘, 깔때기 등이 있습니다.

원뿔은 바닥이 평평한 3차원 대상입니다. 바닥에서부터 위로 올라갈수록 점점 좁아지다가 **정점** 또는 **꼭짓점**이라고 부르는 한 점에 모입니다. **직원뿔**은 우리에게 가장 익숙한 유형입니다. 바닥은 원이고 꼭짓점은 바닥 중심에서 정확히 위에 있습니다. 그러나 꼭짓점이 중심 위에 없을 수도 있고, 바닥이 타원이거나 다른 곡선 도형일 수도 있습니다. 꼭짓점이 중심 위에 있지 않은 원뿔을 **빗원뿔**이라고 부릅니다.

정점 / 직원뿔

정점 / 타원뿔

정점 / 빗원뿔

원뿔은 평평한 면(바닥) 하나와 구부러진 표면 하나로 이루어집니다. 직원뿔의 경우 구부러진 표면은 원의 일부입니다. 바닥이 되는 원을 그리고 더 큰 원의 일부를 원둘레끼리 닿게 그리면 원뿔의 전개도를 그릴 수 있습니다.

직원기둥

빗원기둥

원기둥은 서로 평행한 바닥 두 개가 바닥에 수직인 구부러진 표면 하나로 이어져 있는 도형입니다. 즉, 면 두 개와 구부러진 표면 하나가 있지요. 직원기둥의 경우 바닥 하나가 다른 바닥 바로 위에 있습니다. 빗원기둥은 바닥이 서로 어긋나 있습니다.

빗원기둥의 구부러진 표면을 펼치면 평행사변형이 됩니다. 한 변의 길이는 바닥을 이루는 원의 둘레와 같습니다. 직원기둥의 경우 구부러진 표면은 직사각형입니다.

직원뿔은 이등변삼각형을 바닥 변의 중심과 반대쪽 꼭짓점을 잇는 직선을 중심으로 돌려 회전체를 만들어서 얻을 수 있습니다.

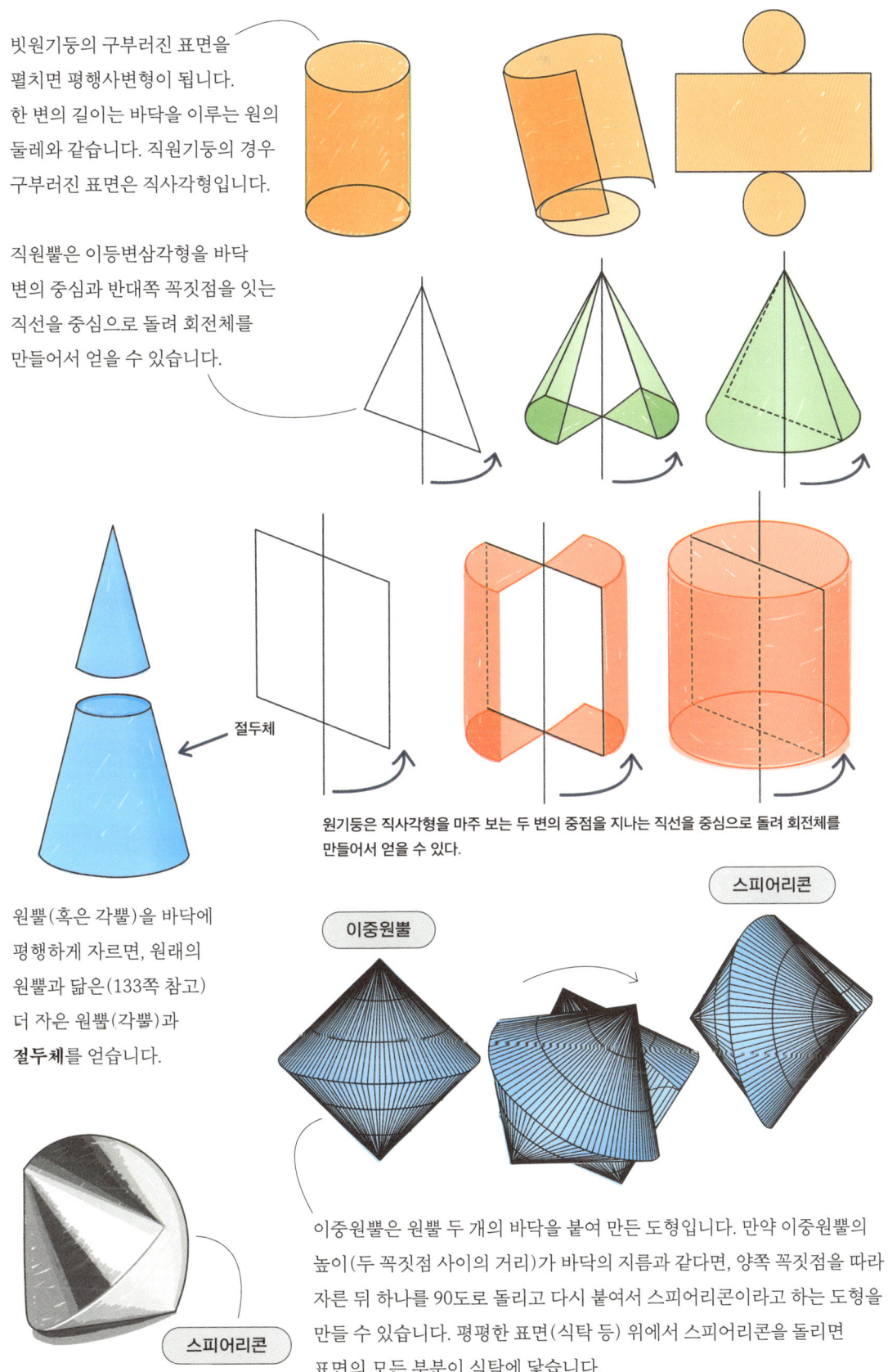

절두체

원기둥은 직사각형을 마주 보는 두 변의 중점을 지나는 직선을 중심으로 돌려 회전체를 만들어서 얻을 수 있다.

원뿔(혹은 각뿔)을 바닥에 평행하게 자르면, 원래의 원뿔과 닮은(133쪽 참고) 더 작은 원뿔(각뿔)과 **절두체**를 얻습니다.

이중원뿔

스피어리콘

이중원뿔은 원뿔 두 개의 바닥을 붙여 만든 도형입니다. 만약 이중원뿔의 높이(두 꼭짓점 사이의 거리)가 바닥의 지름과 같다면, 양쪽 꼭짓점을 따라 자른 뒤 하나를 90도로 돌리고 다시 붙여서 스피어리콘이라고 하는 도형을 만들 수 있습니다. 평평한 표면(식탁 등) 위에서 스피어리콘을 돌리면 표면의 모든 부분이 식탁에 닿습니다.

스피어리콘

공간 채움

3장에서 우리는 2차원 도형으로 빈틈없이 평면을 채우는 쪽매맞춤을 살펴보았습니다.
3차원에서 똑같은 문제를 다룰 때는 **공간 채움**이라고 부릅니다.

공간 채움은 3차원 도형을 쪽매맞춤해 빈틈없이 (무한할 수도 있는) 3차원 공간을 채우는 것을 말합니다. 공간 채움이 가능한 정다면체는 정육면체가 유일합니다. 하지만 정육면체는 직육면체와 평행육면체의 특수한 경우이며, 이 두 다면체 역시 공간 채움이 가능합니다.

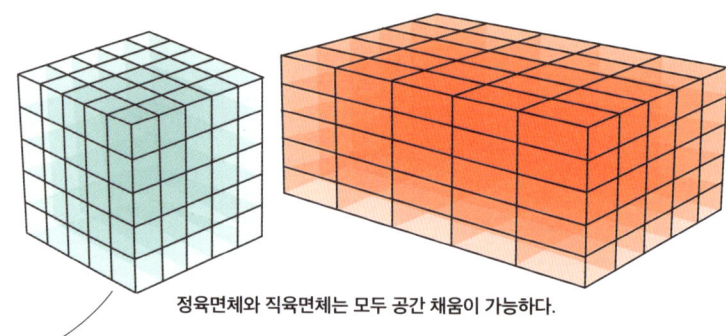

정육면체와 직육면체는 모두 공간 채움이 가능하다.

쪽매맞춤이 가능한 바닥을 가진 각기둥은 모두 공간 채움이 가능합니다. 정삼각기둥과 정육각기둥이 그런 사례입니다. 그리고 공간 채움이 가능한 반정다면체는 두 가지가 있습니다. 깎은 정팔면체와 비틀어 붙인 이각지붕입니다.

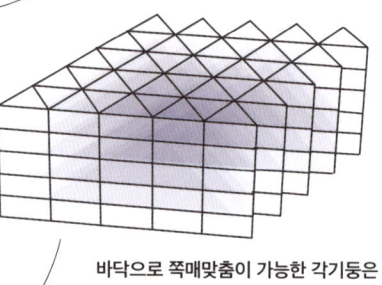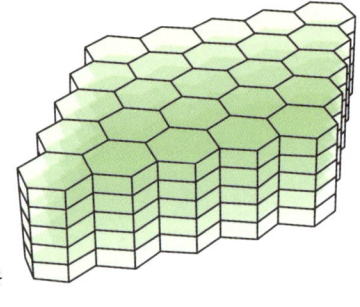

바닥으로 쪽매맞춤이 가능한 각기둥은 공간 채움이 가능하다.

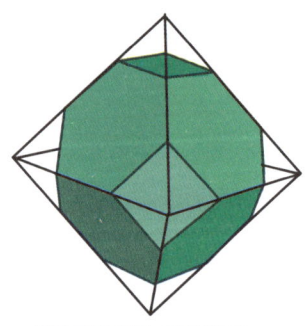

깎은 정팔면체는 정팔면체의 각 꼭짓점에서 각뿔을 잘라내 만든 아르키메데스 다면체(66쪽 참고)다.

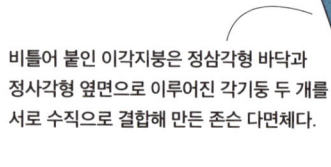

비틀어 붙인 이각지붕은 정삼각형 바닥과 정사각형 옆면으로 이루어진 각기둥 두 개를 서로 수직으로 결합해 만든 존슨 다면체다.

공간 채움이 가능한 불규칙 다면체도 많습니다. 아마도 가장 놀라운 사례 하나가 에셔의 다면체일 겁니다. 마름모십이면체를 별모양화(68쪽 참고)해 만든 도형이지요. 이 복잡해 보이는 별 모양의 입체도형은 각 꼭짓점에서 여섯 개가 모이며 깔끔하게 들어맞습니다.

마름모십이면체에는 동일한 마름모 면 12개가 있다. 서로 만날 때까지 모서리를 연장해 별모양화하면 에셔 다면체가 된다.

에셔의 다면체는 인기 있는 퍼즐입니다. 여섯 개의 똑같은 조각으로 나눌 수 있고, 올바른 방식으로 결합하면 서로 딱 맞아떨어집니다. 하지만 이런 퍼즐 몇 개를 계속 결합해 커다란 퍼즐 하나로 만들 수 있다는 사실을 아는 사람은 거의 없습니다.

2차원 쪽매맞춤과 마찬가지로 두 가지 이상의 다면체를 조합해 공간을 채울 수도 있습니다. 이와 관련된 흥미로운 문제는 다음과 같습니다. 부피가 같은 도형을 가지고 공간을 채우는 가장 효율적인 방법은 무엇일까요?

여기서 '가장 효율적인'이란 공간을 채우는 도형의 총 겉넓이(98쪽 참고)가 가능한 한 작다는 뜻입니다. 예를 들어, 종이로 도형을 만든다면 종이를 가장 조금 사용해서 정해진 공간을 채우는 다면체를 만드는 방법을 찾는 것이지요. 그리고 '부피'는 각각의 다면체가 차지하는 공간을 말합니다(96쪽 참고).

이 개념은 거품의 형성을 연구하는 데 쓰입니다. 가장 효율적인 도형 하나의 형태는 구입니다. 따라서 비눗방울 한 개를 분다면 자연스럽게(바람이 불어서 모양이 달라지지 않는다면) 구가 됩니다. 그러나 계속 불어 거품으로 싱크대를 채운다면, 방울은 빈틈없이 서로 달라붙습니다. 구는 쪽매맞춤이 되지 않으므로, 이런 방울은 구가 될 수 없습니다.

오랫동안 수학자들은 깎은 정팔면체(살짝 구부러진 모서리를 포함하기 위해 변형한)를 바탕으로 만든 도형이 공간을 채우는 데 가장 효율적이라고 생각했습니다. 그러나 1993년 물리학자 데니스 웨이어와 로버트 펠란은 웨이어-펠란 구조라고 부르는 대상을 발견했습니다.

이 구조는 부피가 똑같은 두 도형으로 이루어져 있습니다. 불규칙 십이면체와 육각형 면 두 개와 오각형 면 12개를 갖는 깎은 육각 트라페조헤드론이지요. 이 두 조형의 조합이 가장 작은 겉넓이로 거품을 이룬다고 여겨집니다. 하지만 증명되지는 않았습니다.

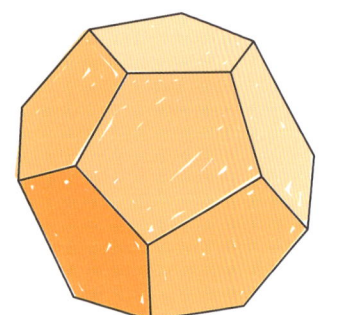 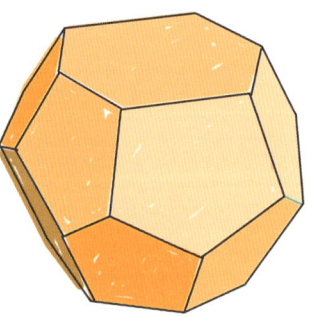

구는 쪽매맞춤이 되지 않지만, 수학자들은 **구 쌓기**에도 관심이 있습니다. 공간 안에 구를 쌓는 방법을 연구하는 거지요. 60쪽에서 살펴보았던 2차원의 원 쌓기와 비슷합니다. 가장 효율적인 구 쌓기는 가장 효율적으로 쌓은 원을 바닥으로 사용하는 겁니다.

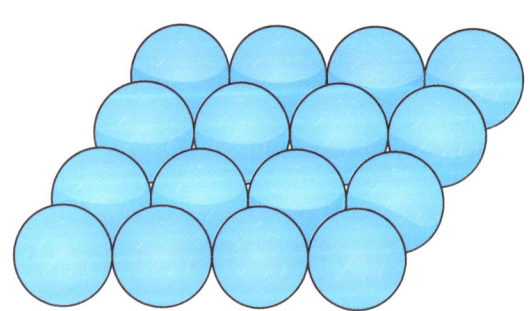 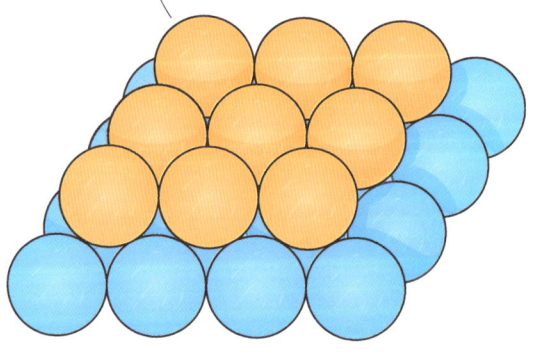

첫 번째 층: 60쪽에서 본 가장 효율적인 원 쌓기 방법으로 첫 번째 층의 구를 늘어놓습니다. 구의 중심은 육각형 격자를 형성합니다.

두 번째 층: 구 세 개가 만나는 틈에 구를 하나 올려놓습니다. 첫 번째 층과 비슷한 층이 생기지만, 구가 서로 엇갈려 놓이게 됩니다. 계속 이런 방법으로 구를 쌓습니다.

단면

3차원 입체도형을 가로질러 자르면 잘린 면이 있는 두 입체도형으로 나뉩니다. 이 잘린 면을 입체도형의 **단면**이라고 합니다. 단면은 자르는 위치와 각도에 따라 달라집니다. 어떤 경우에는 놀라운 결과가 나오기도 합니다.

73쪽에서 우리는 구의 단면이 원이며, 원의 크기는 단면이 중심으로부터 얼마나 떨어져 있는지에 따라 달라진다는 사실을 살펴보았습니다. 구는 어떻게 자르든 단면의 모양이 항상 똑같은 유일한 도형입니다.

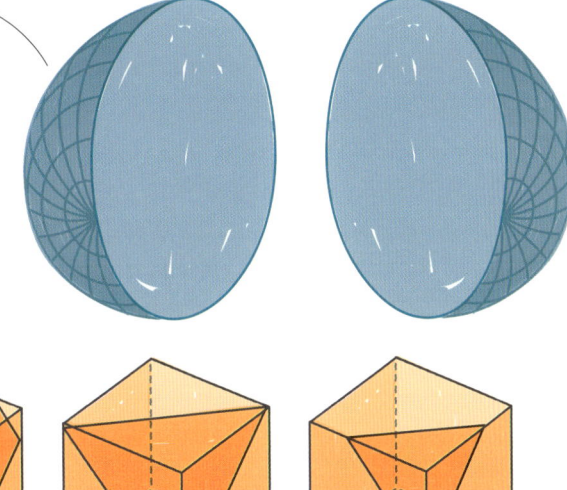

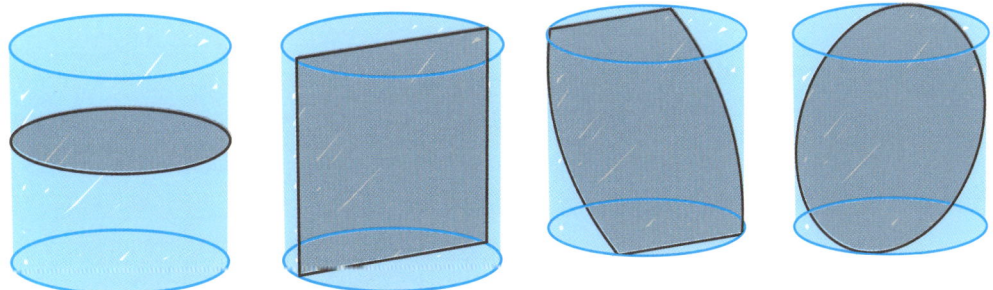

정육면체를 한 면에 평행하게 자르면 정사각형을 얻는다. 하지만 다른 각도로 자르면 삼각형이나 육각형 단면이 나온다. 중심을 지나면서 윗면에 45도로 자르면 정육각형을 얻는다.

각기둥과 실린더를 바닥에 평행하게 자르면 항상 똑같은 단면을 얻는다. 그리고 바닥에 수직으로 자르면 직사각형 단면을 얻는다. 다른 각도로 자르면 서로 다른 단면을 얻는다.

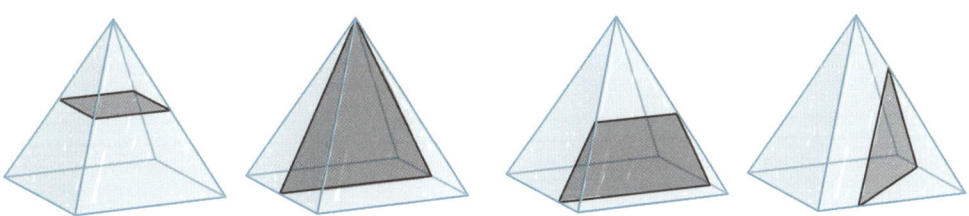

각뿔을 바닥에 평행하게 자르면 언제나 바닥과 닮음(133쪽 참고)인 도형을 얻는다. 다른 각도로 자르면 여러 가지 도형을 얻는다.

원뿔의 단면

꼭짓점을 지나 바닥에 수직으로 자른 원뿔의 단면은 삼각형입니다.

원

타원

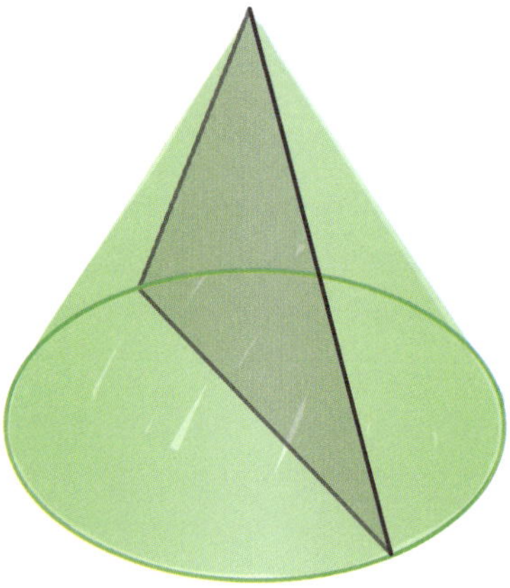

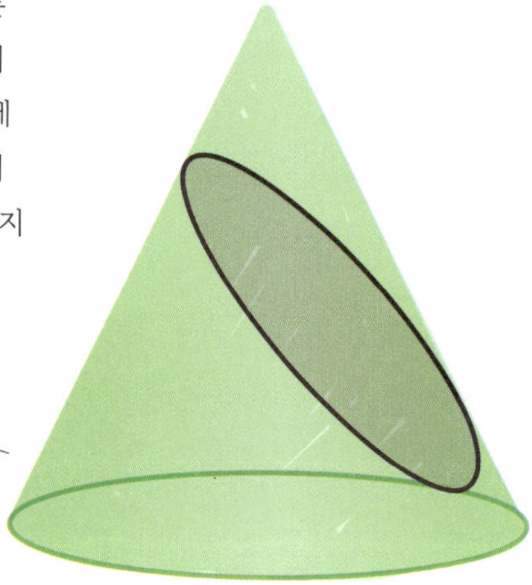

원뿔을 바닥에 수직이 아닌 다른 각도로 자르면 단면으로 네 가지 곡선을 얻을 수 있습니다. 바닥에 평행하게 자르면 원이고, 바닥에 평행하지 않으면서 바닥을 지나지 않게 자르면 타원을 얻습니다.

포물선

쌍곡선

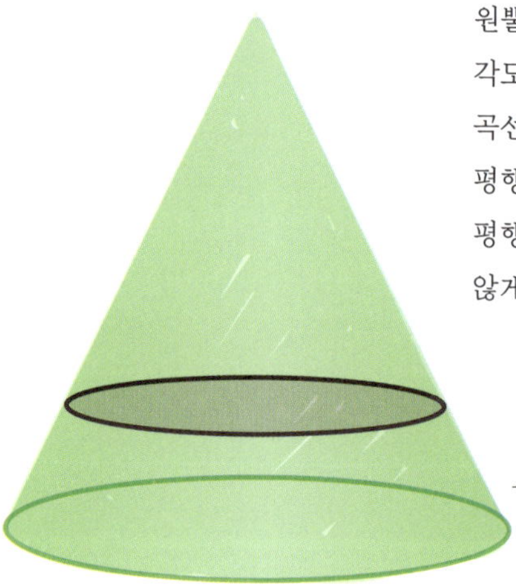

원뿔을 옆면과 똑같은 각도로 비스듬히 자르면 포물선(143쪽 참고)을 얻습니다. 그 외의 다른 방식으로 자르면 쌍곡선을 얻습니다. 포물선과 쌍곡선은 사실 끝없이 뻗어 나가는 곡선입니다. 원뿔을 잘라서 얻는 곡선은 전체의 일부분일 뿐입니다.

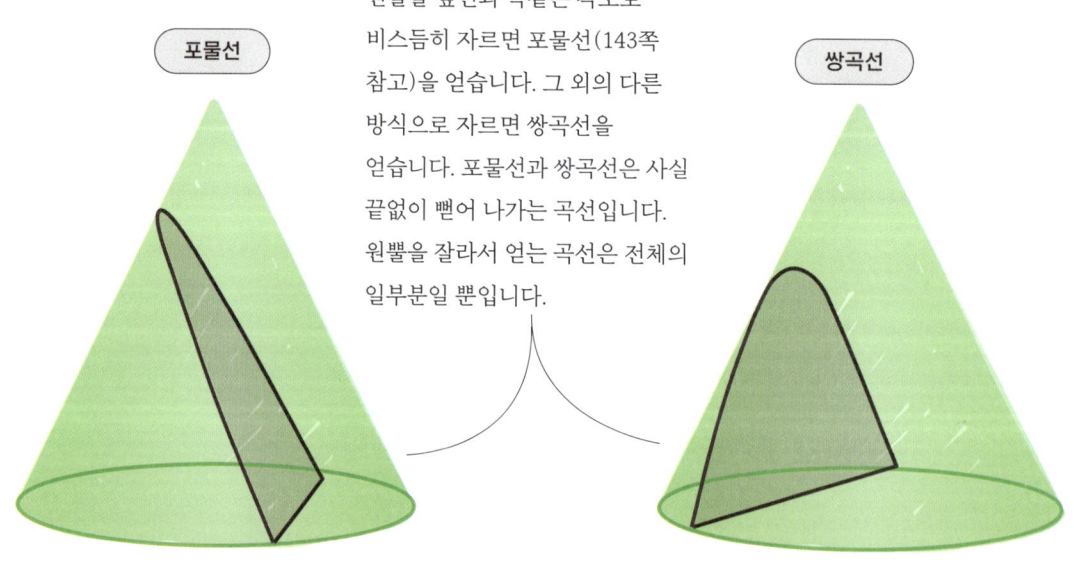

사영과 그림자

어렸을 적에 손으로 그림자놀이를 해본 적이 있나요? 벽에 생긴 그림자는 우리 손의 **사영**입니다.
3차원 대상을 2차원으로 나타낸 것이지요.

사영은 3차원 대상을 평면(142쪽 참고)에 사상하는 방법입니다. 특정 방향에서 빛을 비출 때 대상이 평면에 드리우는 그림자를 사영이라고 생각해도 됩니다. 사영은 평면에 대한 대상과 빛의 각도에 따라 달라집니다.

정사영은 면에 수직인(16쪽 참고) 빛이 만드는 그림자입니다. 이 페이지에 있는 사영은 모두 정사영입니다.

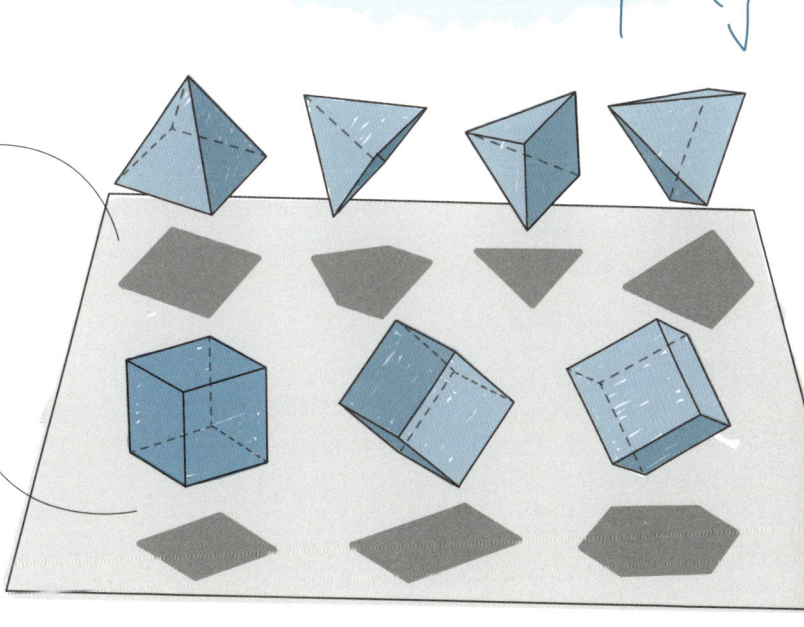

바닥이 평면에 평행한 정사각형인 각뿔의 정사영은 바닥과 같은 도형입니다. 다른 각도에서는 삼각형, 사각형, 오각형이 나옵니다.

정육면체는 정사각형, 직사각형, 육각형 그림자를 만들 수 있습니다.

특정 방향의 단면을 보면 그림자가 어떤 모양일지 예측할 수 있습니다. 이 사면체의 세 단면은 직사각형 세 개가 평면 위에 겹쳐 있는 모양의 그림자를 만듭니다.

만약 가능한 모든 단면을 합칠 수 있다면 빈 곳을 모두 채워 정사각형 그림자를 얻을 수 있습니다.

정사영은 어떤 물체의 앞과 옆, 윗면을 보여주는 정투상도에 흔히 쓰입니다. 이 방법은 생산자가 제품을 설계하는 데 유용하지만, 정사영 세 개만으로는 입체도형의 모양에 관한 정보를 모두 보여주지 못할 때도 있습니다.
예를 들어, 특정 각도로 놓인 정사면체는 앞과 옆, 윗면이 모두 정사각형으로 보입니다. 정육면체와 구별할 수 없지요.

사면체를 한 모서리 바로 위에서 내려다보면, 그 그림자는 정사각형이 된다.

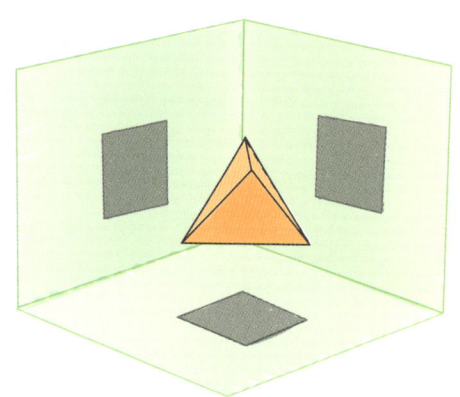

스타인메츠 다면체는 반지름이 같은 원기둥 두 개를 서로 수직으로 교차하게 한 뒤 겹치지 않는 부분을 모두 잘라내 만든 입체도형입니다. 이 도형의 앞면과 옆면의 사영은 원이고, 윗면의 사영은 정사각형입니다.

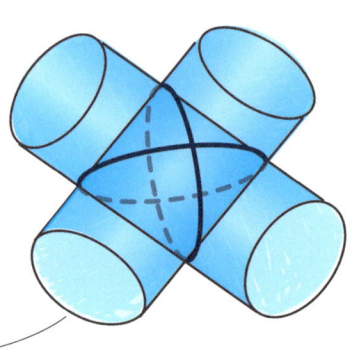
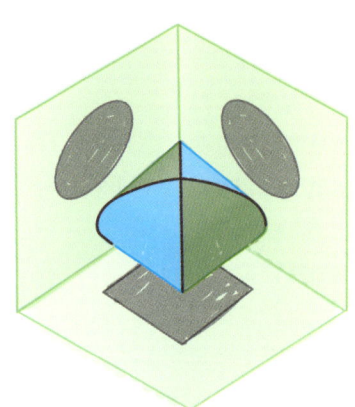

서로 모두 수직이며 반지름이 모두 같은 원기둥이 교차하는 영역을 사영하면 앞면과 옆면, 윗면 모두 원이 됩니다. 구와 똑같지요.

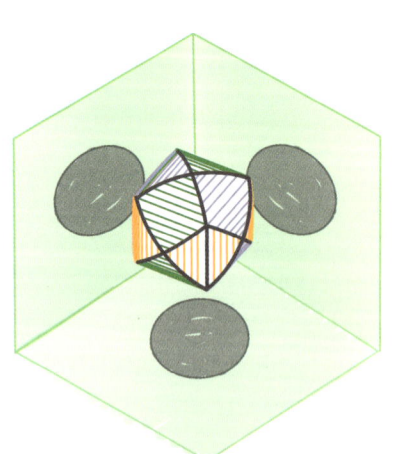

비슷한 개념을 이용해 놀라울 정도로 다른 정사영이 생길 수 있는 도형을 만들 수 있습니다. 예를 들어, 옆에서는 정사각형 그림자를, 앞에서는 삼각형 그림자를, 위에서는 원 그림자를 드리우는 도형은 아이들이 흔히 갖고 노는 도형 장난감에 새로운 바람을 불어넣을 수 있을 거예요!

정사영은 3차원 도형의 놀라운 성질을 드러내는 데 쓰일 수도 있습니다. 예를 들어 크기가 똑같은 정육면체 두 개가 있을 때 둘 중 하나에 다른 하나가 통과할 정도로 큰 구멍을 뚫을 수도 있습니다.

아이가 들고 있는 도형은 세 구멍 모두 통과할 수 있다.

이런 일이 가능한 이유를 이해하려면 사영을 알아야 합니다. 정육면체의 가장 작은 사영(한 면과 크기가 같은 정사각형)은 가장 큰 사영(육각형) 안에 완전히 들어갑니다. 가장 큰 사영이 보이는 각도에서 정육면체를 바라보면서 한 면과 크기가 같은 구멍을 뚫으면 정육면체가 그 구멍을 완전히 통과한다는 뜻입니다. 심지어는 공간도 좀 남습니다. 구멍은 통과하는 원래 정육면체의 1.06배까지 크게 뚫을 수 있습니다.

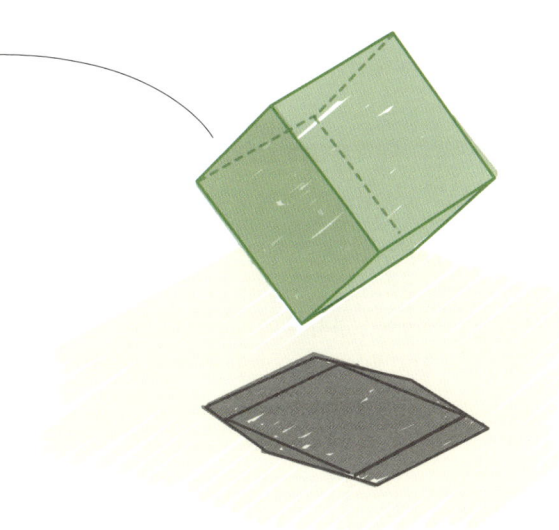

정육면체의 한 면은 이 각도에서 나타나는 그림자 안에 완전히 들어간다.

다른 플라톤 다면체(65쪽 참고)와 다른 여러 볼록 다면체를 가지고도 똑같이 할 수 있습니다. 사면체 같은 일부 경우에는 한 사영이 다른 사영을 통과할 때의 간격이 아슬아슬하긴 합니다. 모든 볼록 다면체에 대해 이게 가능한지는 아직 아무도 모릅니다. 하지만 가능하지 않은 사례를 알고 있는 사람도 없지요!

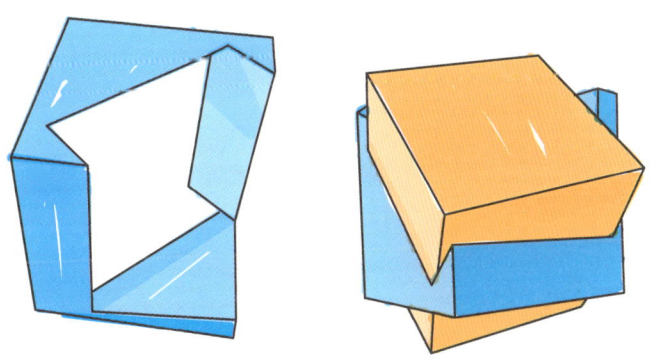

정육면체에 올바른 각도로 구멍을 뚫으면 크기가 같은 다른 정육면체가 여유 있게 통과한다.

3차원 이상

우리는 3차원 공간에 살고 있습니다. 위·아래, 왼쪽·오른쪽, 앞·뒤 세 방향만 생각하면 되지요. 그 이상은 상상하기 어렵습니다. 이 세 방향 모두에 수직인 다른 방향이 있어야 하는데, 우리가 사는 세상에는 존재하지 않습니다. 하지만 그렇다고 해서 수학자가 4차원, 혹은 그 이상의 차원에 존재하는 도형에 관해 생각하지 않는 건 아닙니다.

4차원 다포체

4차원의 다면체에 해당하는 것은 4차원 **다포체(폴리크론)**입니다. 다각형(2차원)은 꼭짓점과 변이 있고, 다면체(3차원)는 꼭짓점과 모서리, 면이 있으며 4차원 다포체는 꼭짓점과 모서리, 면, **포체**가 있습니다. 포체는 하나하나가 다면체입니다. 더 높은 차원으로 가면, n차원에 존재하는 이런 구조물을 n**차원 다포체**라고 부릅니다.

정사면체 다섯 개로 이루어진 정오포체는 정사면체를 4차원으로 확장한 도형입니다. 정오포체를 이해하려면 먼저 정삼각형이 어떻게 정사면체를 이루는지를 살펴보아야 합니다.

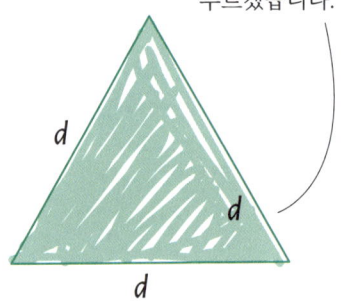

정삼각형의 각 꼭짓점은 다른 두 꼭짓점으로부터의 거리가 같습니다. 이 거리를 d라고 부르겠습니다.

정사면체를 만들기 위해 우리는 세 꼭짓점 모두로부터 거리가 똑같이 d인 네 번째 꼭짓점을 추가합니다. 2차원에서는 절대 이렇게 할 수 없습니다. 3차원으로 올라와야 가능한 일입니다(꼭짓점 사이를 연결해 2차원에서 그릴 수는 있지만 그림 속의 모서리는 길이가 모두 똑같지 않습니다).

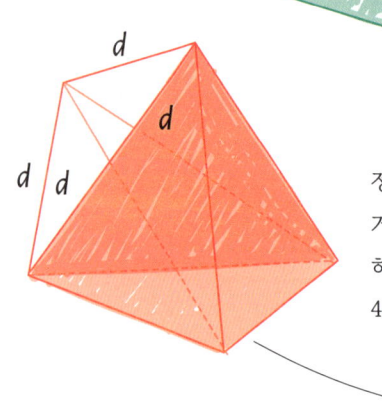

정오포체를 만들려면 우리는 네 꼭짓점 모두로부터 거리가 똑같이 d인 다섯 번째 꼭짓점을 추가해야 합니다. 하지만 3차원에서는 절대 이렇게 할 수 없습니다. 4차원으로 올라가야 가능합니다.

꼭짓점 다섯 개에서 네 개를 골라 조합할 때마다 다른 사면체가 나옵니다. 모두 다섯 가지 경우가 가능하므로 4차원의 정오포체는 정사면체 다섯 개로 이루어집니다. 그래서 오포체라고 부르지요.

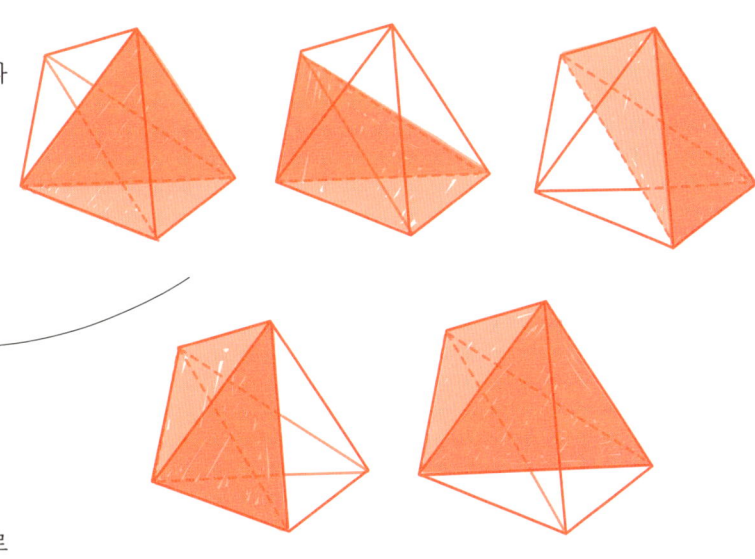

이런 과정을 계속 이어나갈 수 있습니다. 정사면체를 5차원으로 확장한 도형을 그리려면 정오포체의 꼭짓점 다섯 개에서 거리가 똑같이 d인 여섯 번째 꼭짓점을 추가해야 합니다.

4차원 공간에는 정다포체가 여섯 개 있습니다. 각 정다면체(65쪽 참고)에 대응하는 다섯 개와 추가로 정이십사포체라고 부르는 한 개입니다. 그보다 높은 차원에는 정다포체가 세 개씩밖에 없습니다.

초구

구를 4차원으로 확장한 도형을 초구라고 합니다. 원이 2차원에서 중심으로부터 거리가 같은 점으로 이루어지고, 구는 3차원에서 중심으로부터 거리가 같은 점으로 이루어진다는 사실은 이미 알고 있습니다. 초구는 이 개념을 4차원으로 확장한 것입니다. n차원으로 확장하면 **n차원 초구**라고 부릅니다.

사영과 단면을 바탕으로 3차원 대상을 2차원에 나타낼 수 있듯이 4차원 대상도 3차원 공간에 나타낼 수 있습니다. 구는 점점 커졌다가 다시 점점 작아지는 원형 단면을 쌓아 만들 수 있습니다. 따라서 4차원 초구는 점점 커졌다가 점점 작아지는 구형 단면을 쌓아 만들 수 있습니다.

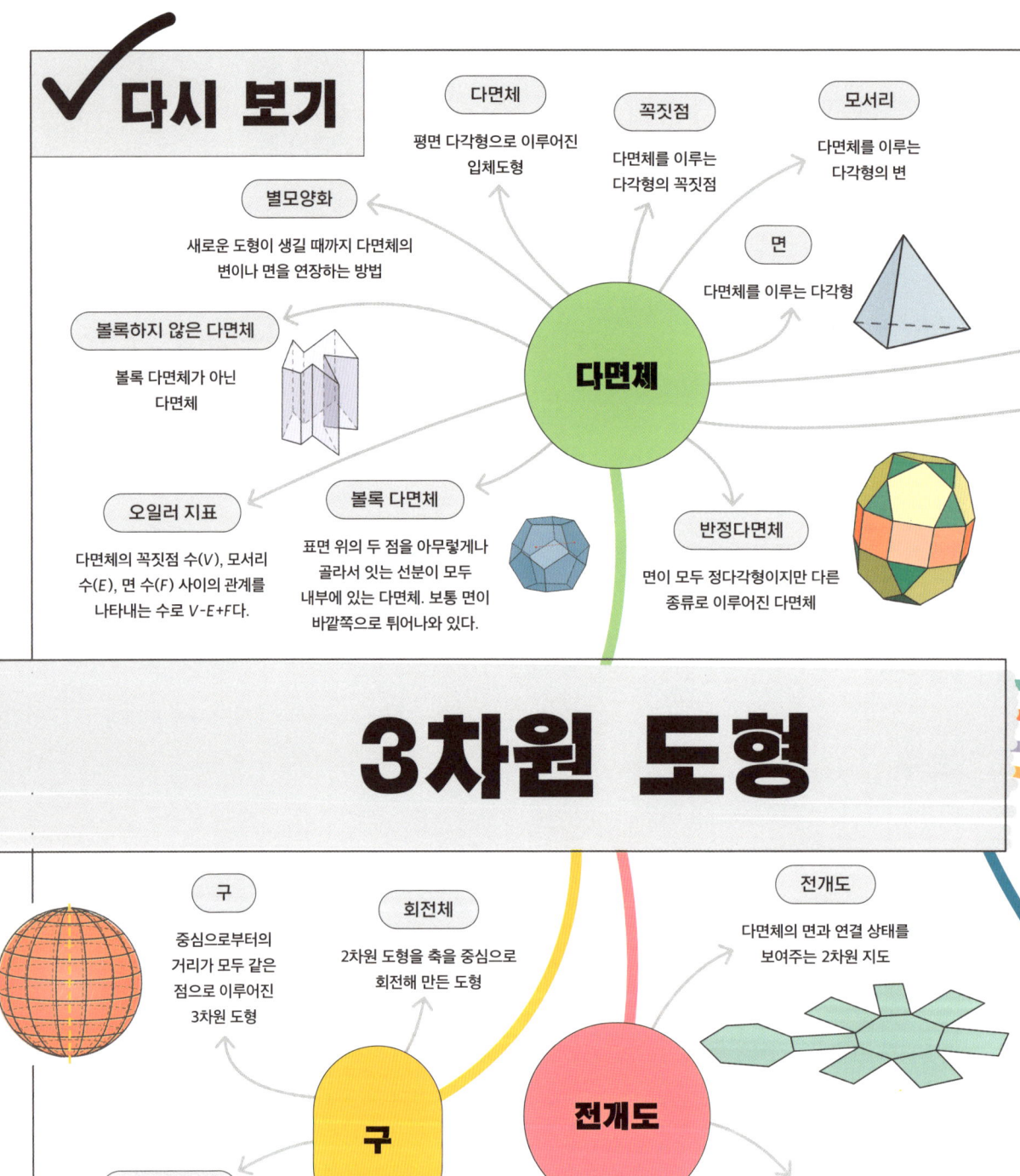

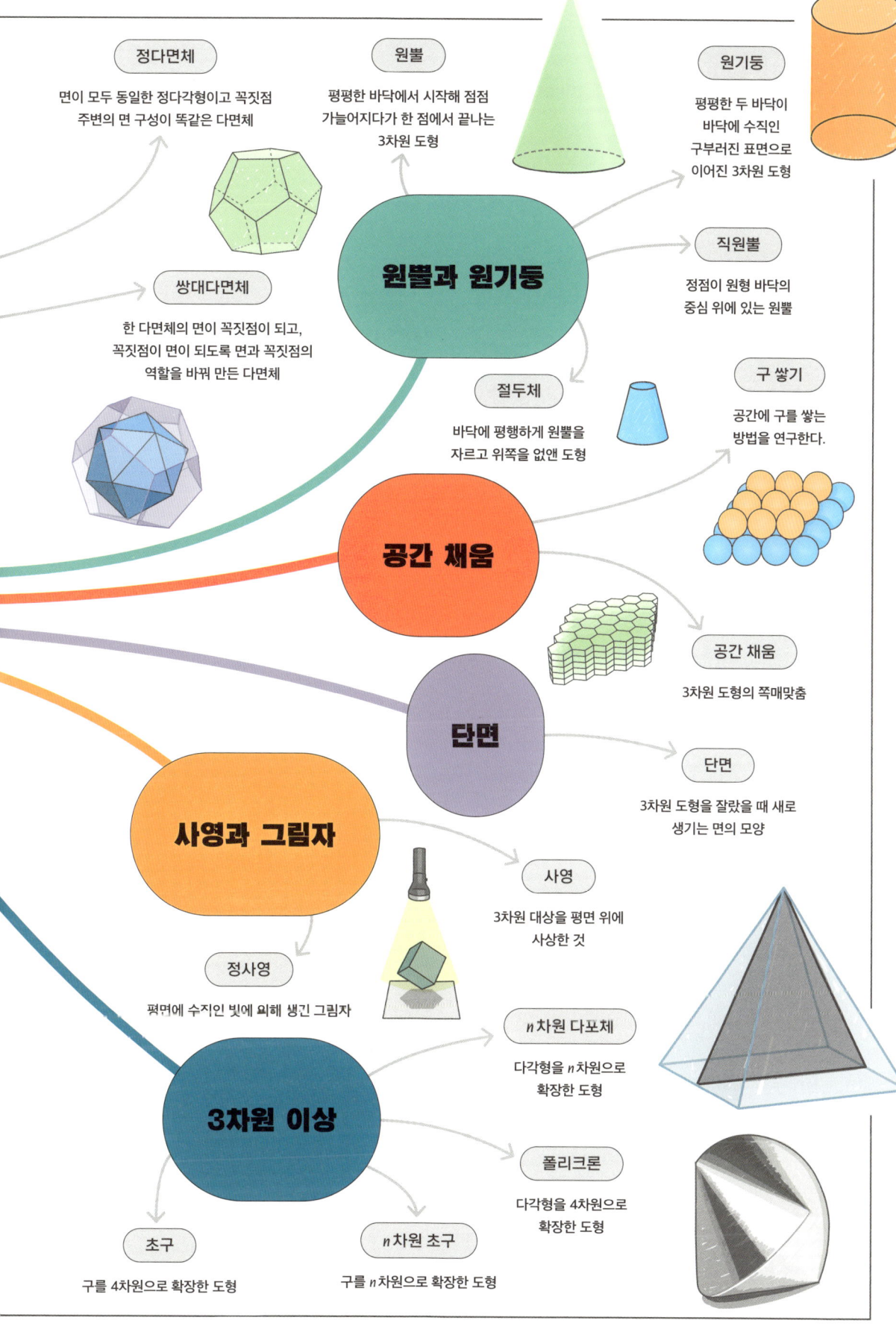

5장

측정

측정값은 어떤 대상의 성질을 알려주는 수치입니다.
얼마나 큰지 혹은 작은지, 공간을 얼마나 차지하는지 알 수
있지요. 측정은 세상을 이해하는 데 필수적입니다.
옷에서 우주선에 이르기까지 무엇을 만들기 위해서는
정확히 측정해야 재료가 얼마나 필요한지 알 수 있습니다.
길이와 넓이, 부피, 도형의 각은 서로 관련이 있습니다.
그리고 많은 도형의 경우 한 값을 이용해 다른 값을 구할 수
있는 공식이 있습니다. 수학의 세계에는 넓이, 부피와 관련된
흥미로운 문제가 많습니다.

길이

길이는 선분의 측정값입니다. 두 점이 얼마나 떨어져 있는지 알려주지요. 길이를 측정하면 다각형의 변과 다면체의 모서리가 얼마나 긴지 알 수 있습니다. 길이를 가지고 넓이나 부피(90쪽과 96쪽 참고) 같은 다른 성질을 계산할 수 있습니다.

단위는 같은 유형의 측정값을 비교할 수 있도록 약속한 표준입니다. 순수한 기하학적 구조물을 대상으로 할 때는 흔히 길이 단위를 쓰지 않습니다. 그래도 길이의 단위가 모두 똑같다는 점을 인지하고 있습니다. 따라서 변의 길이가 3, 4, 5인 삼각형이라고 하면 그 삼각형은 아주 작을 수도, 클 수도, 그 중간일 수도 있습니다.

현실 세계의 물체는 표준화된 단위가 중요합니다. 그래야 건물이나 제품을 정확한 크기로 만들 수 있습니다. 길이의 표준 단위는 미터(m)입니다. 미터를 100으로 나누면 센티미터(cm)이고, 1000으로 나누면 밀리미터(mm)입니다. 더 큰 길이를 잴 때는 1000m인 킬로미터(km)를 사용합니다.

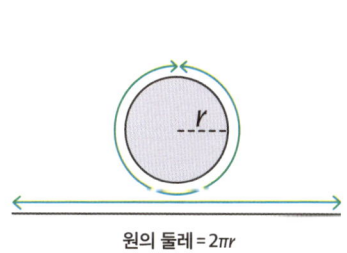

원의 둘레 = 2πr

원의 둘레를 곧게 편 선분.
생각보다 길다!

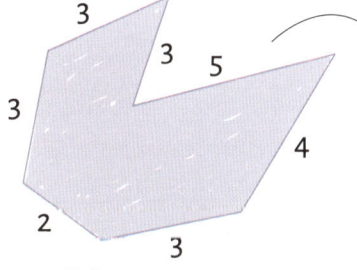

둘레 = 3+3+3+5+4+3+2 = 23

불규칙 다각형의 경우 변의 길이를 모두 더해서 계산한다.

둘레는 모든 변의 길이를 더한 값입니다. 도형의 주위를 걸어서 한 바퀴 돈다고 하면 이동한 거리와 같습니다. 원의 경우 둘레가 선분으로 이루어져 있지 않지만, 둘레를 곧게 펼쳤을 때의 길이라고 생각하면 됩니다.

정다각형(29쪽 참고)의 경우 변의 길이에 변의 개수를 곱해서 둘레를 계산할 수 있다.

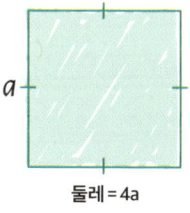

둘레 = 4a

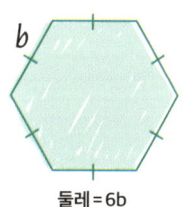

둘레 = 6b

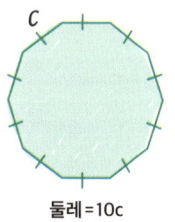

둘레 = 10c

넓이

넓이는 도형이 차지하고 있는 2차원 공간의 크기입니다.

2장에서 우리는 변의 길이를 제곱해 정사각형의 넓이를 구하는 방법을 알아보았습니다. 삼각형의 넓이 구하는 공식을 바탕으로 구했지만, 다른 방법도 있습니다. 한 변을 단위길이(어떤 단위를 고르든 1로)로 나누고, 상하좌우가 이어지도록 격자무늬를 그리는 겁니다. 그러면 정사각형은 변의 길이가 1인 작은 정사각형 여러 개로 나뉩니다.
만약 변의 길이가 a라면, 작은 정사각형의 개수는 a^2개가 됩니다. 바로 앞에서 보았던 정사각형의 넓이를 구하는 공식과 똑같지요. 따라서 넓이의 단위는 **단위의 제곱**이 됩니다.

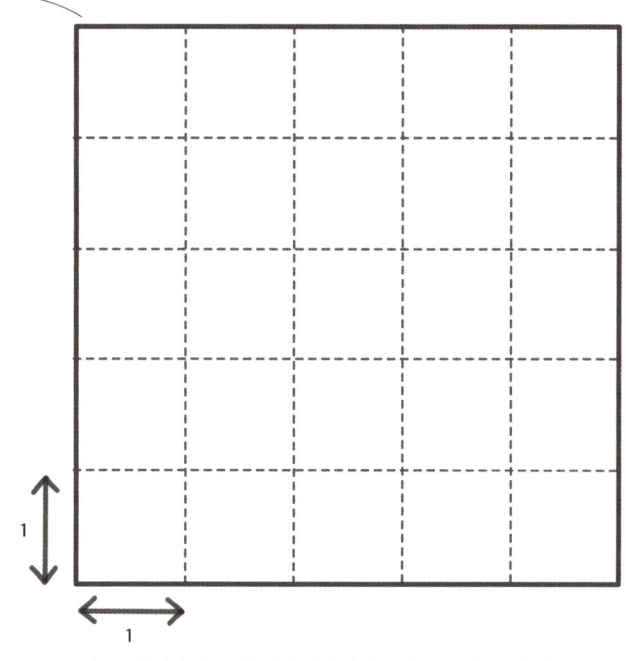

정사각형 다섯 개로 이루어진 행이 다섯 개 있고, 각 정사각형의 넓이는 1단위제곱이다. 따라서 넓이는 5×5 = 25단위제곱이다.

2장에서 공식을 사용해 원과 몇몇 다각형의 넓이를 계산하는 방법을 살펴보았습니다. 특정 도형의 넓이를 구하는 공식을 모른다면, 정사각형 격자 방법을 사용해 어림할 수 있습니다.

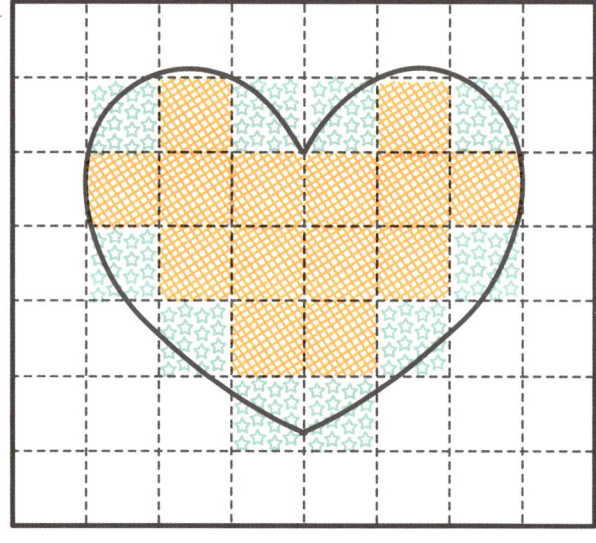

색칠된 정사각형은 하트 안에 완전히 또는 거의 완전히 들어가 있는 것으로, 13개다. 별 모양이 그려진 정사각형은 하트에 절반쯤 들어가 있으며, 11개다. 넓이는 대략 $13 + \frac{11}{2} = 18.5$단위제곱이 된다.

길이의 단위가 미터라면, 넓이의 단위는 제곱미터이며 m²라고 씁니다. 1제곱미터(1m²)는 변의 길이가 1미터인 정사각형의 넓이입니다. 변의 길이가 1미터인 정사각형을 변의 길이가 1센티미터인 정사각형으로 나누면, 100개로 이루어진 열이 100개 생깁니다. 따라서 1m²=10000cm²가 됩니다. 같은 방법으로 1m²=1000000mm²이고, 1km²=1000000m²입니다.

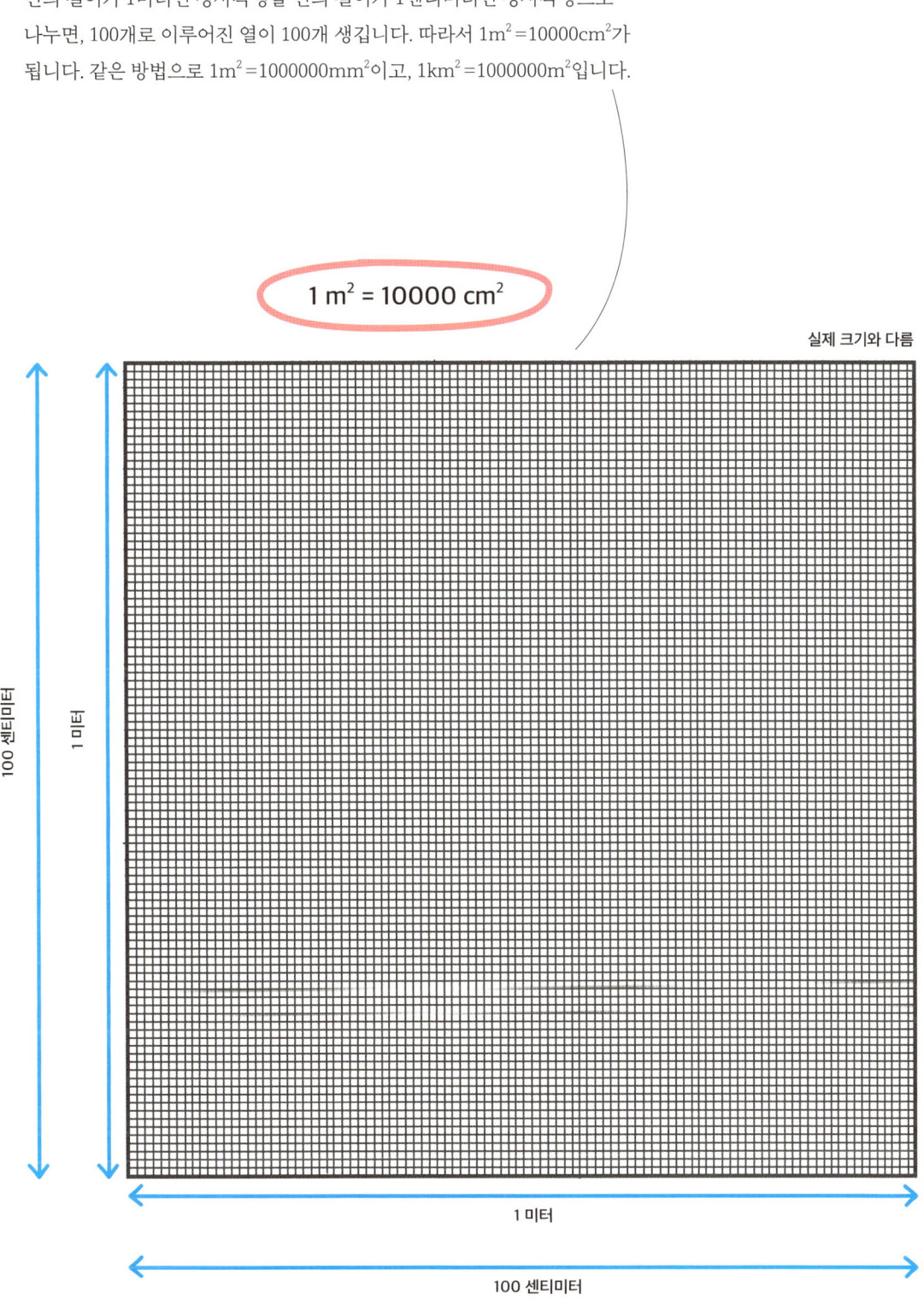

다각형을 정사각형으로 만들기

어떤 다각형이 주어졌든 곧은 자와 컴퍼스만 이용해 주어진 다각형과 넓이가 같은 정사각형을 작도(47쪽 참고)할 수 있습니다.

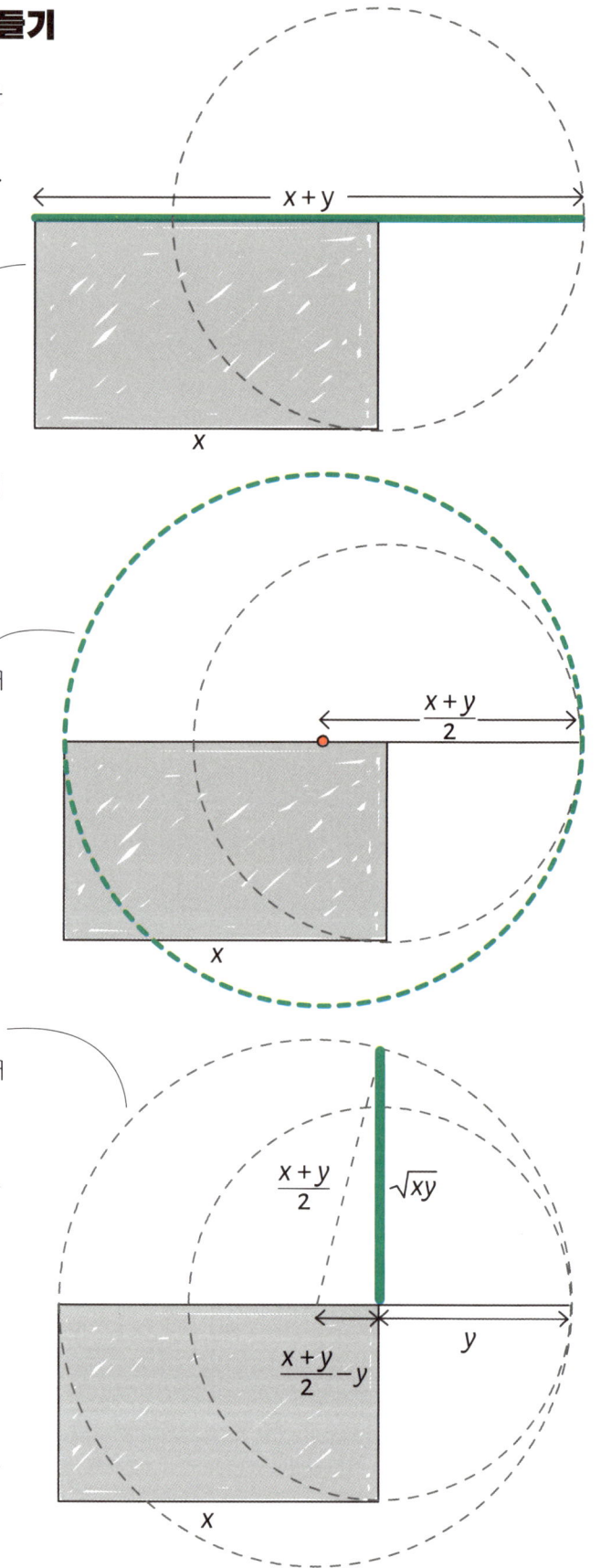

1단계: 변의 길이가 x와 y인 직사각형이 있습니다. 한 꼭짓점을 중심으로 짧은 변의 길이와 반지름이 같은 원을 그립니다. 긴 변을 연장해 원둘레와 만나게 합니다. 그러면 길이가 $x+y$인 선분(그림에서 진하게 표시된 부분)이 생깁니다.

2단계: 새로운 선분의 중점을 찾은(48쪽에서 수직이등분선 작도법 참고) 뒤 그 점을 중심으로 반지름이 $\frac{x+y}{2}$인 원을 그립니다.

3단계: 직사각형의 짧은 변을 연장해 새로운 원의 둘레와 만나게 합니다. 그러면 그림에서 진하게 표시된 새로운 선분이 생깁니다. 이 새 선분의 끝점과 2단계에서 찾은 중점은 직각삼각형의 꼭짓점을 이룹니다. 이 사실을 이용해 선분의 길이를 계산할 수 있습니다.

- 빗변의 길이는 $\frac{x+y}{2}$입니다. 2단계에서 그린 원의 반지름이기 때문입니다.
- 가장 짧은 변의 길이는 $\frac{x+y}{2}-y$입니다.
- 피타고라스 정리(32쪽 참고)를 이용해 계산하면 새로운 선분의 길이는 $\sqrt{xy}$입니다.

4단계: 3단계에서 생긴 변을 한 변으로 하는 정사각형을 작도합니다. 정사각형의 넓이는 $(\sqrt{xy})^2 = xy$로, 직사각형의 넓이와 같습니다.

비슷한 방법을 이용해 어느 다각형이 주어지든 넓이가 같은 정사각형을 작도할 수 있습니다. 수 세기 동안 수학자들은 원으로도 똑같이 할 수 있는지 알고 싶었습니다. 눈금 없는 자와 컴퍼스만으로 원과 넓이가 같은 정사각형을 작도하는 문제는 마침내 1882년에 불가능하다는 사실이 증명되었습니다.

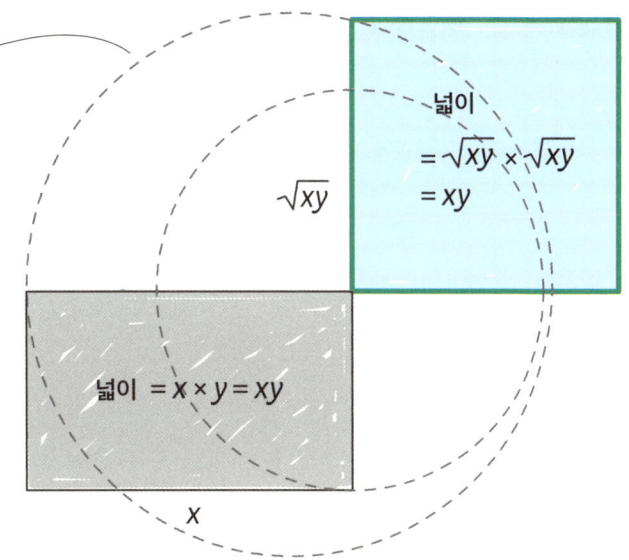

똑같은 넓이로 나누기

어떤 도형을 넓이가 똑같은 작은 도형 여러 개로 나누고 싶을 때는 금세 떠올릴 수 있는 방법과 쉽게 떠올릴 수 없는 방법이 있습니다.

예를 들어, 정사각형의 중심을 지나가는 직선은 모두 정사각형을 똑같은 넓이로 나눕니다.

각 정사각형이 넓이가 같은 두 도형으로 나뉘었다.

정사각형을 더 작은 정사각형의 격자로 나눈 뒤 작은 정사각형의 변을 따라 선을 그으며 선 양쪽에 놓이는 정사각형의 개수를 똑같이 맞출 수도 있습니다. 곡선을 이용해서도 절반으로 나눌 수 있습니다. 중심점을 지나는 직선의 서로 반대편에 반원 두 개를 그리는 것도 한 가지 방법입니다. 이렇게 만든 곡선은 정사각형을 둘로 나눕니다.

비슷한 방법을 써서 원을 넓이가 같은 여러 도형으로 나눌 수 있습니다. 원을 n개의 도형으로 나누려면 먼저 지름을 길이가 같은 n개의 선분으로 나눕니다. 그 뒤 지름의 한쪽 편에 지름의 한쪽 끝과 나눈 점을 지나가는 반원을 차례대로 그립니다.

이어서 반대쪽에서도 똑같이 합니다. 이번에는 지름의 다른 쪽 끝을 지나는 반원을 그립니다. 이렇게 그린 반원들은 서로 만나며 원을 넓이가 똑같은 n개의 도형으로 나눕니다.

각 부분의 모양은 제각기 다릅니다. 합동(131쪽 참고)이 아니지요. 그러면 넓이가 모두 똑같은지는 어떻게 알 수 있을까요? 원의 넓이 구하는 공식(26쪽 참고)을 알고 있으니 각 부분의 넓이를 계산해 똑같다는 사실을 보일 수 있습니다.

계산이 편리하도록 원의 지름이 10이라고 가정하겠습니다. 그러나 지름을 어떻게 가정해도 방법은 같습니다.

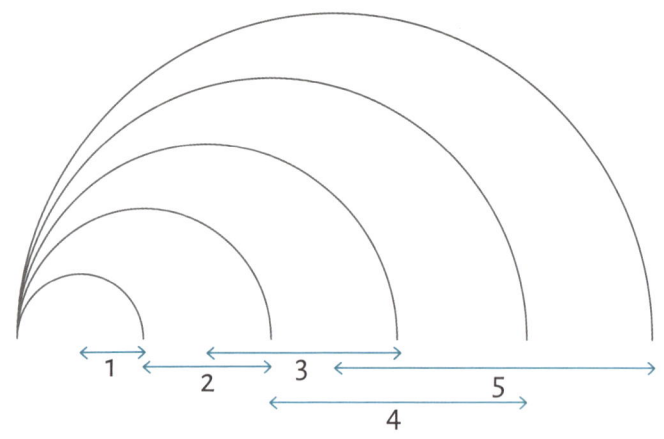

가장 작은 반원의 반지름은 1이고, 그다음은 2이며, 가장 큰 반원의 반지름은 5다.

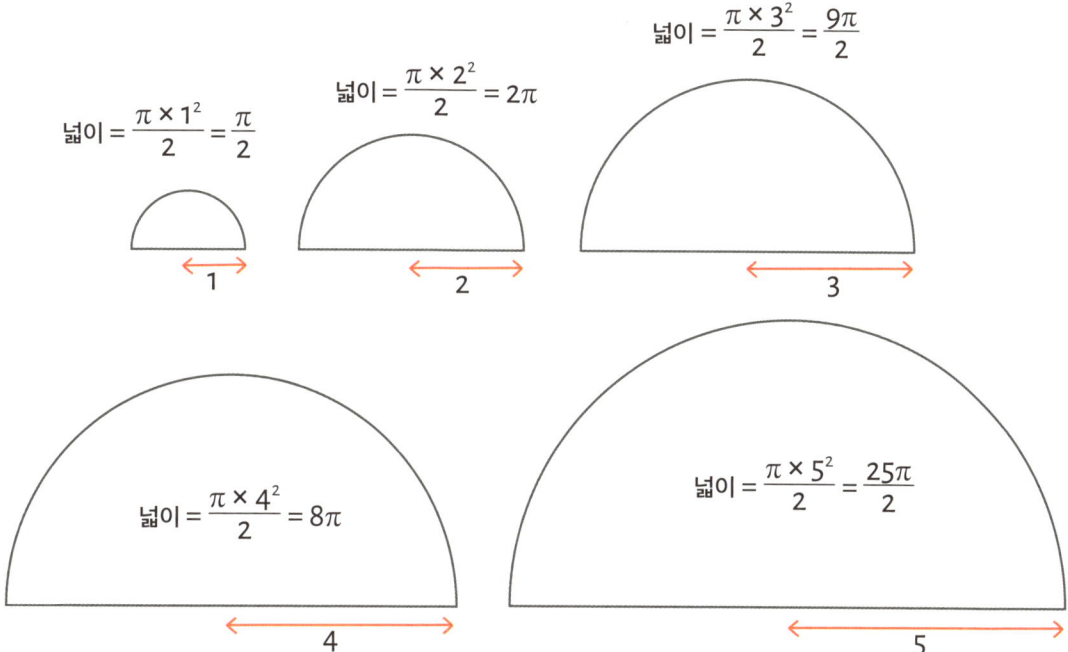

반지름을 이용해 각 반원의 넓이를 계산할 수 있다.

나뉜 원의 윗부분은 두 부분으로 이루어져 있습니다. 하나는 가장 큰 반원에서 그다음으로 큰 반원을 뺀 부분이고, 다른 하나는 가장 작은 반원입니다. 따라서 이 부분의 넓이는 다음과 같습니다.

$$\frac{25\pi}{2} - 8\pi + \frac{\pi}{2} = 5\pi$$

비슷한 방법으로 다음 부분의 넓이는 다음과 같습니다.

$$\left(8\pi - \frac{9\pi}{2}\right) + \left(2\pi - \frac{\pi}{2}\right) = 5\pi$$

이렇게 계속 계산해 보면 각 부분의 넓이는 5π가 됩니다. 이 넓이를 모두 더하면 25π인데, 반지름이 5인 원의 전체 넓이와 일치하므로 옳다는 사실을 확인할 수 있습니다.

다른 원에 대해서도 참임을 증명하고 싶다면, 원의 지름이 $2n$이라고 가정하고 같은 과정을 수행했을 때 각 부분의 넓이가 $n\pi$임을 보이면 됩니다.

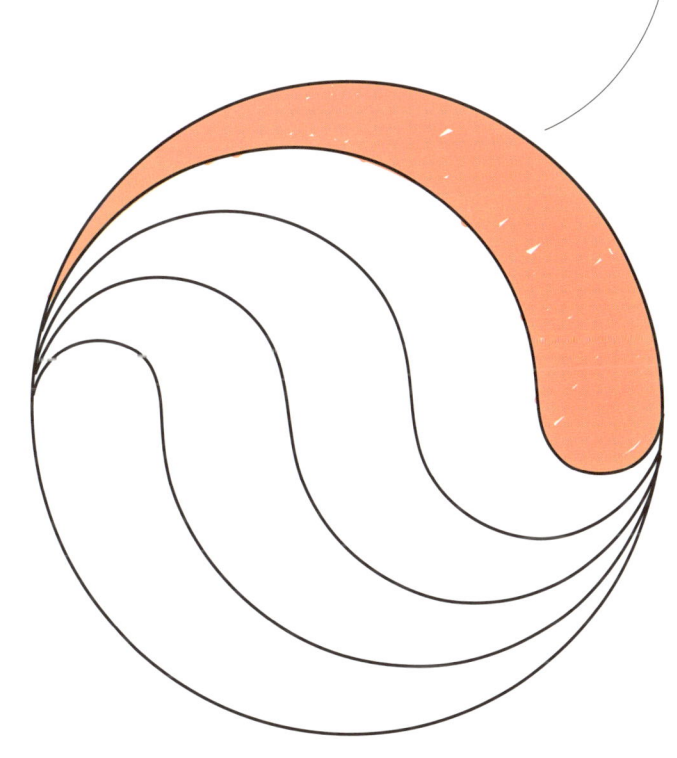

부피와 겉넓이

우리는 3차원 대상의 **부피**와 **겉넓이**를 측정할 수 있습니다. 부피는 대상이 차지하고 있는 공간의 크기이고, 겉넓이는 표면의 넓이를 모두 합한 것입니다.

부피

넓이를 구하기 위해 정사각형을 단위 정사각형으로 나누었던 것처럼 정육면체도 모서리의 길이가 1인 **단위정육면체**로 나누어 부피를 구할 수 있습니다.
어떤 정육면체의 모서리 길이가 a라면, a개의 행과 열이 a층으로 쌓여 있게 됩니다. 따라서 정육면체의 부피는 다음과 같습니다.

$V = a^3$

이 정육면체의 모서리는 3이므로 부피는 $3^3 = 27$단위세제곱이다.

$1\ m^3 = 1000000\ cm^3$

부피의 단위는 세제곱미터로 m^3라고 씁니다. 1세제곱미터는 모서리의 길이가 1미터인 정육면체의 부피입니다.
이 정육면체를 모서리의 길이가 1센티미터인 정육면체로 나누면 $100 \times 100 \times 100 = 1000000$개의 정육면체가 생깁니다. 따라서 $1m^3 = 1000000cm^3$입니다.
마찬가지로
$1mm^3 = 1000000000mm^3$이고,
$1km^3 = 1000000000m^3$입니다.

부피 공식

직육면체는 단위 정육면체로 나누어 부피를 계산할 수 있습니다. 이 직육면체의 모서리는 길이가 3, 4, 5입니다. 따라서 $V = 3 \times 4 \times 5 = 60$ 단위세제곱입니다.
모서리의 길이가 a, b, c인 직육면체의 부피는 다음과 같습니다.

$$V = a \times b \times c$$

각기둥의 경우 바닥의 넓이에 수직 높이를 곱해 부피를 구합니다. 바닥 넓이를 먼저 구하기 위해 넓이 공식을 써야 할 수도 있습니다. 바닥 넓이가 A이고 높이가 h인 각기둥 또는 원기둥의 부피는 다음과 같습니다.

$$V = Ah$$

각뿔의 높이는 정점에서 바닥까지의 수직 거리입니다. 바닥 넓이가 A이고 높이가 h인 각뿔이나 원뿔의 높이는 다음과 같습니다.

$$V = \frac{Ah}{3}$$

부피 = $3 \times 5 \times 4 = 60$ 단위세제곱

부피 = $\pi r^2 h$

부피 = $\frac{1}{2} bdh$

부피 = Ah

원뿔과 각뿔의 부피 공식이 원기둥과 각기둥의 공식과 비슷해 보이나요? 실제로 그렇습니다! 원뿔(또는 각뿔)의 부피는 바닥과 높이가 같은 원기둥(또는 각기둥) 부피의 3분의 1입니다.

부피 = $\frac{\pi r^2 h}{3}$

부피 = $\frac{a^2 h}{3}$

지름이 r인 구의 부피는 다음과 같습니다.

$$V = \frac{4}{3} \pi r^3$$

부피 = $\frac{4}{3} \pi r^3$

겉넓이

겉넓이는 넓이이므로 단위제곱을 사용합니다. 다면체의 겉넓이를 계산할 때는 각 면의 넓이를 계산한 뒤 모두 더합니다.

다면체의 전개도를 이용하면 면의 종류와 수를 파악하는 데 도움이 됩니다.

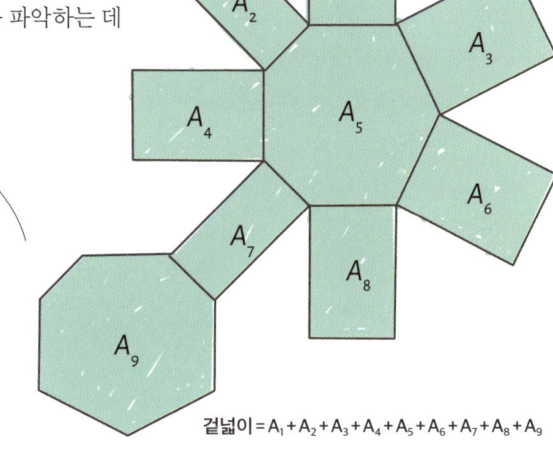

겉넓이 = $A_1 + A_2 + A_3 + A_4 + A_5 + A_6 + A_7 + A_8 + A_9$

다면체가 동일한 면 여러 개로 이루어져 있다면 간단한 방법을 쓸 수 있습니다. 예를 들어, 정육면체는 여섯 면이 모두 동일한 정사각형입니다. 직육면체는 세 쌍의 동일한 면으로 이루어져 있습니다.

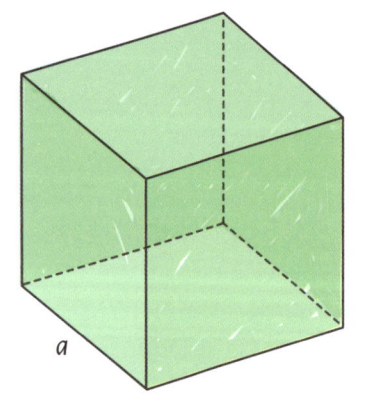

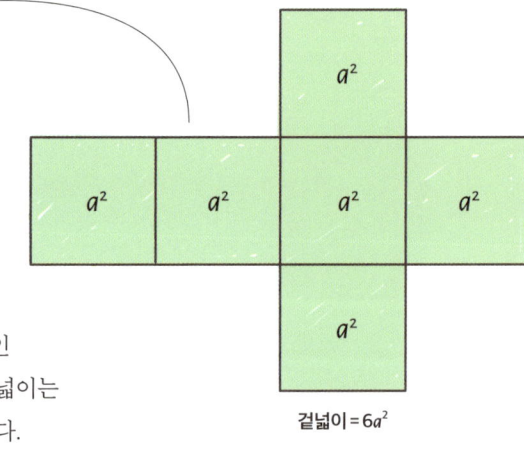

변의 길이가 a인 정육면체의 겉넓이는 다음과 같습니다.

$$A = 2a^2$$

겉넓이 = $6a^2$

변의 길이가 a, b, c인 직육면체의 겉넓이는

$$A = 2ab + 2bc + 2ac$$

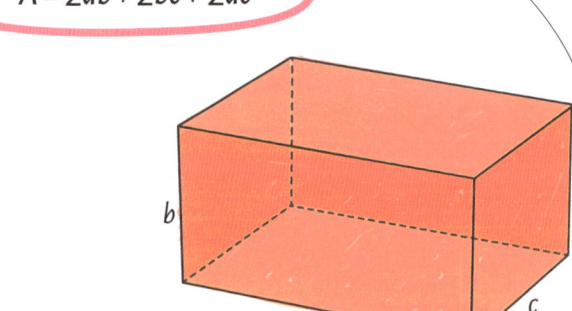

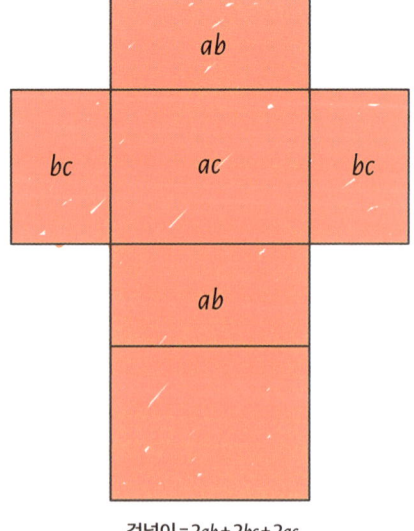

겉넓이 = $2ab + 2bc + 2ac$

원기둥은 원형 면 두 개와 구부러진 면 하나로 이루어져 있습니다. 구부러진 면을 펼치면 직사각형(빗원기둥 (74쪽 참고)의 경우 평행사변형)이 됩니다. 이 직사각형은 바닥인 원의 둘레를 정확히 감싸고 있습니다. 따라서 변의 길이는 원의 둘레인 $2\pi r$이 됩니다.

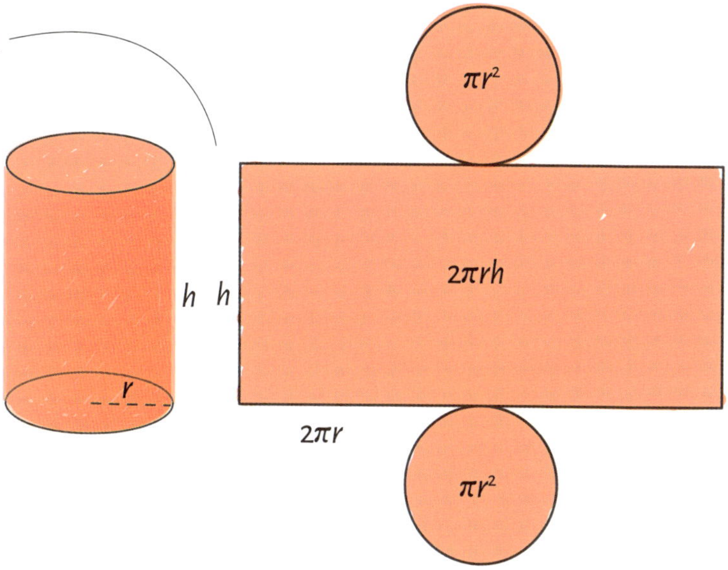

반지름이 r이고 높이가 h인 원기둥의 겉넓이는 다음과 같습니다.

$$A = 2\pi r^2 + 2\pi rh$$

반지름이 r이고 비탈높이가 l인 직원뿔의 겉넓이는 다음과 같습니다.

$$A = \pi r^2 + \pi rl$$

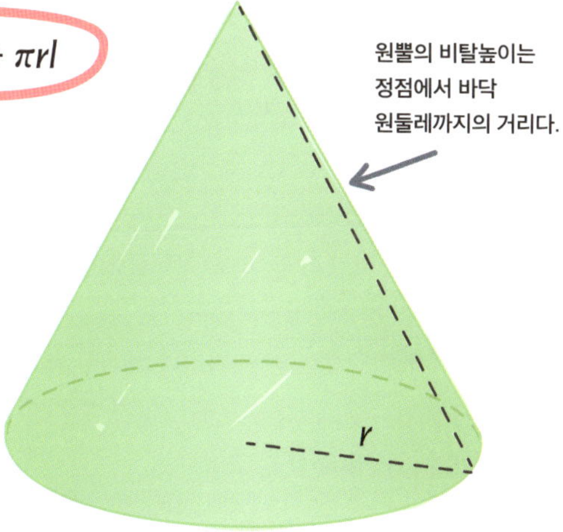

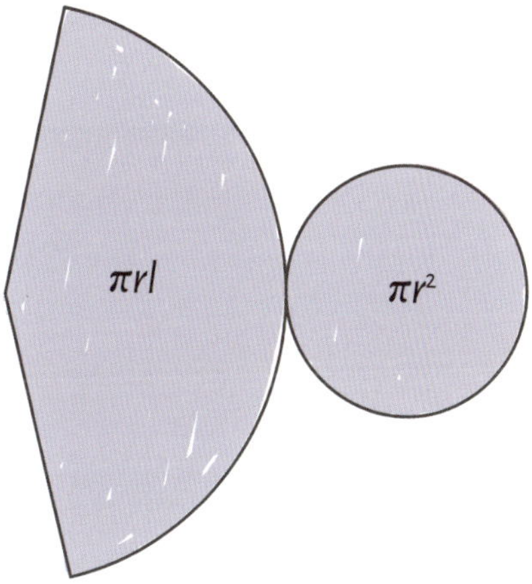

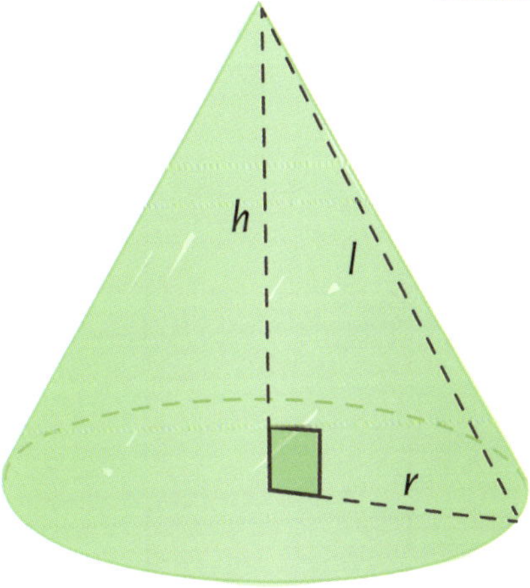

원뿔의 비탈높이는 정점에서 바닥 원둘레까지의 거리다.

원뿔의 높이와 반지름을 알고 있다면, 피타고라스 정리(32쪽 참고)를 이용해 비탈높이를 구할 수 있다.

$$l = \sqrt{h^2 + r^2}$$

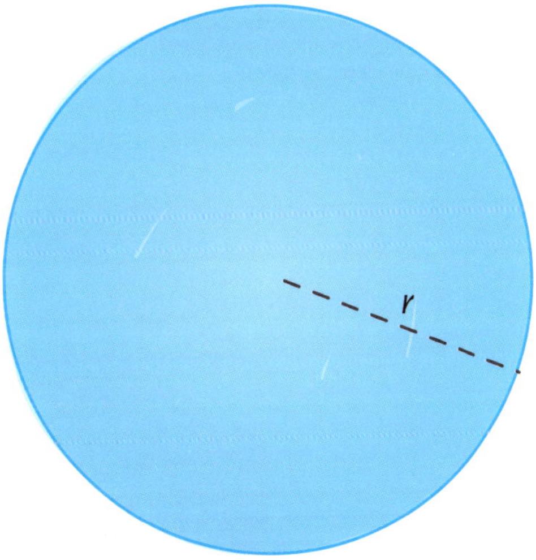

겉넓이 $= 4\pi r^2$
반지름이 r인 구의 겉넓이는 $4\pi r^2$이다.

99

각의 측정

1장에서는 각의 단위가 **도**라는 사실을 살펴보았습니다. 일상생활에서 사용하기에는 충분히 유용하지만, 삶을 더 쉽게 만들어줄 수 있는 또 다른 각의 단위가 있습니다.

1도는 한 바퀴의 360분의 1입니다. 따라서 360도는 한 바퀴지요. 360도는 다른 여러 수로 나누어떨어지기 때문에 유용합니다. 따라서 많은 각을 정수로 나타낼 수 있습니다. 예를 들어, 평각(한 바퀴의 2분의 1)은 180도이고, 직각(한 바퀴의 4분의 1)은 90도입니다. 시계를 보면, 분침은 1분에 60분의 1바퀴를 돕니다. 이것은 6도에 해당합니다. 시침은 한 시간에 12분의 1바퀴를 돕니다. 각으로는 30도입니다.

오래전부터 1도보다 작은 각을 나타내기 위해 1도를 분과 초로 나누었습니다. 60분은 1도이고, 60초는 1분입니다. 75도 52분 8초는 75°52′ 8″로 나타냅니다. 항해에 쓰던 방식이지요.

컴퓨터가 등장한 이래 이런 방식은 사용이 점점 줄어들었고, 오늘날에는 보통 소수점 방식이 쓰입니다. 75°52′ 8″를 소수점 방식으로 나타내면 75.869°(소수 세 자리까지)가 됩니다.

1도는 상당히 작습니다. 그래서 왜 그보다 작은 단위가 필요한지 상상하기 어려울 수도 있습니다.
각의 측정은 천문학에서 천체 사이의 거리나 항해할 때 두 지점 사이의 거리를 계산할 때 쓰입니다. 두 경우 모두 거리가 매우 커서 각이 조금만 변해도 계산 결과가 크게 달라질 수 있습니다.

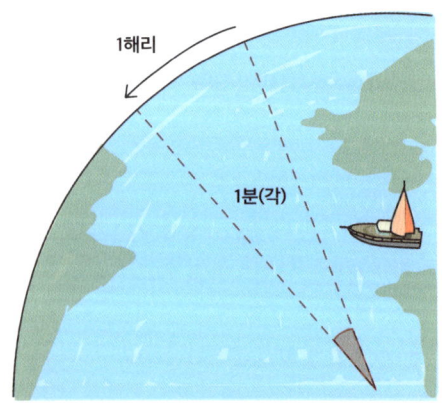

항해에서 자오선(113쪽 참고)을 따라 1분에 해당하는 지구 표면상의 거리는 1해리로, 1852미터와 같다.

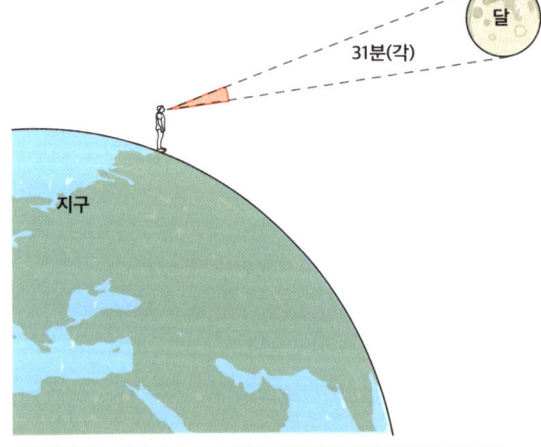

천문학에서는 천체의 겉보기지름을 관찰자와 천체의 양쪽 끝을 잇는 선 사이의 각으로 측정한다. 보름달의 겉보기지름은 31분이다.

또 다른 각의 단위는 **라디안**입니다.
원의 반지름과 호(26쪽 참고)의
길이가 같은 중심각으로 정의합니다.

한 바퀴는 2π 라디안입니다. 평각은 π 라디안이고,
직각은 $\frac{\pi}{2}$ 라디안입니다.

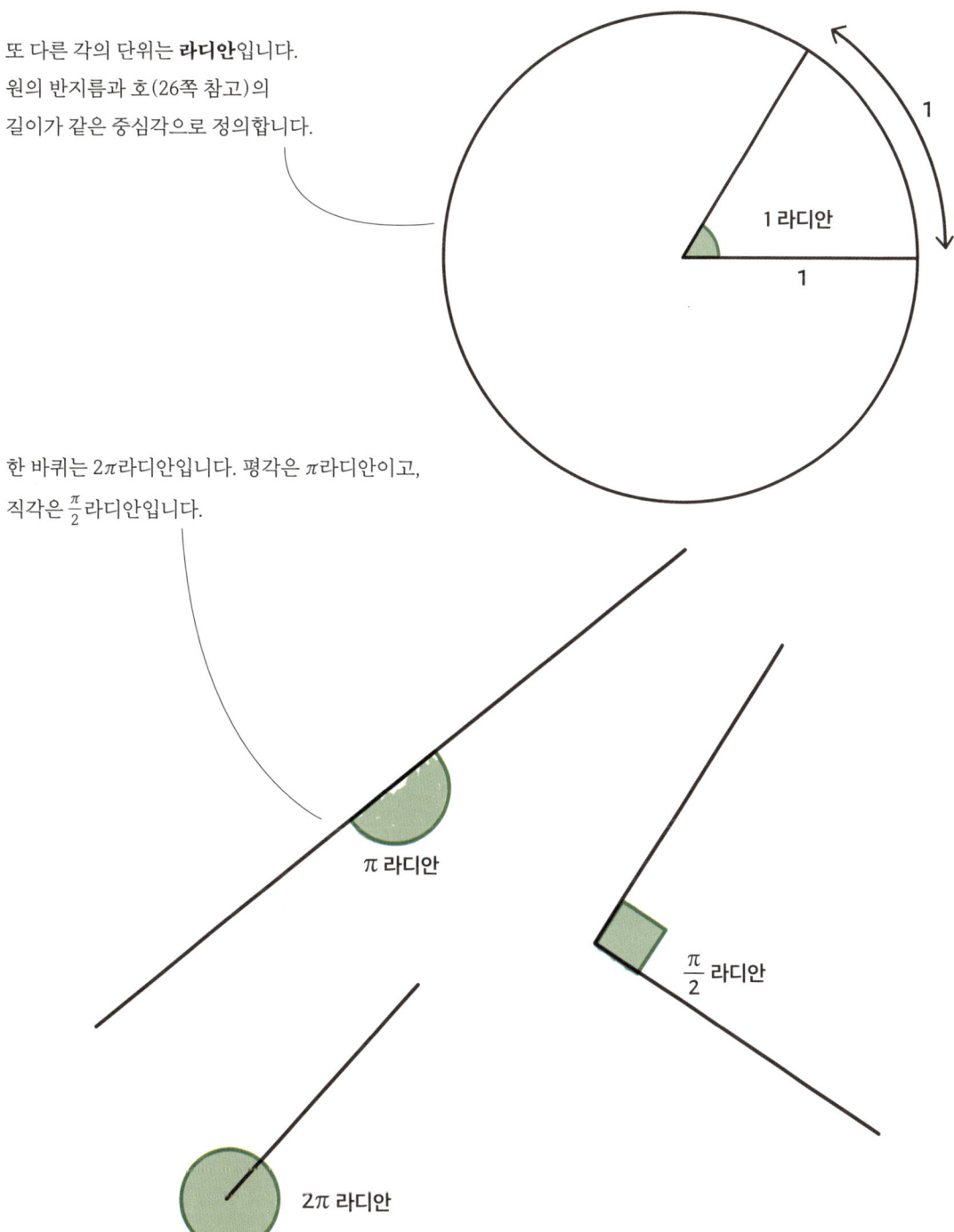

이렇게 각의 측정값이 무리수로 나오면 다루기 어색할 수 있습니다. 일상에서는 아마도 그렇겠지요.
하지만 수학의 많은 분야에서는 라디안을 사용하면 더욱 긴단해집니다. 예를 들어 라디안을 쓰면
구면삼각형(152쪽 참고)의 넓이 계산이 간단해집니다.
라디안은 미적분이나 복소해석 같은 분야에서 삼각함수(102쪽 참고)를 사용할 때도 필수적입니다.
이런 함수의 많은 성질은 라디안으로 측정으로 값을 입력할 때 명확해집니다.

삼각법

삼각법은 삼각형의 변의 길이와 각 사이의 관계를 다룹니다. 삼각함수는 직각삼각형 변의 길이의 비가 각과 어떤 관계인지를 정의합니다. 이런 함수는 직각삼각형이 아닌 삼각형에 대한 공식을 만드는 데도 쓰입니다.

삼각함수

피타고라스 정리(32쪽 참고)를 다룰 때 직각삼각형의 가장 긴 변을 빗변이라고 부른다고 이야기했었지요. 삼각법을 사용하기 위해서는 특정 각을 기준으로 다른 두 변에도 이름을 붙이는 게 편합니다. 빗변과 함께 각을 만드는 변을 **밑변**, 나머지 변(각의 반대쪽에 있는 변)을 **대변**이라고 부릅니다.

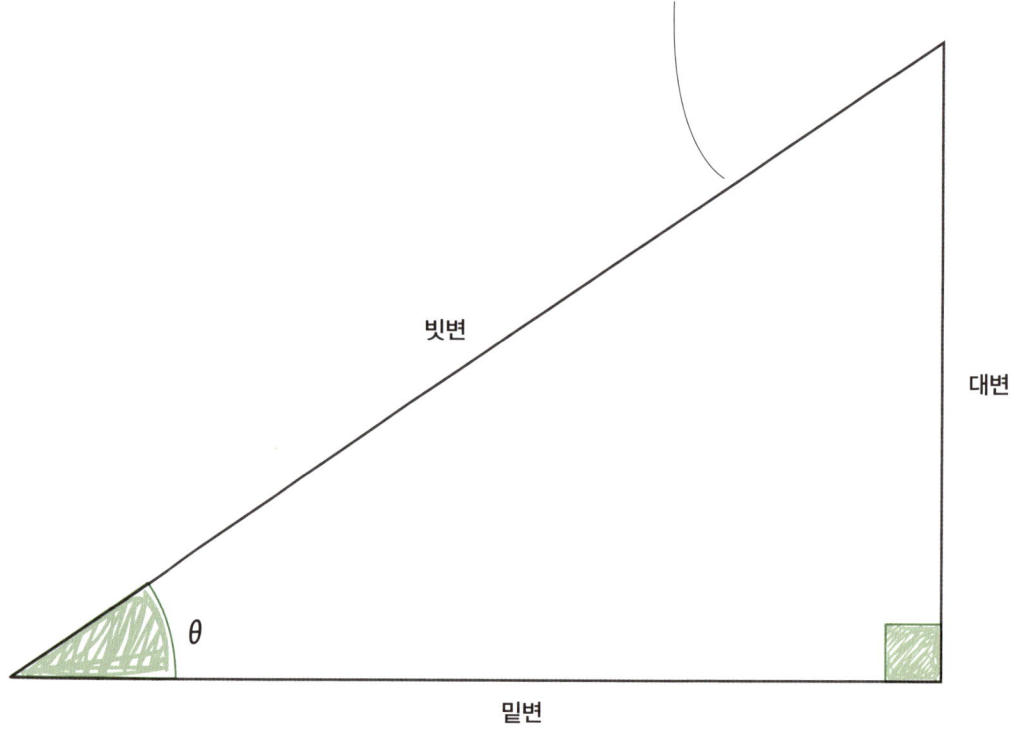

삼각함수에는 **사인**과 **코사인**, **탄젠트**(보통 sin, cos, tan이라고 씁니다)가 있습니다. 다른 변에 대한 어느 한 변의 비율을 나타냅니다.

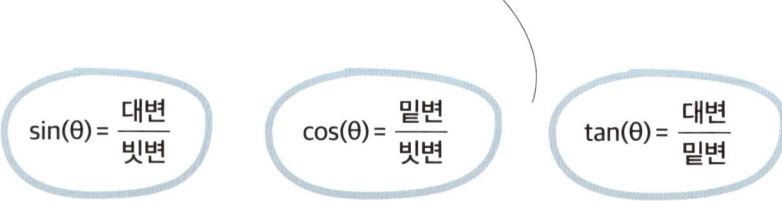

$$\sin(\theta) = \frac{대변}{빗변} \qquad \cos(\theta) = \frac{밑변}{빗변} \qquad \tan(\theta) = \frac{대변}{밑변}$$

삼각함수를 **단위원**에 대한 관계로 생각할 수도 있습니다. 단위원은 반지름이 1인 원입니다. 단위원 안에 직각삼각형을 그릴 수 있습니다.

• 빗변은 반지름입니다.

• 밑변은 중심에서 시작하는 수평선입니다.

• 대변은 밑변에 수직이고 빗변과 원이 만나는 점을 지나가는 선입니다.

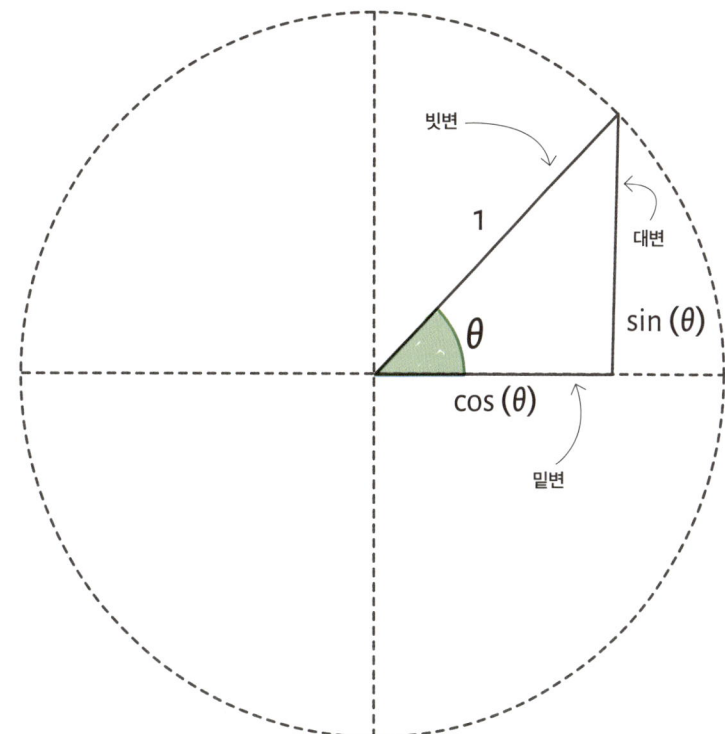

빗변의 길이는 원의 반지름과 같으므로 1입니다. 이것을 사인 공식에 대입하면 $\sin(\theta) = \frac{대변}{1}$입니다. 따라서 밑변과 빗변 사이의 각이 θ일 때 대변의 길이는 $\sin(\theta)$이 됩니다. 마찬가지로 $\cos(\theta) = \frac{밑변}{1}$이므로 밑변의 길이는 $\cos(\theta)$입니다. 여기서 우리는 $\tan(\theta) = \frac{대변}{밑변} = \frac{\sin(\theta)}{\cos(\theta)}$라는 사실을 알 수 있습니다.

$\theta=0$일 때 대변의 길이는 0이 되고, 밑변의 길이는 단위원의 반지름인 1과 같습니다. 따라서 $\sin(0) = \frac{0}{1} = 0$이고, $\cos(0) = \frac{1}{1} = 1$입니다.

반대로 $\theta = \frac{\pi}{2}$일 때 대변의 길이는 1이 되고, 밑변의 길이는 0이 됩니다. 따라서 $\sin(\frac{\pi}{2}) = 1$이고, $\cos(\frac{\pi}{2}) = 1$입니다. 혹은 도를 사용하면, $\sin(90°)=1$이고 $\cos(90°)=0$입니다.

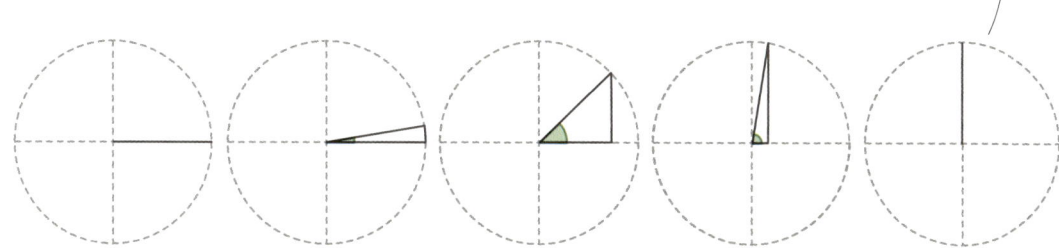

$\theta=0$일 때는 삼각형의 대변이 사라진다. 그리고 밑변의 길이는 원의 반지름인 1과 같다. $\theta=(\frac{\pi}{2}$ 또는 90°)일 때 **밑변은 사라지고 대변의 길이는 원의 반지름이 된다.**

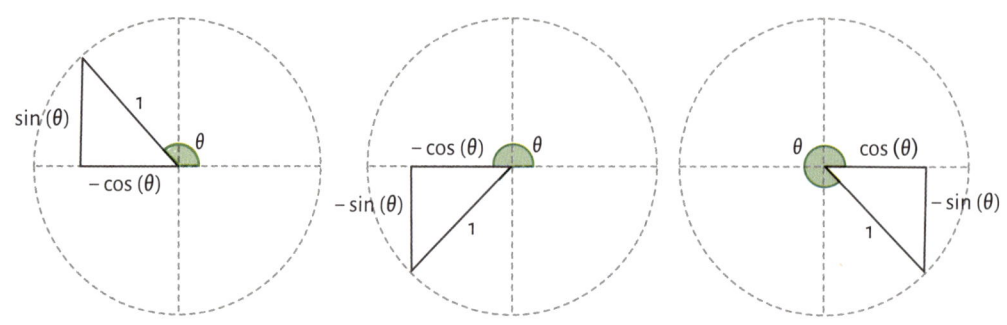

이와 같은 방식으로 삼각함수를 생각하면 삼각형을 넘어 $\frac{\pi}{2}$(90°)보다 큰 각에 대해서도 확장할 수 있다.

단위원의 각 부분을 데카르트 좌표계(109쪽 참고)의 사분면 위에 올려놓으면 90도보다 큰 각의 코사인과 사인값 혹은 둘 모두 음수가 나올 수 있음을 알 수 있습니다.

2π(360도)를 넘어가면 한 바퀴를 지나 다시 시작하게 됩니다. 사인과 코사인값은 0과 1 사이를 오간다는 뜻입니다.

삼각함수를 그래프(110쪽 참고)로 그리면 주기적인 파동 형태가 나옵니다. 삼각함수는 삼각형을 통해 발견된 함수지만, 수학 전반에 쓰이며 바퀴나 추의 움직임, 음파, 빛의 파동 등 주기적인 실제 세계의 여러 현상을 모형화할 수 있습니다.

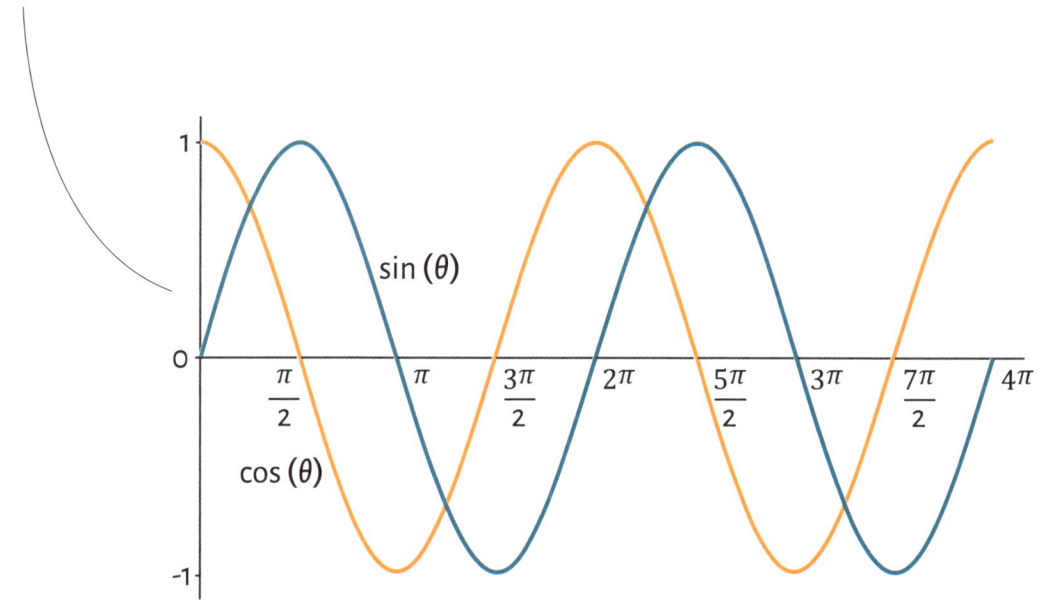

기준 삼각형

몇몇 보편적인 각의 삼각함수를 구할 때는 이미 세 변의 길이를 모두 알고 있는 기준 삼각형을 사용할 수 있습니다.

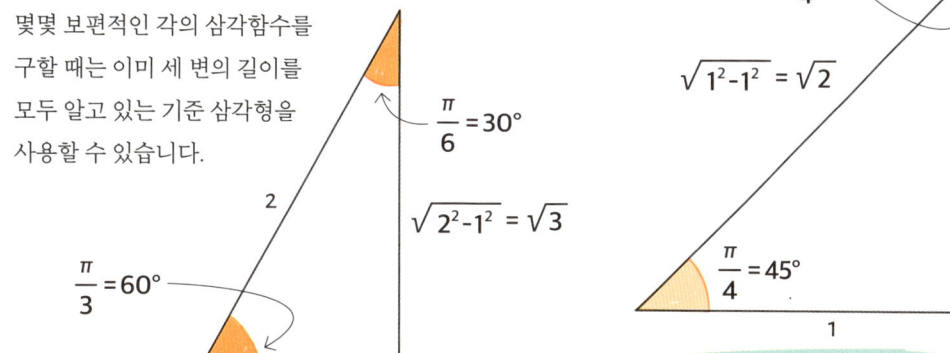

$$\sin\left(\frac{\pi}{3}\right) = \cos\left(\frac{\pi}{6}\right) = \frac{\sqrt{3}}{2} \qquad \cos\left(\frac{\pi}{3}\right) = \sin\left(\frac{\pi}{6}\right) = \frac{2}{\sqrt{3}}$$

$$\tan\left(\frac{\pi}{3}\right) = \sqrt{3} \qquad \tan\left(\frac{\pi}{6}\right) = \frac{1}{\sqrt{3}}$$

$$\sin\left(\frac{\pi}{4}\right) = \cos\left(\frac{\pi}{4}\right) = \frac{1}{\sqrt{2}} \qquad \tan\left(\frac{\pi}{4}\right) = 1$$

사인과 코사인 법칙

삼각함수는 직각삼각형이 아닌 삼각형의 변과 각의 관계를 나타내는 데도 쓰일 수 있습니다. **사인 법칙**은 어떤 삼각형이든 각 변의 길이를 맞은편 각(대각)의 사인값으로 나누면 모두 같다는 내용을 담고 있습니다.

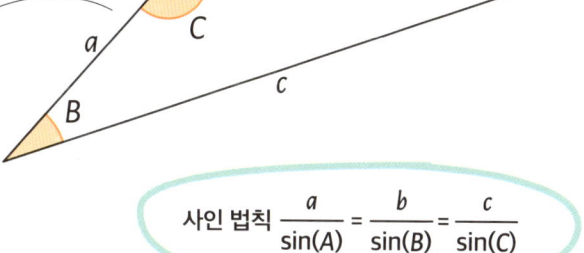

사인 법칙 $\frac{a}{\sin(A)} = \frac{b}{\sin(B)} = \frac{c}{\sin(C)}$

직각삼각형에서 사용하는 사인 함수는 사인 법칙의 특별한 경우입니다. 각 A가 $\frac{\pi}{2}$면, $\sin(A) = 1$입니다. 따라서 사인 법칙에 따라 $\frac{a}{1} = \frac{b}{\sin(B)}$입니다. 다르게 표현하면 $\sin(B) = \frac{b}{a}$가 되지요. 이때 b는 B의 대변이고, a는 빗변입니다.

코사인 법칙은 세 변과 한 각의 관계를 나타냅니다.

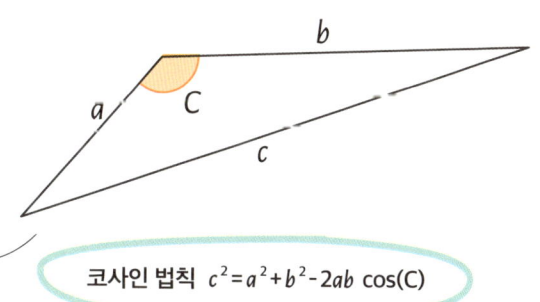

코사인 법칙 $c^2 = a^2 + b^2 - 2ab\cos(C)$

코사인 법칙의 앞부분은 눈에 익을 겁니다. 바로 피타고라스 정리지요. 각 C가 $\frac{\pi}{2}$라면, $\cos(C) = 0$입니다. 따라서 코사인 법칙의 마지막 부분은 $-2ab \times 0 = 0$이 되고, 피타고라스 정리인 $c^2 = a^2 + b^2$만 남습니다.

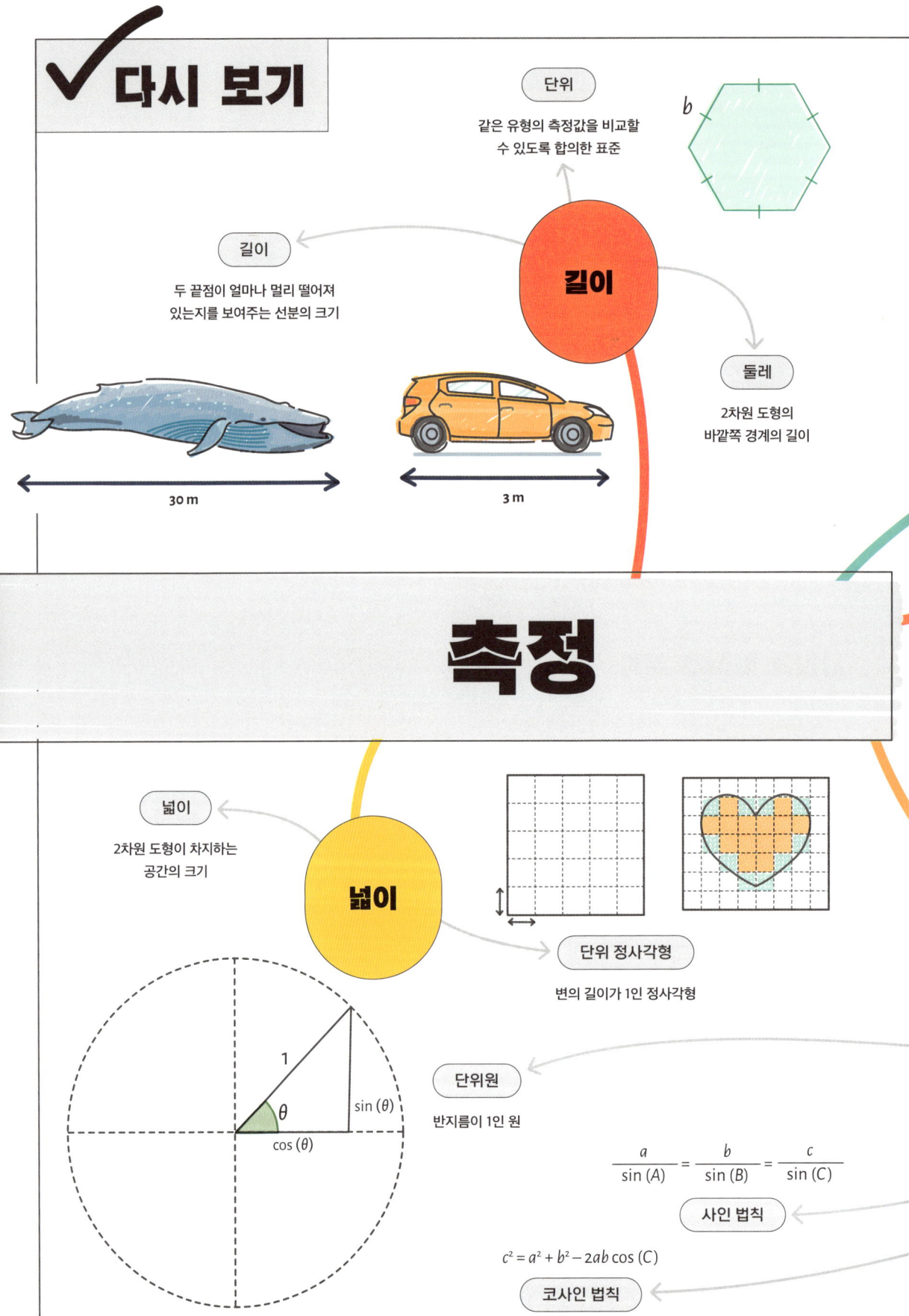

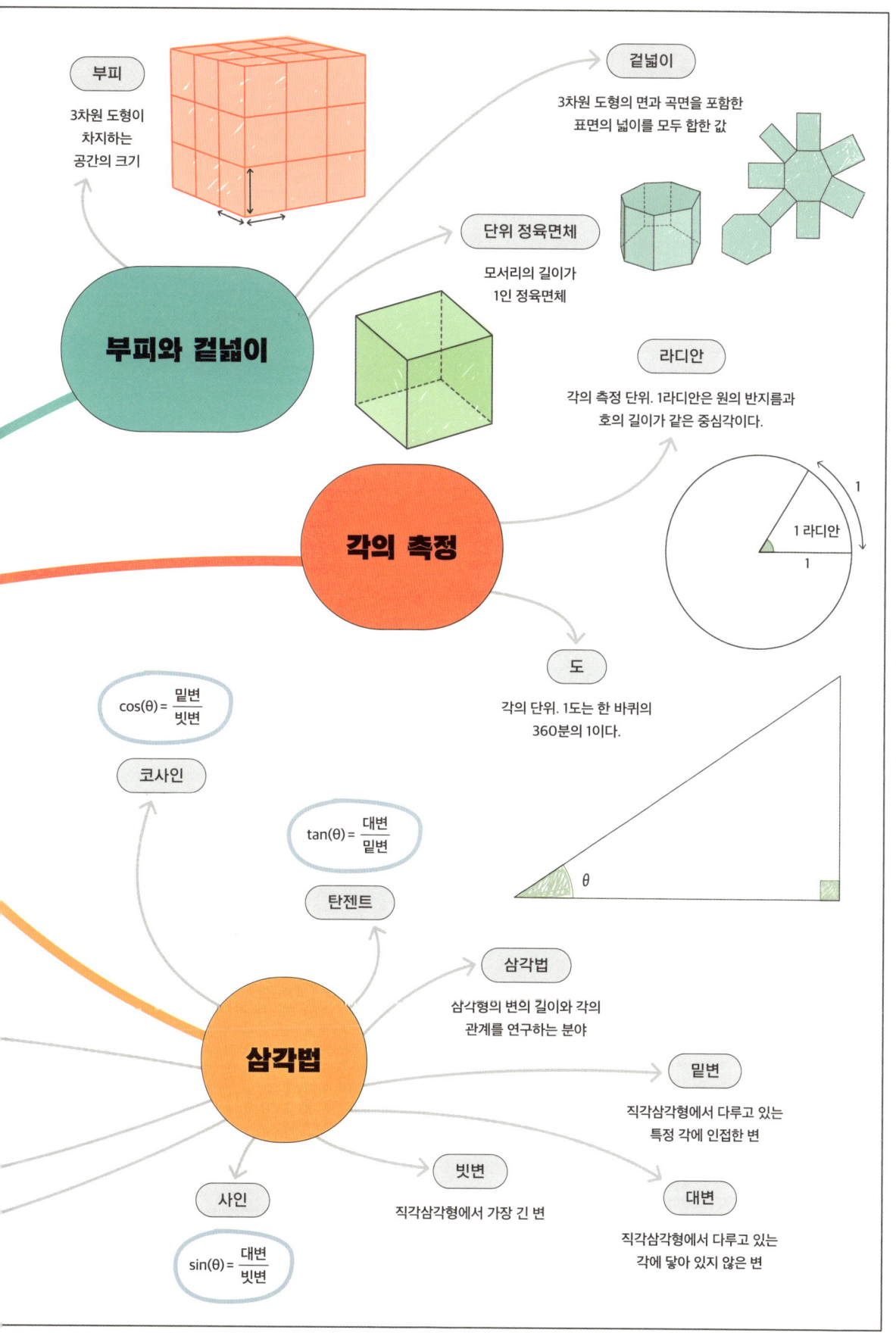

6장

좌표

좌표계는 점의 위치, 상대적인 위치와 고정된 기준점에서의 위치 모두를 나타낼 수 있는 정확한 방법입니다. 항해에 유용할 뿐만 아니라 직선과 곡선 같은 기하학적 대상을 방정식으로 해석할 수 있게 해주지요. 마찬가지로 방정식을 기하학적 대상으로 해석할 수도 있습니다. 이렇게 다른 방식으로 기하학적 대상을 바라보면 그 성질과 서로의 관계에 관한 새로운 통찰을 얻을 수 있습니다. 이 장에서는 여러 가지 서로 다른 좌표계와 그 쓰임새를 알아보겠습니다. 좌표계를 3차원과 그 너머로 어떻게 확장할 수 있는지 공부하고, 방정식을 기하학적으로 시각화하면 얼마나 아름다울 수 있는지도 알게 될 겁니다.

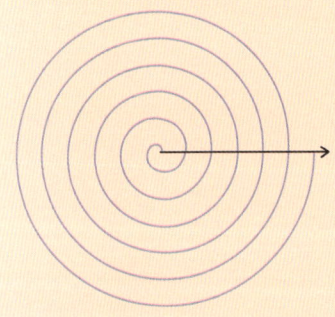

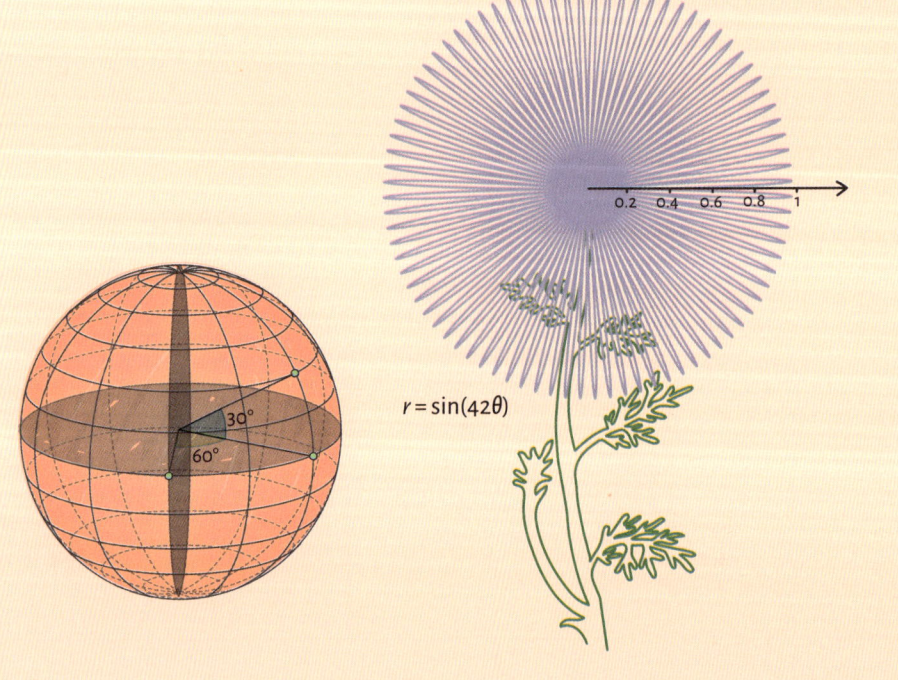

$r = \sin(42\theta)$

데카르트 좌표계

데카르트 좌표계는 1630년대에 르네 데카르트가 고안했습니다. 두 값을 이용해 평면 위에 있는 점의 위치를 정의할 수 있는 방법입니다. 이 개념은 널리 퍼져서 오늘날에는 지도에서부터 비디오게임에 이르기까지 온갖 곳에 쓰이고 있습니다.

데카르트 좌표계에는 수직인 두 **축**이 있습니다. 보통 수평으로 움직이는 **x축**과 수직으로 움직이는 **y축**으로 나타냅니다.
두 축이 교차하는 점은 **원점**이라고 부릅니다. 각 점에는 한 쌍의 값으로 된 좌표가 있으며 (x, y)처럼 씁니다.
x와 y의 **절댓값**은 원점으로부터 각각 x축과 y축 방향으로의 거리입니다. x와 y의 부호(양수 또는 음수)는 원점의 어느 방향에 있는지를 나타냅니다.
원점의 좌표는 $(0, 0)$입니다.

데카르트 평면은 데카르트 좌표계를 정의하는 평면입니다. 두 축은 데카르트 평면을 네 개의 **사분면**으로 나눕니다.

어떤 수의 절댓값은 부호가 없는 값입니다. 따라서 4와 −4의 절댓값은 4로 같습니다. 절댓값은 항상 양수이므로 역시 항상 양수여야 하는 거리를 나타내는 데 쓰일 수 있습니다. 부호는 거리를 가리킵니다. x좌표의 값이 4인 점은 원점에서 오른쪽으로 4단위 떨어진 곳에 있습니다. x좌표의 값이 −4인 점은 원점에서 왼쪽으로 4단위 떨어진 곳에 있습니다.

1사분면은 x좌표와 y좌표의 값이 양수다.

이 점은 원점에서 x축 방향으로 3단위, y축 방향으로 7단위 떨어져 있다. 따라서 좌표는 $(3, 7)$이다.

2사분면은 x좌표의 값이 음수고, y좌표의 값이 양수다.
$(-6, 4)$

원점
$(0, 0)$

$(8, -1)$

$(-2.5, -5)$

3사분면은 x좌표와 y좌표의 값이 음수다.

4사분면은 x좌표의 값이 양수고, y좌표의 값이 음수다.

데카르트 좌표계는 서로 동떨어져 있던 두 분야인 기하학과 대수학을 접목함으로써 수학에 혁명을 일으켰습니다. 대수학도 보편적인 방식으로 기하학적 대상의 성질을 나타내는 데 쓰이긴 했지만, 데카르트 좌표계 덕분에 기하학적 대상을 대수방정식으로 정의할 수 있게 되었습니다.

예를 들어, 원점에서 3단위 위에 있는 수평선의 방정식은 $y=3$입니다. y 좌푯값이 3인 모든 점을 뜻하지요. $y=x$가 나타내는 선은 $(0, 0)$, $(-1, -1)$, $(1, 1)$ 등 x 좌푯값과 y 좌푯값이 같은 모든 점을 지나갑니다. 반지름이 r인 원의 방정식은 $x^2+y^2=r^2$입니다.

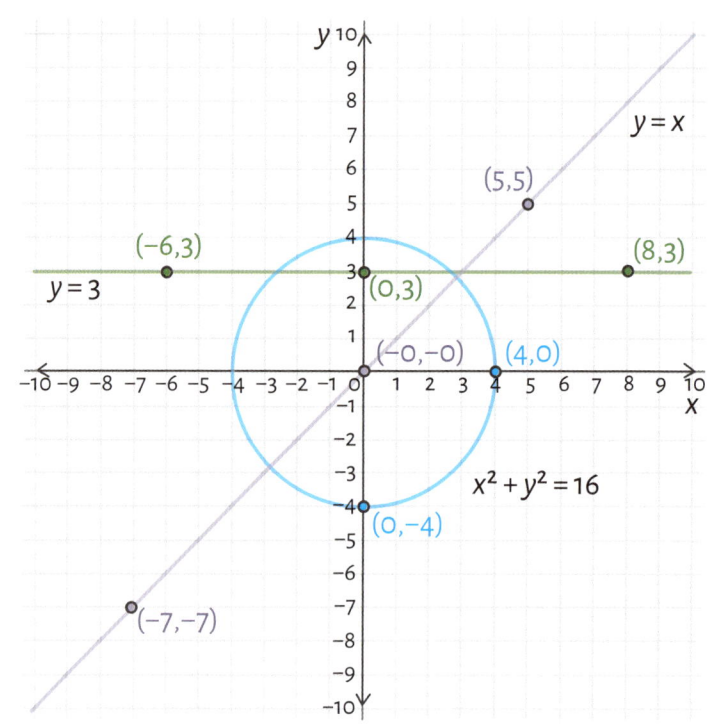

데카르트 좌표계는 대수방정식을 시각적으로 나타낼 수 있게 해주기도 합니다. 그러면 방정식을 이해하고 눈에 보이지 않는 성질을 찾아내는 데 도움이 됩니다. 방정식의 **그래프**(데카르트 평면 같은 좌표계 위에 나타낸 그림)는 방정식의 해가 몇 개인지, 값이 대략 무엇인지를 보여줍니다.

방정식의 해는 방정식을 참으로 만드는 변수의 값입니다. 방정식의 해는 없을 수도, 한 개일 수도, 여러 개일 수도 있습니다. $x-2=0$의 해는 $x=2$ 하나입니다. $x-2=y$의 해는 x와 y의 쌍으로 나타나며 $x=2$와 $y=0$, $x=3$과 $y=1$ 등 무한히 많습니다. $4x+7=4x-1$의 해는 없습니다.

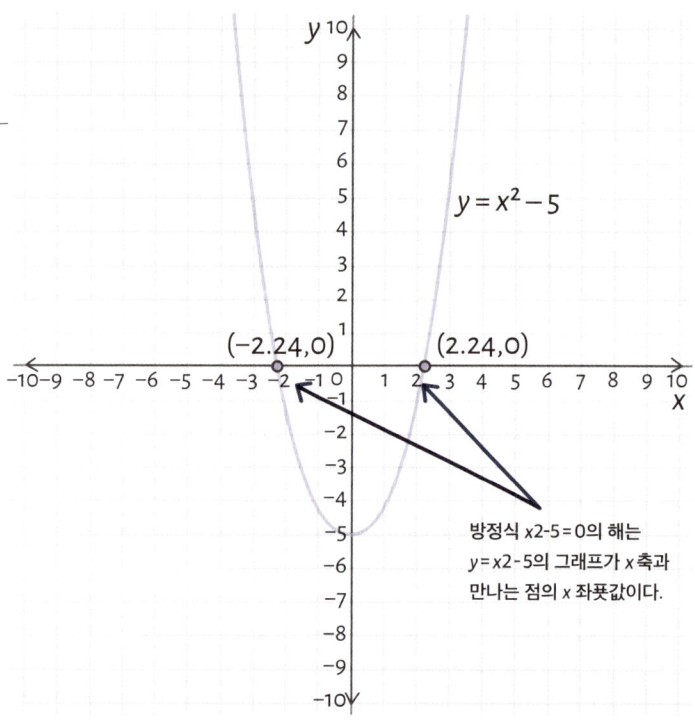

방정식 $x2-5=0$의 해는 $y=x2-5$의 그래프가 x축과 만나는 점의 x 좌푯값이다.

극좌표계

데카르트 좌표계가 가장 유명하고 널리 쓰이지만, 다른 좌표계 역시 유용합니다.
극좌표계는 두 가지 값으로 정의합니다. **극**으로부터의 거리와 **극축**으로부터의 각입니다.

극은 데카르트 좌표계의 원점과 비슷한 기준점이고, 극축은 극에서 시작하는 기준선입니다. 어떤 점의 극좌표는 (r, θ)로 나타냅니다. 이때 r(반지름)은 극으로부터의 거리이고, θ(각)는 극축으로부터의 각입니다.

극축으로부터의 각을 시계 방향으로 재는지 반시계 방향으로 재는지에 관한 표준이 없기 때문에 극좌표는 다소 모호할 수 있습니다. 따라서 $(3, 45°)$는 극축 위로 $45°$(반시계 방향으로 잰다면)에 있을 수도 있고, 아래로 $45°$(시계 방향으로 잰다면)에 있을 수도 있습니다. 수학에서는 흔히 극축을 극의 오른쪽에 놓고 각을 반시계 방향으로 잽니다. 각이 음수라면 그건 반대쪽으로 돌아간다는 뜻입니다. 따라서 $(3, 315°)$를 $(3, -45°)$라고 쓸 수도 있습니다.

어떤 대상은 데카르트 좌표계보다 극좌표계로 나타내는 게 더욱 간단합니다. 극좌표계에서 반지름이 a인 원의 방정식은 $r=a$입니다. 데카르트 좌표계에서 쓰는 $x^2+y^2=a^2$보다 간단하지요. 다른 대상은 데카르트 좌표계에 훨씬 더 적합합니다. 극에서 4단위 위에 있는 수평선의 방정식은 $r=\frac{4}{\sin(\theta)}$입니다. 데카르트 좌표계에서는 $y=4$라고 쓰면 되지요.

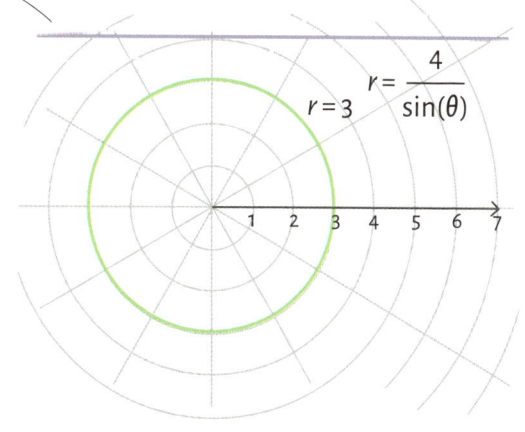

111

데카르트 좌표계와 극좌표계 변환

삼각법(102쪽 참고)과 피타고라스 정리(32쪽 참고)를 사용해 데카르트 좌표계와 극좌표계를 서로 변환할 수 있습니다.

데카르트 좌표계의 점 (x, y)가 있을 때 우리는 이 점에서 x축과 원점을 향해 선분을 그려 직각삼각형을 만들 수 있습니다. 짧은 변의 길이는 x와 y이므로 피타고라스 정리를 이용해 빗변의 길이 $\sqrt{x^2+y^2}$를 구할 수 있습니다. 이 길이는 점 (x, y)에서 원점 혹은 극까지의 거리입니다. 따라서 극좌표계에서 $r=\sqrt{x^2+y^2}$입니다.

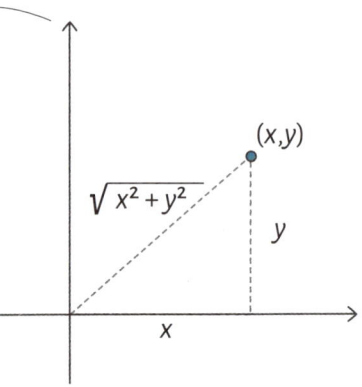

θ를 구하려면, 먼저 밑변의 길이가 x인 각 α를 계산해야 합니다. 삼각법을 사용하면 $\tan(\alpha)=\frac{y}{x}$임을 알 수 있습니다. α값을 구하려면 삼각함수의 역함수 $\alpha=\tan^{-1}\left(\frac{y}{x}\right)$를 사용해야 합니다.
만약 점이 1사분면(109쪽 참고)에 있다면 $\theta=\alpha$입니다.
그렇지 않다면 α를 이용해 θ를 구할 수 있습니다.

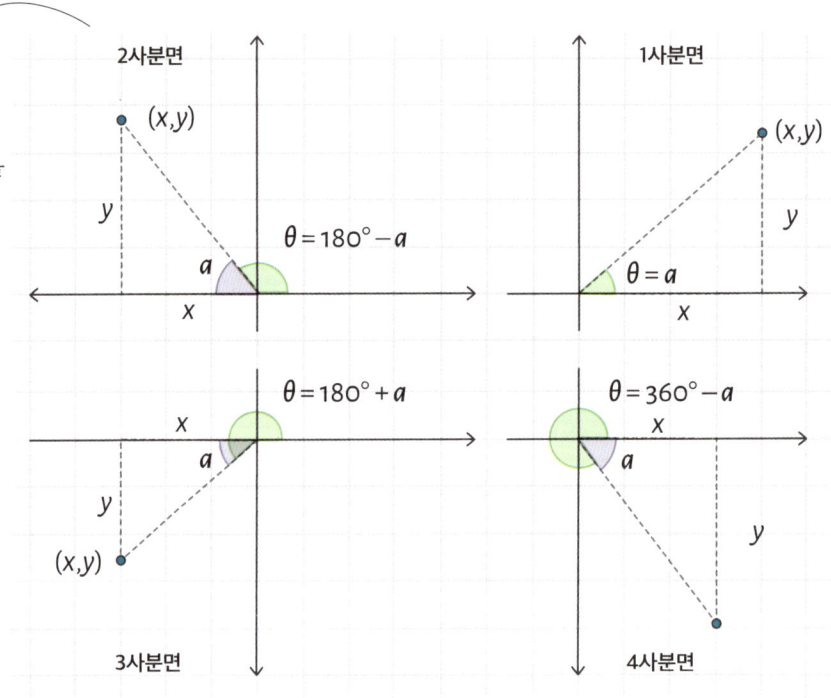

삼각함수의 역함수를 사용하면 두 변의 길이 비율을 알고 있을 때 각을 구할 수 있습니다. 각각의 삼각함수는 역함수가 있으며, $\sin^{-1}(\theta)$, $\cos^{-1}(\theta)$, $\tan^{-1}(\theta)$라고 씁니다. 혹은 $\arcsin(\theta)$, $\arccos(\theta)$, $\arctan(\theta)$라고 쓰기도 합니다.

극좌표계의 점 (r, θ)에 대해서도 우리는 비슷한 방법으로 직각삼각형을 만들 수 있습니다. 이번에는 빗변의 길이 r과 한 각 θ를 알고 있습니다. 삼각함수를 이용하면 $\sin(\theta)=\frac{y}{r}$이고 $\cos(\theta)=\frac{x}{r}$입니다. 이를 바탕으로 데카르트 좌표계로는 $(r\cos(\theta), r\sin(\theta))$임을 알 수 있습니다.

지리 좌표계

수평 격자와 수직 격자가 있는 표준 지도는 데카르트 좌표계를 사용한 것처럼 보입니다. 하지만 지구는 구형이고, 표면은 평평하지 않습니다. 양의 곡률을 갖고 있지요(147쪽 참고). 평평한 지도에서 볼 수 있는 격자 체계는 극좌표계에서 사용하는 각과 비슷한 한 쌍의 각을 이용한 좌표계를 바탕으로 하고 있습니다.

지구상의 위치는 **위도**와 **경도**로 나타냅니다. 위도는 적도에서 북쪽이나 남쪽으로 얼마나 떨어져 있는지를 나타내는 각이고, 경도는 **본초자오선**에서 동쪽이나 서쪽으로 얼마나 떨어져 있는지를 나타내는 각입니다.

위선은 중심에서 잰 각에 대응하는 지구 표면 위의 수평 원입니다. 가장 큰 원이 적도이고, 극에 가까워지면서 원은 점점 작아집니다. 적도 위의 각은 양수이고, 아래는 음수입니다. 따라서 위선은 −90°인 남극에서 90°인 북극까지 존재합니다.

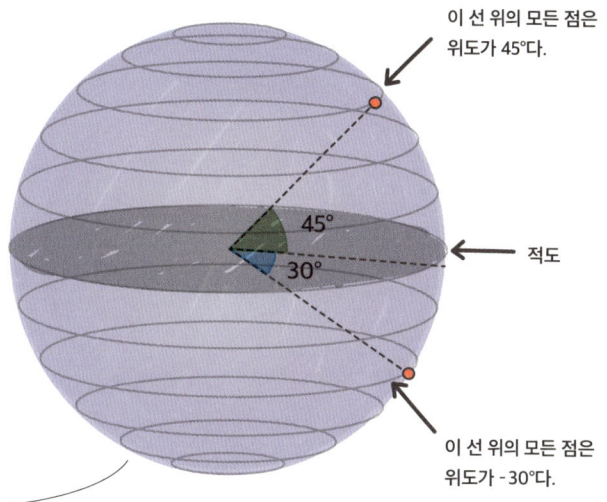

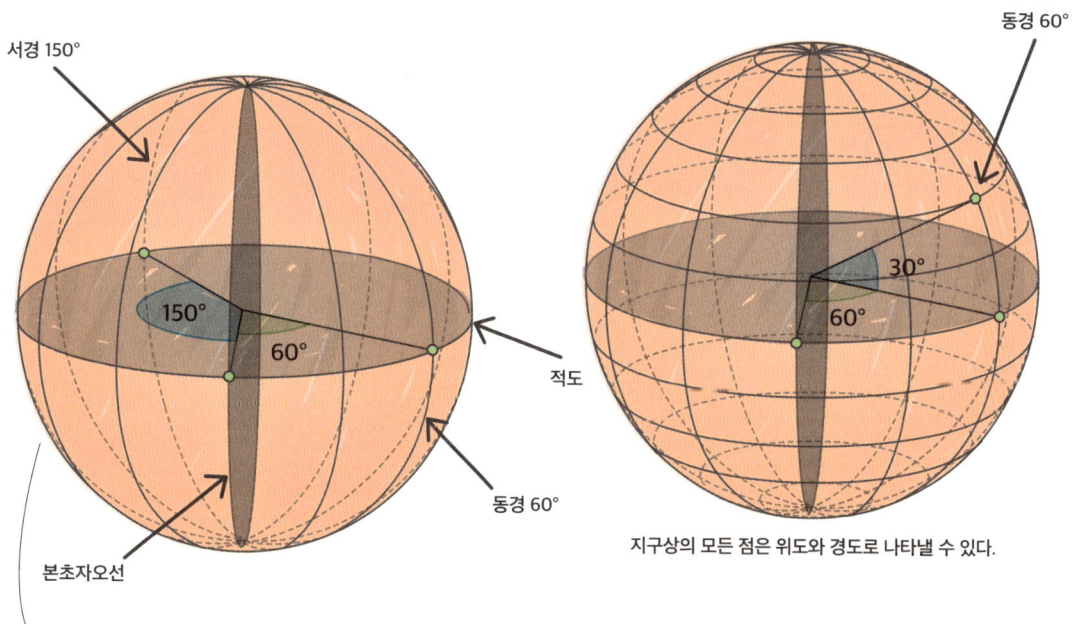

각 경선은 서로 대척점(73쪽 참고)인 북극과 남극을 지나는 대원(73쪽 참고)의 절반입니다. 본초자오선은 그리니치를 지나가는 경선으로 경도를 재는 출발점입니다. 본초자오선의 동쪽과 서쪽으로 나눠서 위치를 나타내므로 경선은 동쪽으로 0°에서 180°까지 서쪽으로 0°에서 180°까지 존재합니다.

3차원 좌표계

지금까지 우리는 2차원 좌푯값을 이용해 평면과 지구와 같은 구의 표면 위의 좌표를 정의하는 방법을 알아보았습니다. 이런 좌표계를 확장하면 3차원 공간 속의 점을 나타낼 수 있습니다.

3차원 데카르트 좌표계

데카르트 좌표계를 3차원으로 확장하기 위해 우리는 원점을 지나며 다른 두 축에 수직인 세 번째 축을 추가할 수 있습니다. 관습적으로 이 축을 **z축**이라고 부릅니다. 이제 좌푯값은 수 세 개를 이용해 (x, y, z)로 나타내며, 각각은 각 축 방향으로 원점으로부터의 거리입니다. 2차원 좌표계와 마찬가지로 양수와 음수는 각각 다른 방향을 나타냅니다.

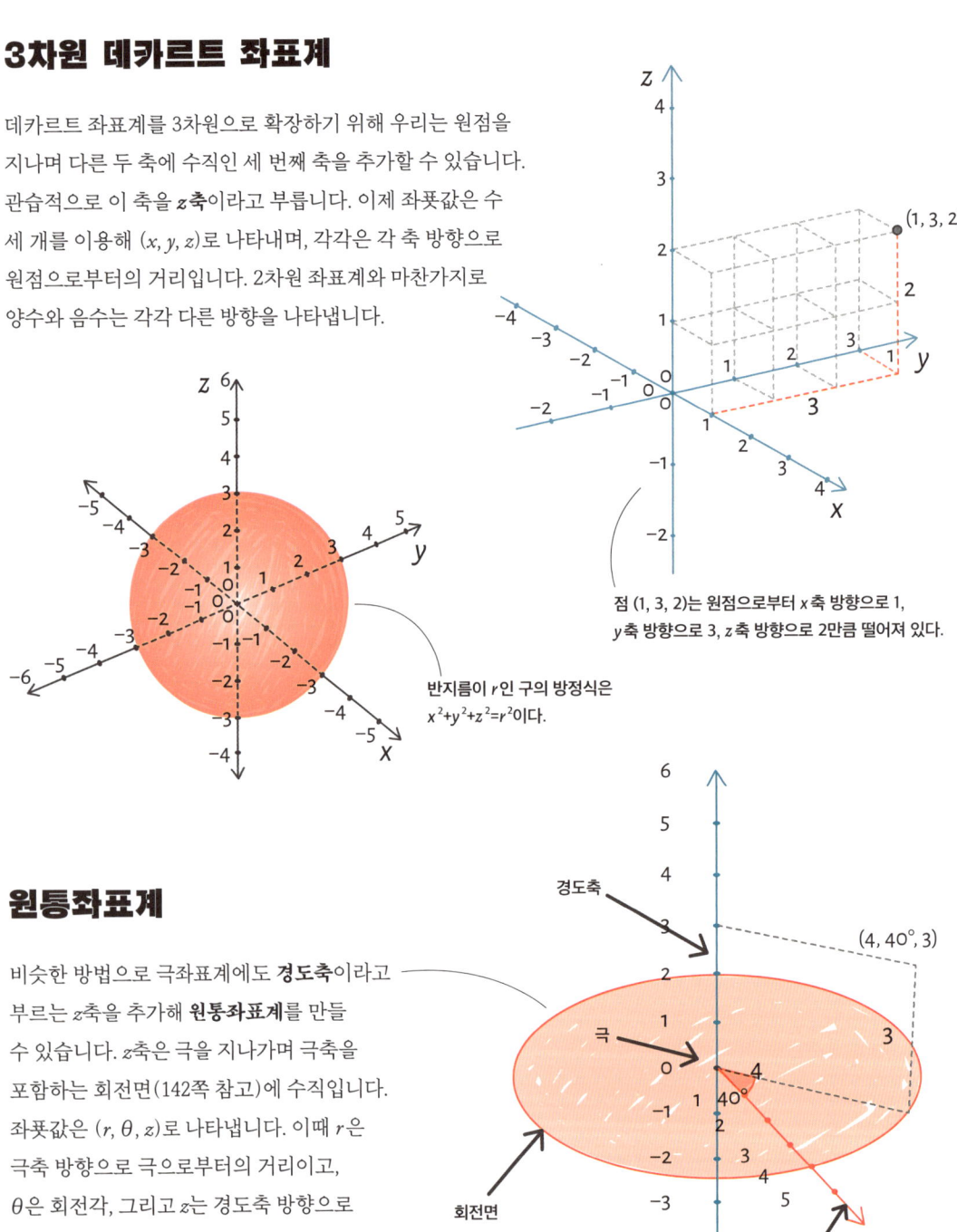

점 (1, 3, 2)는 원점으로부터 x축 방향으로 1, y축 방향으로 3, z축 방향으로 2만큼 떨어져 있다.

반지름이 r인 구의 방정식은 $x^2+y^2+z^2=r^2$이다.

원통좌표계

비슷한 방법으로 극좌표계에도 **경도축**이라고 부르는 z축을 추가해 **원통좌표계**를 만들 수 있습니다. z축은 극을 지나가며 극축을 포함하는 회전면(142쪽 참고)에 수직입니다. 좌푯값은 (r, θ, z)로 나타냅니다. 이때 r은 극축 방향으로 극으로부터의 거리이고, θ은 회전각, 그리고 z는 경도축 방향으로 극으로부터의 거리입니다.

구면좌표계

구면좌표계는 113쪽에서 본 지리좌표계를 일반화한 형태입니다. 지리좌표계는 두 각을 이용해 지구 표면에 있는 한 점의 위치를 나타냅니다. 모든 점은 지구 중심에서 같은 거리에 있다고 가정합니다. 만약 중심에서의 거리를 구체적으로 나타낼 수 있다면 구의 표면뿐만 아니라 어느 위치라도 나타낼 수 있습니다.

구면좌표계는 (r, θ, ϕ)으로 나타냅니다. 이때 r은 원점으로부터의 거리이고, θ는 극축으로부터의 각, ϕ는 세 번째 축으로부터의 각입니다. 세 번째 축은 천정축이라고 불리며, 극축의 회전면에 수직이고 원점을 지납니다.

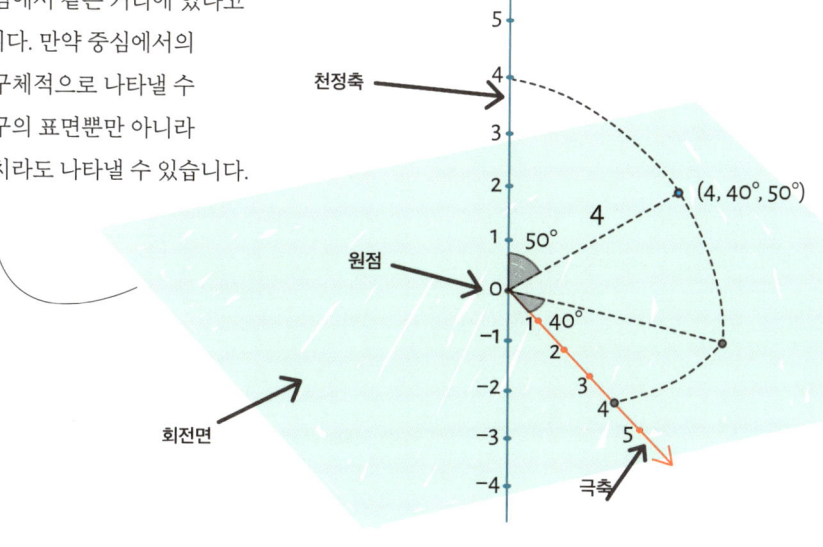

고차원으로

좌표계를 n차원 공간(84쪽 참고)으로 확장할 수 있습니다. 하지만 물리적 세계에 존재할 수 없기 때문에 머릿속에 그리기 매우 어렵습니다. n차원의 데카르트 좌표계는 각각 다른 모든 축에 수직인 n개의 축으로 이루어집니다. 좌푯값은 n개의 수를 이용해 $(x_1, x_2, \cdots, x_n)$으로 나타내며, 각각은 원점으로부터 어느 한 축 방향의 거리입니다. 반지름이 r인 n차원 초구(85쪽 참고)의 방정식은 $x_1^2 + x_2^2 + \cdots + x_n^2 = r^2$입니다.

초구면좌표계 역시 가능합니다. 이 경우 좌푯값은 $(r, \theta_1, \theta_2, \cdots, \theta_{n-1})$이 됩니다. 이때 r은 극으로부터의 거리이고, $\theta_1, \theta_2, \cdots, \theta_{n-1}$은 각입니다.

예술적인 방정식

기하학적 대상을 방정식으로 변환 가능한 좌표계로 표현해서 대수학과 기하학적 개념을 연결하고 방정식을 기하학적으로 시각화할 수 있다는 사실을 살펴보았습니다. 어떤 방정식은 아주 아름다운 기하학적 도형을 그리기도 합니다.

나선

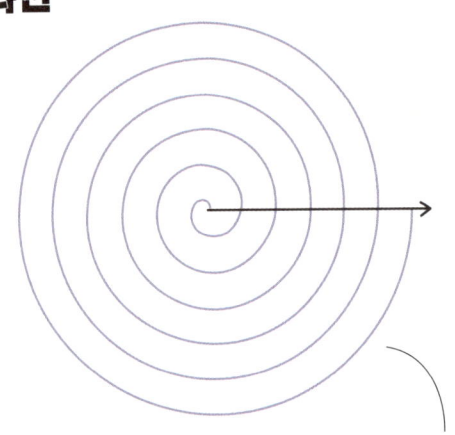
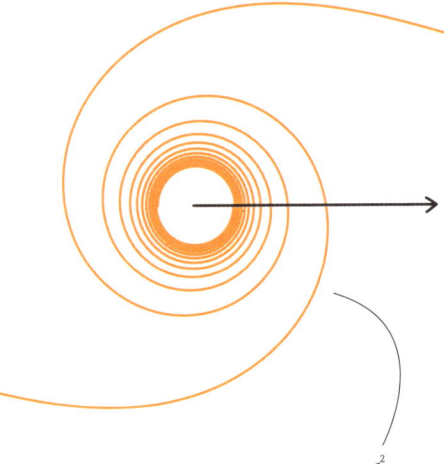

극좌표계를 사용할 때 방정식 $r=a\theta$은 아르키메데스 나선을 그립니다. a의 값은 나선이 얼마나 촘촘한지를 나타냅니다. a 값이 작을수록 나선의 곡선이 더 가깝습니다.

리투우스는 극좌표계에서 방정식 $r^2=\dfrac{a^2}{\theta}$이 그리는 나선 모양의 도형입니다. r이 양수일 때 생기는 나선과 r이 음수일 때 생기는 나선 두 개가 서로 감겨 있는 모습입니다.

꽃

극좌표계에서 방정식 $r=\sin(k\theta)$은 꽃과 같은 곡선을 만듭니다. 꽃잎의 수는 k 값에 따라 달라집니다. 만약 k가 홀수면, 꽃잎의 수는 k개입니다. 만약 짝수라면, 꽃잎의 수는 $2k$개입니다.

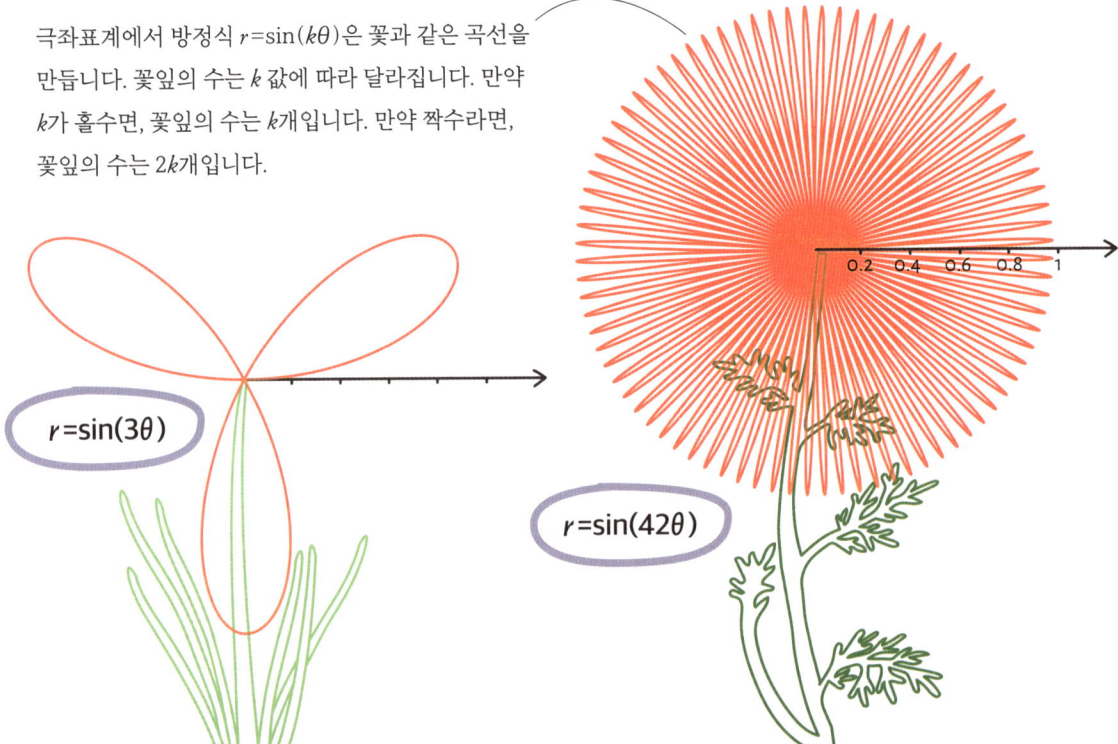

$r=\sin(3\theta)$

$r=\sin(42\theta)$

방정식을 $r=\sin(k\theta)\times e^{-0.1\theta}$로 조금만 바꾸면 곡선은 더욱 꽃과 같아집니다. 이 방정식은 축소 효과가 (θ가 커질수록 r은 작아집니다) 있어 크기가 서로 다른 꽃잎을 만듭니다. k가 정수가 아닌 값을 가지면 꽃잎이 서로 엇갈리게 됩니다.

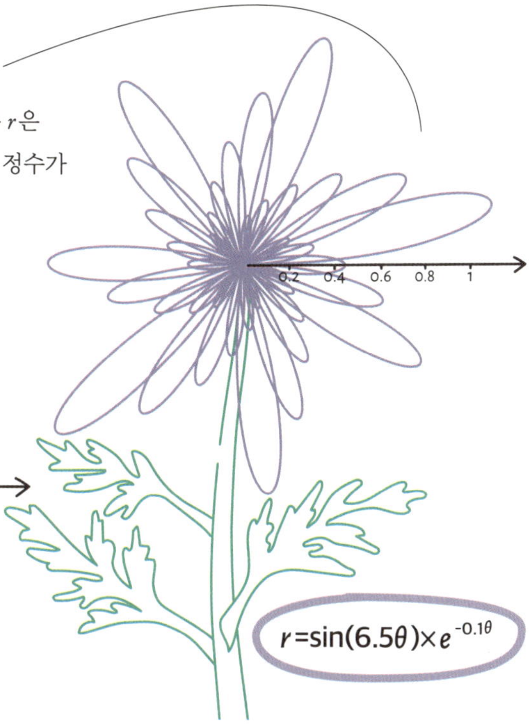

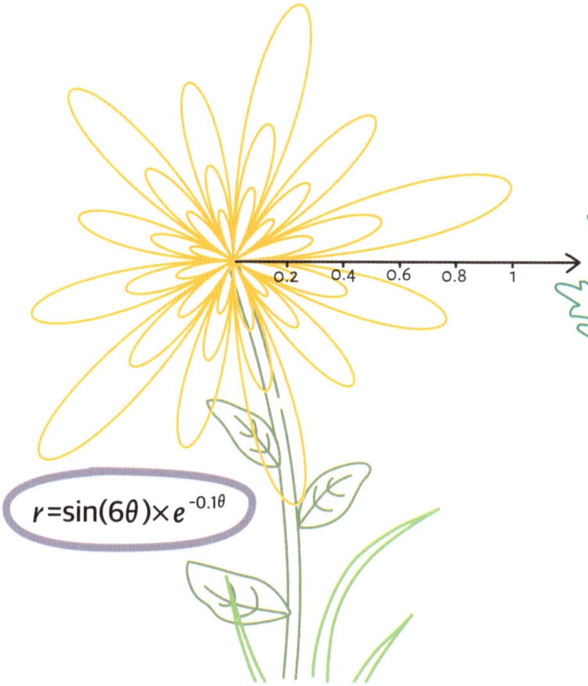

$r=\sin(6\theta)\times e^{-0.1\theta}$

$r=\sin(6.5\theta)\times e^{-0.1\theta}$

e는 오일러 상수라고 하는 수학 상수로, 약 2.718입니다.

리사주 곡선

데카르트 좌표계에서 방정식을 나타내는 또 다른 방법은 **매개변수 방정식**입니다. 서로 다른 매개변수 t에 따라 x좌표와 y좌표를 각각 계산하는 방식입니다. 예를 들어 원의 방정식은 범위가 0에서 360도인 t에 대해 $x=\cos(t), y=\sin(t)$로 나타낼 수 있습니다.

리사주 곡선은 $x=\sin(at), y=\sin(bt)$인 매개변수 방정식으로 그려집니다. 이때 a와 b의 값, 특히 이 두 값의 비율에 따라 곡선의 복잡성이 달라집니다.

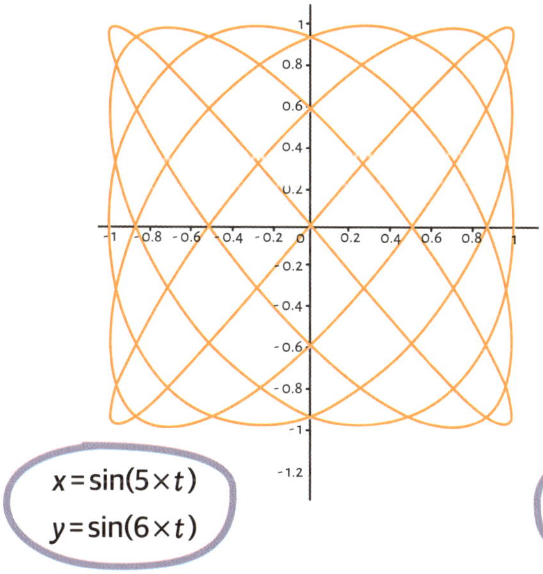

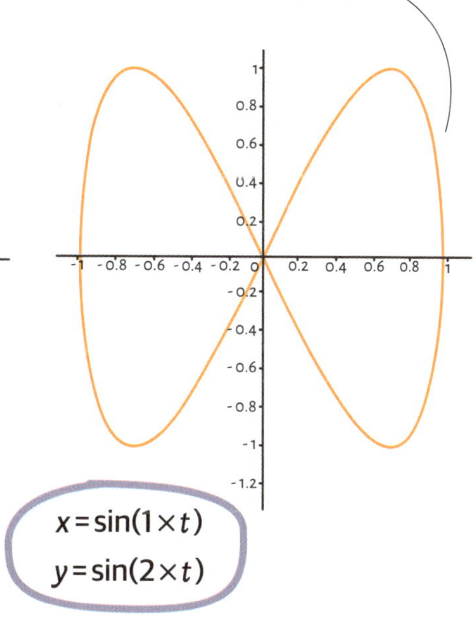

$x=\sin(5\times t)$
$y=\sin(6\times t)$

$x=\sin(1\times t)$
$y=\sin(2\times t)$

117

✓ 다시 보기

좌표

데카르트 좌표계

- **원점**: 두 축이 교차하는 점
- **축**: 좌표계에서 점의 위치를 정의하기 위한 수직선
- **x축**: 좌푯값 (x, y)의 첫 번째 좌표를 정의하는 축
- **y축**: 좌푯값 (x, y)의 두 번째 좌표를 정의하는 축
- **절댓값**: 어떤 수의 부호를 무시한 값
- **데카르트 평면**: 데카르트 좌표계가 정의된 평면

극좌표계

고정된 점으로부터의 거리와 고정된 축으로부터의 각을 이용해 점의 위치를 나타내는 좌표계

- **극**: 극좌표계의 고정된 기준점
- **극축**: 극좌표계의 고정된 축

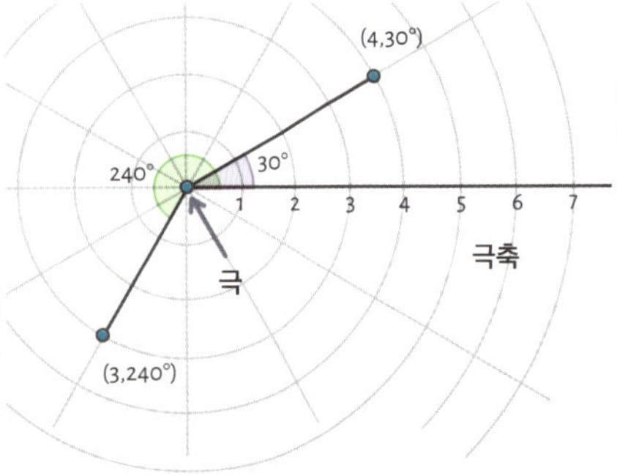

$(4, 30°)$
$(3, 240°)$

지리 좌표계

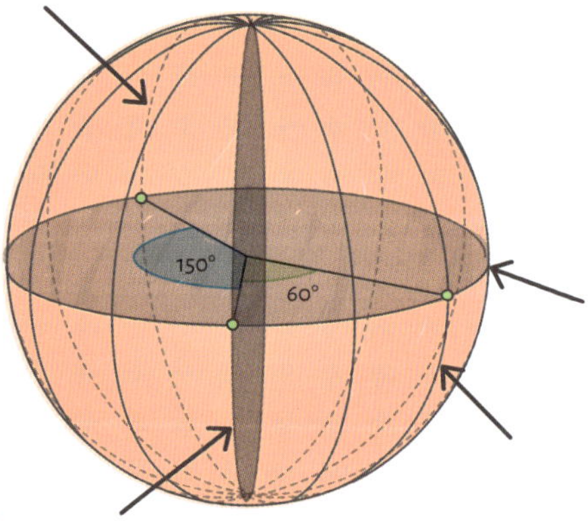

- **위도**: 적도에서 북쪽 또는 남쪽으로 벌어진 각
- **경도**: 본초자오선에서 동쪽 또는 서쪽으로 벌어진 각
- **본초자오선**: 그리니치와 북극, 남극을 지나는 대원

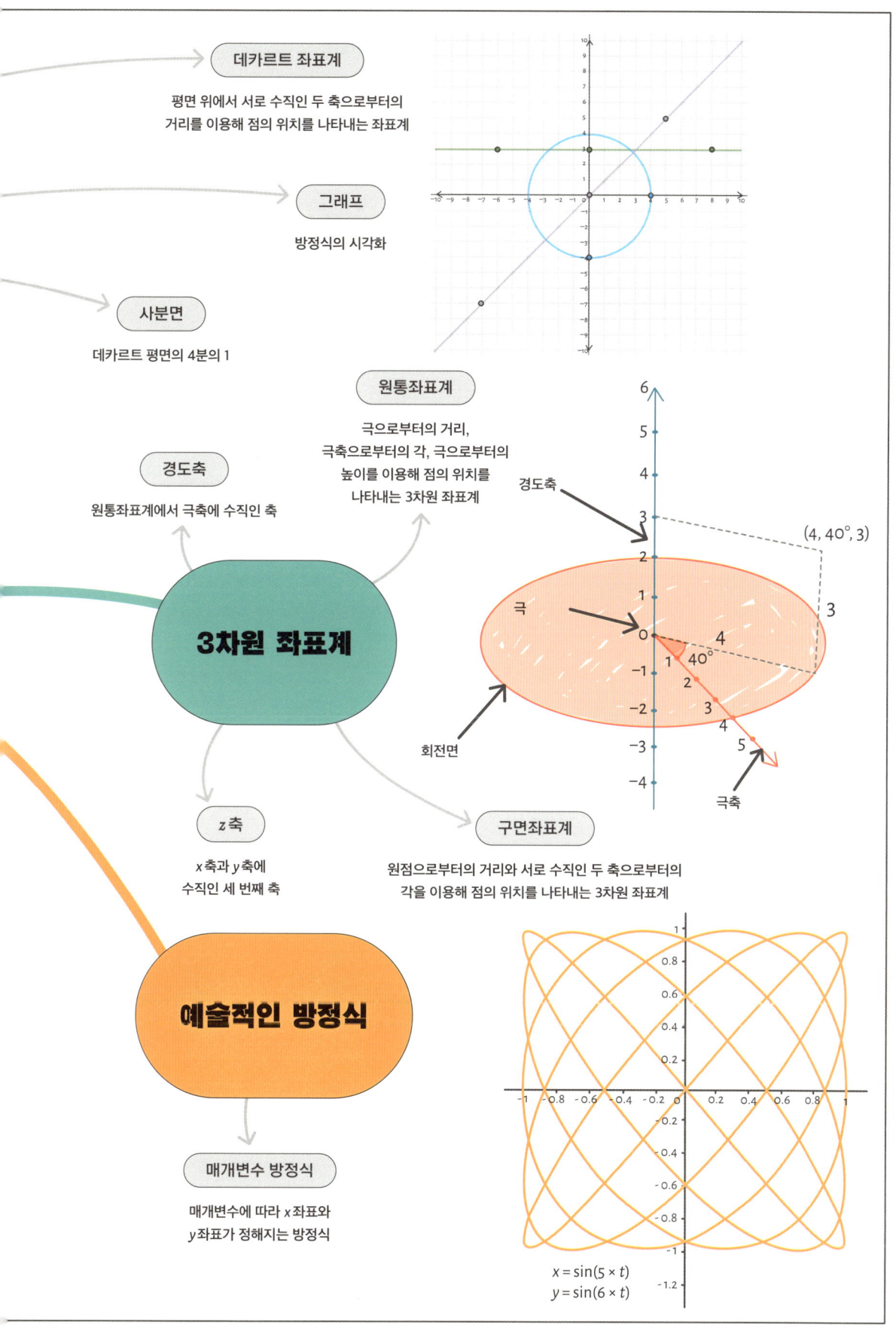

7장

변환과 대칭

변환은 대상을 바꾸는 방법입니다. 바꾼다는 건 뒤집거나 돌리거나 움직이거나 더 크게 혹은 더 작게 만드는 것을 뜻합니다. 만약 어떤 대상이 변환 후에도 다르지 않아 보인다면 대칭이라고 합니다. 이 장에서 우리는 여러 가지 변환과 그 효과에 관해 알아봅니다. 또, 수학자들이 연구하는 여러 가지 대칭에 관해서도 살펴봅니다. 마지막으로 도형의 합동(두 도형이 정확히 똑같을 때)과 닮음(한 도형이 다른 도형을 그대로 확대한 모양일 때)에 관해서도 알아보겠습니다.

반사

거울을 보면 자기 자신의 **반사**된 상을 볼 수 있습니다. 거울 반대쪽에 있는 자신의 상이지요. 이 상은 우리와 똑같지만, 왼쪽과 오른쪽이 뒤집혀 있습니다.

기하학에서 이야기하는 2차원 대상의 반사도 거울에 비친 사람의 상과 원리가 같습니다. 다만 '거울'은 선이나 점, 심지어는 원이 될 수도 있습니다.

선에 대한 반사

대상을 변환할 때 변환의 결과를 **상**이라고 부릅니다. 이 그림에서 점 A'는 수직선에 반사된 점 A의 상입니다. 점이 선에 반사될 때 상(반사된 대상)은 선으로부터의 수직 거리가 같지만, 선의 반대쪽에 있습니다.

다각형을 선에 반사할 때는 먼저 각 꼭짓점을 반사합니다. 그 뒤 꼭짓점의 상을 이어 다각형의 상을 만듭니다. 이 다각형은 원래의 다각형을 뒤집은 모양입니다.

선 위에 있는 점은 **불변점**입니다. 이 점의 상은 원래의 점과 위치가 같습니다.

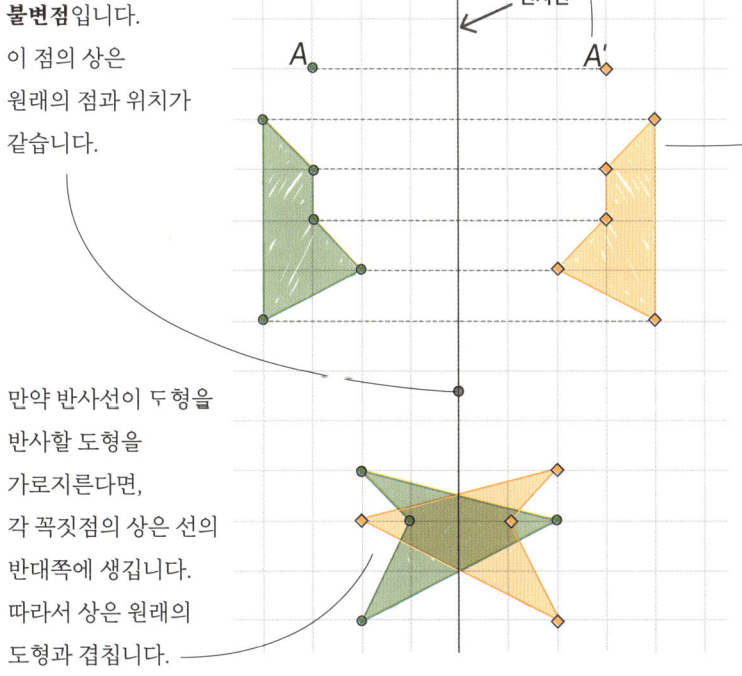

만약 반사선이 두 형을 반사할 도형을 가로지른다면, 각 꼭짓점의 상은 선의 반대쪽에 생깁니다. 따라서 상은 원래의 도형과 겹칩니다.

변환의 **역**은 상을 원래의 대상으로 사상하는 변환입니다. 반사는 자기 자신의 역입니다. 반사된 상을 똑같은 선에 반사한다면 도로 원래의 도형이 된다는 뜻입니다.

점에 대한 반사

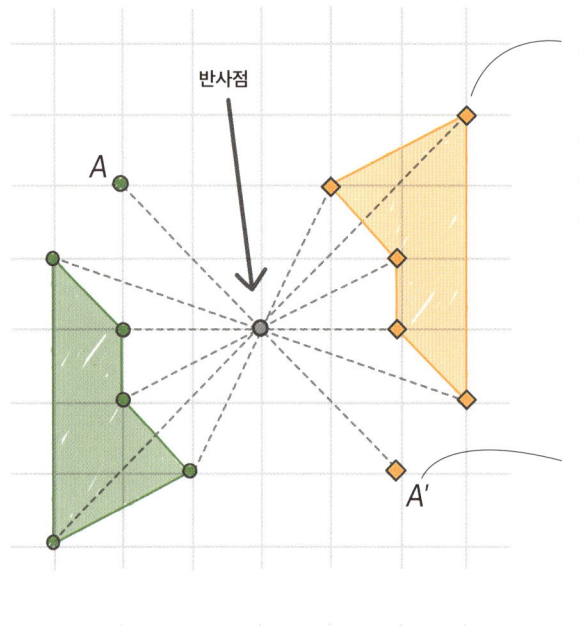

도형을 점에 대해 반사하면 좌우로 뒤집고 다시 위아래로 뒤집은 효과가 생깁니다. 이 상은 원래 도형의 회전(124쪽 참고)입니다. 또한, 이것은 축척비율이 −1인 확대(126쪽 참고)와 같습니다.

점을 점에 대해 반사하면 상은 반사점으로부터의 거리가 원래의 점과 같으며, 원래의 점과 반사점을 지나는 직선 위에 있습니다.

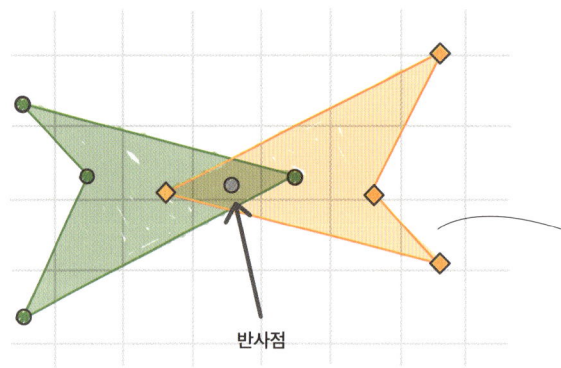

선에 대한 반사와 마찬가지로 반사점이 원래 도형 위에 있으면 상과 원래의 도형은 겹칩니다.

원에 대한 반사

원 반전은 원에 대한 반사로 생기는 변환입니다. 상이 원래의 도형과 똑같아 보이는 선이나 점에 대한 반사와 달리 원 반전은 놀라운 변화를 일으킵니다.

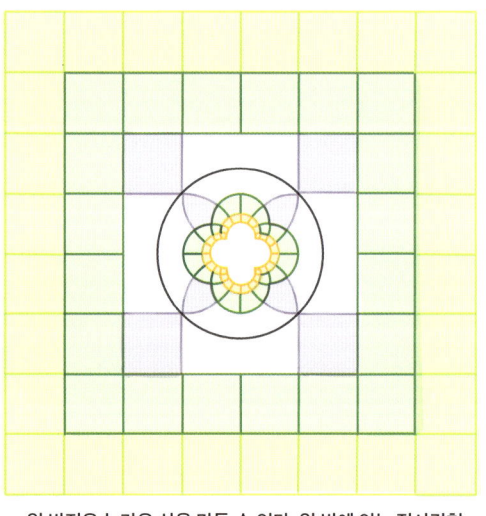

원 반전은 놀라운 상을 만들 수 있다. 원 밖에 있는 정사각형 격자의 상은 원 안에 있는 꽃 모양의 도형이 된다.

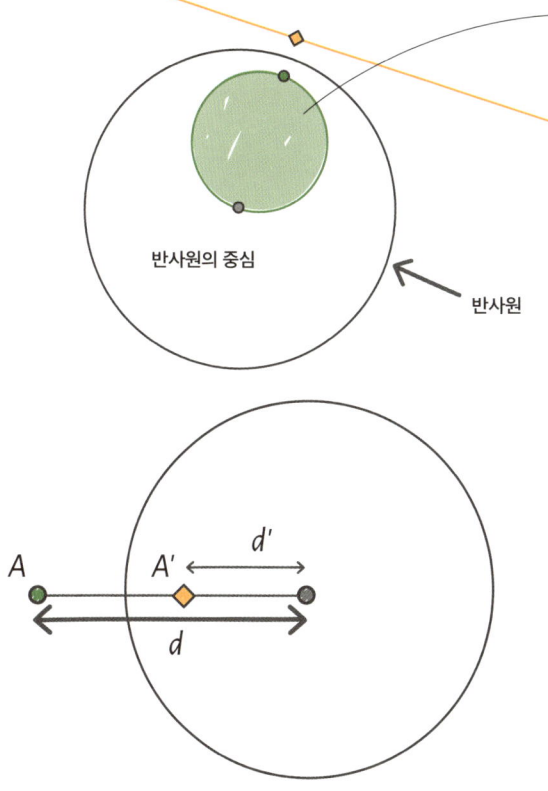

반사원의 중심을 지나는 원의 상은 양방향으로 무한히 뻗어 나가는 직선입니다. 일반적으로 점이 반사원의 중심에 가까울수록 상은 더 멀어집니다.

원 반전 아래서 곡선은 직선이 되고, 직선은 곡선이 됩니다. 이 정사각형의 각 변은 상이 반원입니다. 정사각형 내부의 점은 반원 네 개에 둘러싸인 영역 밖의 점으로 사상됩니다. 정사각형 내부의 상은 사방으로 무한히 뻗어 나가는 영역입니다.

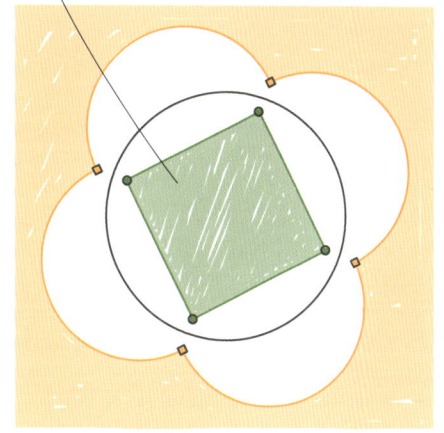

만약 반사원의 중심으로부터 어떤 원의 거리가 d라면, 그 점의 상과 반사원의 중심 사이의 거리 d'는 $\frac{r^2}{d'}$입니다. 여기서 r은 원의 반지름입니다.
반사원의 지름이 1이라고 하면,

- 중심으로부터의 거리가 1인(원의 둘레 위에 있는) 점의 상은 거리가 $\frac{1^2}{1}=1$입니다. 따라서 원둘레 위의 점은 불변점입니다.

- 중심으로부터의 거리가 0.5인 점의 상은 거리가 $\frac{1^2}{0.5}=2$(원의 바깥)입니다.

- 중심으로부터의 거리가 0인 점의 상은 $\frac{1^2}{0}$입니다. 0으로 나누는 것은 정의할 수 없으므로 중심점의 상 역시 정의할 수 없습니다.

만약 원래의 도형이 원의 내부에 있다면 상은 원의 바깥쪽에 생기며 원래 도형보다 큽니다. 만약 원래의 도형이 원의 바깥에 있다면 상은 원의 안쪽에 생기며 원래 도형보다 작습니다.

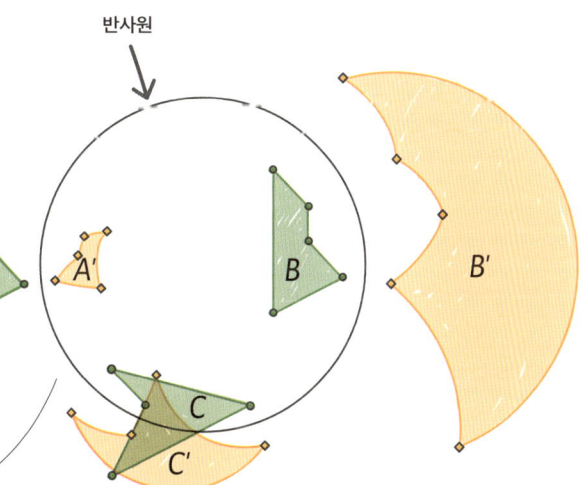

회전

회전은 **회전중심**이라고 불리는 어떤 점을 중심으로 일정한 각도만큼 도형을 돌리는 변환입니다.
회전중심은 돌아가는 도형의 안 또는 밖에 있을 수 있습니다.

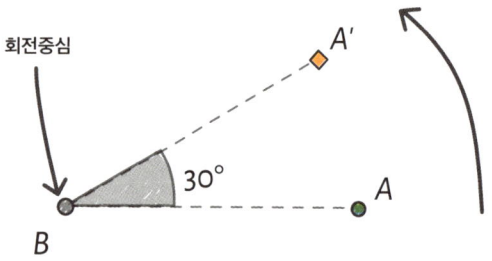

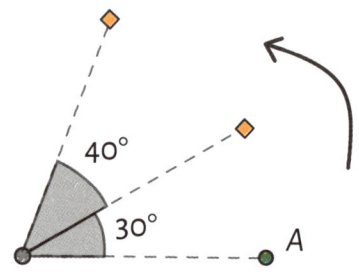

점 A'는 점 A를 점 B를 중심으로 반시계 방향으로 30도 회전한 상입니다. 회전의 역은 같은 점을 중심으로 반대 방향으로 같은 각도만큼 회전하는 것입니다. 따라서 점 A는 점 B를 중심으로 점 A'를 시계 방향으로 30도 회전한 상입니다.

두 회전을 결합해 순서대로 수행할 수 있습니다. 예를 들어, 똑같은 점을 중심으로 30도 회전한 뒤 40도 회전하면 70도 회전한 것과 같습니다.

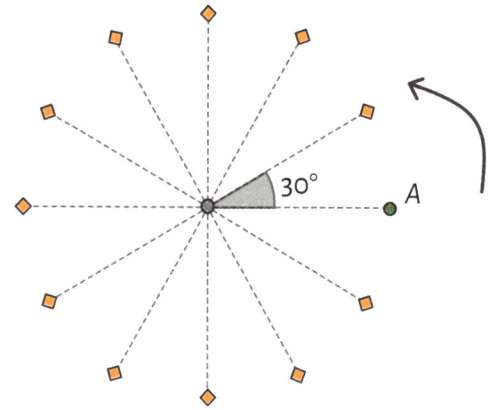

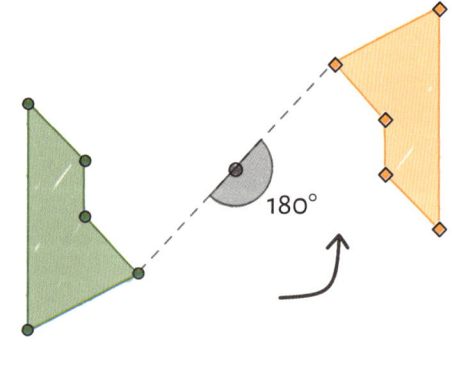

360도가 회전각으로 나누어떨어지면 몇 번 회전한 뒤 결국 다시 원래 도형으로 돌아옵니다. 예를 들어, 점 A를 30도씩 12번 회전하면 원래 있던 곳으로 돌아오게 됩니다.

180도 회전은 회전중심점에 대한 반사(122쪽 참고) 또는 축척비율이 −1인 확대(126쪽 참고)와 같습니다.

어떤 도형을 회전하면 그 상은 원래의 도형과 합동(131쪽 참고)이지만, 방향이 다릅니다.

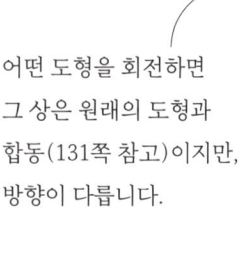
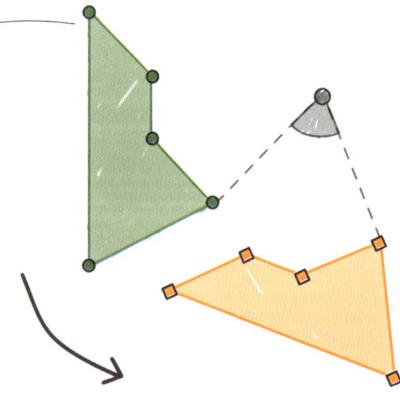
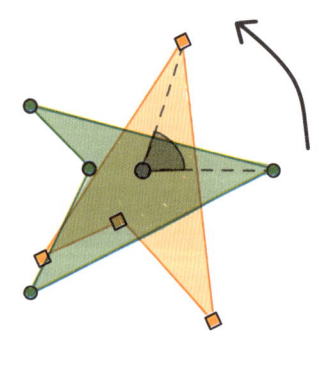

평행이동

평행이동은 대상의 크기나 모양, 방향을 바꾸지 않은 채 움직이는 것입니다. 흔히 **벡터**를 이용해 평행이동을 구체적으로 나타내지요. 벡터는 대상이 서로 수직인 두(또는 그 이상의) 방향으로 얼마나 움직여야 하는지를 알려줍니다.

벡터는 데카르트 좌표(109쪽)와 비슷해 보입니다. 두 수로 이루어져 있으며, 각각은 서로 수직인 두 방향으로 움직이는 거리를 나타냅니다. 벡터는 괄호를 이용해 나타내며, 한 수를 다른 수 위에 씁니다. $\binom{x}{y}$는 x축에 평행하게 x단위를 움직이고, y축에 평행하게 y단위를 움직인다는 뜻입니다.

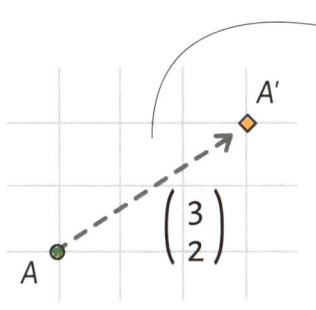

A'는 점 A를 $\binom{3}{2}$ 평행이동한 상입니다.

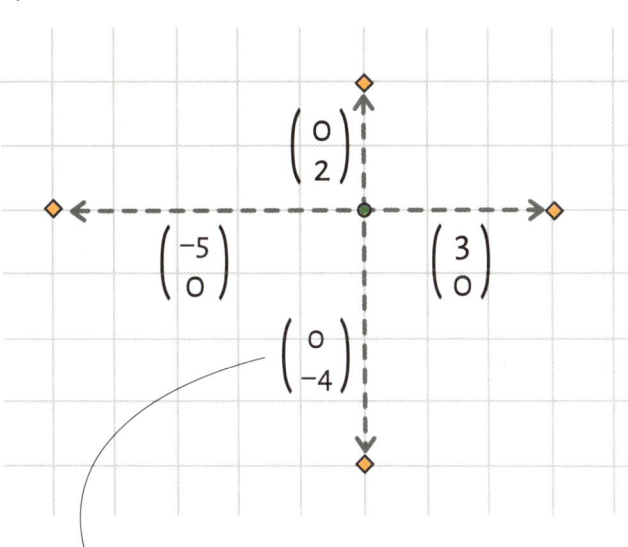

벡터의 x 성분이 양수면, 오른쪽으로 평행이동하고 음수면 왼쪽으로 평행이동합니다. y 성분이 양수면 위쪽으로 평행이동하고, 음수면 아래쪽으로 평행이동합니다.

다각형을 평행이동할 때는 각 꼭짓점을 평행이동합니다. 그리고 꼭짓점 사이를 원래의 다각형과 같은 방식으로 연결합니다. 새로운 위치에 생긴 상은 원래 도형과 합동(131쪽 참고)입니다. 평행이동에는 불변점이 없습니다.

두 벡터는 x 성분과 y 성분을 각각 더해 합성할 수 있습니다. $\binom{-1}{2}$ 평행이동을 두 번 하는 건 $\binom{(-1)+(-1)}{4+4} = \binom{-2}{8}$ 평행이동과 같습니다.

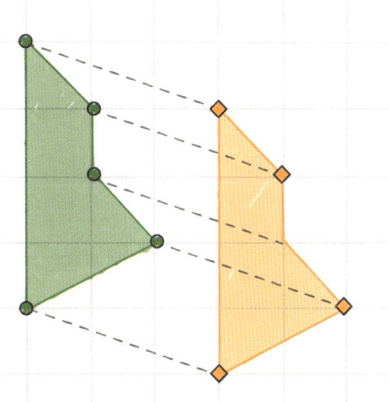

확대

확대는 어떤 도형을 모양은 같지만 더 크거나 작은 도형으로 사상하는 변환입니다.
축척비율은 상이 얼마나 크거나 작은지를 알려주며, **확대중심**은 상이 원래의 도형에 대해 어디에 위치하는지를 정의합니다.

만약 확대 축척비율 k가 1보다 크면 상은 원래의 도형보다 큽니다. k가 0과 1 사이라면 상은 작아집니다. 상의 각은 원래 도형의 각과 같은 크기를 유지하고, 변의 길이는 확대 축척비율에 따라 달라집니다. 따라서 원래 변의 길이가 3이라면, 상에 있는 대응하는 변의 길이는 $3k$가 됩니다.

도형의 넓이는 축척비율의 제곱에 따라 달라집니다. 원래 넓이가 3이라면, 상의 넓이는 $3k^2$이 됩니다. 닮은 도형에 관해 살펴볼 때(133쪽 참고) 넓이의 축척비율에 관해 더 자세히 알아보겠습니다.

확대중심으로부터 거리 d만큼 떨어져 있는 원래 도형의 점은 확대중심으로부터 같은 방향으로 kd만큼 떨어져 있는 점으로 사상됩니다. 확대 변환은 원래 도형과 수학적으로 닮은(133쪽 참고) 대상을 만들어냅니다.

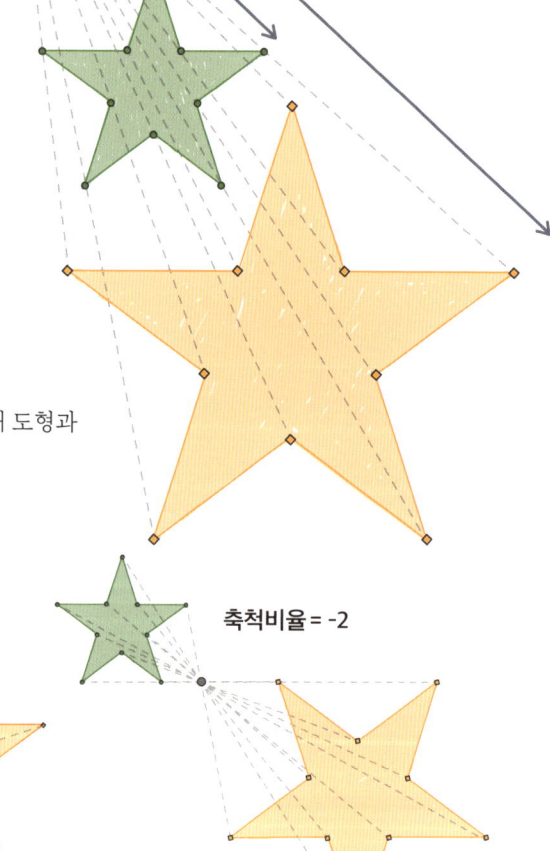

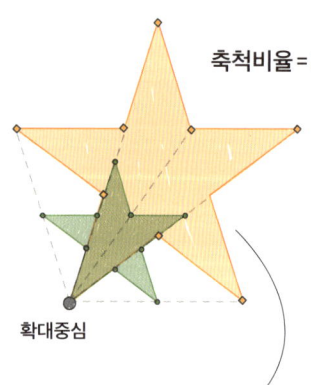

확대중심이 도형 위에 있는 점이라면, 그 점은 원래와 똑같은 위치로 사상됩니다. 그리고 도형과 상은 겹칩니다.

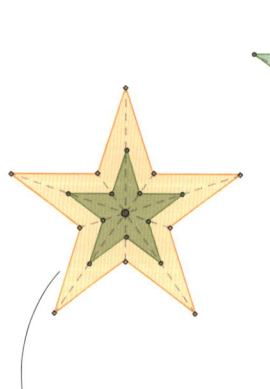

만약 확대중심이 도형의 중심점이라면, 상은 원래 도형과 똑같은 중심을 갖게 됩니다.

만약 축척비율이 음수라면, 상은 확대중심의 반대쪽에 원래 도형을 위아래로 뒤집은 모습이 됩니다. 축척비율이 −1인 확대는 점에 대한 반사 또는 180도 회전과 같습니다.

대칭

대칭은 변환 후에도 변하지 않는 성질을 말합니다. 나비나 꽃, 눈 결정 같은 여러 자연물에서도 대칭을 찾을 수 있습니다. 사람이 만든 물건도 마찬가지인데요, 흔히 대칭적인 디자인을 아름답다고 느낍니다.

121쪽에서 살펴보았듯이, 변환 후에도 변하지 않는 점을 불변점이라고 합니다. 만약 전체 도형이 변하지 않고(**불변**) 그대로라면, 그 도형은 그 변환에 대해 대칭입니다.

반사와 회전 대칭

반사 대칭인 도형은 **대칭축**이 한 개 이상 있습니다. 만약 도형이 이런 축에 반사되면 모양이 변하지 않습니다.

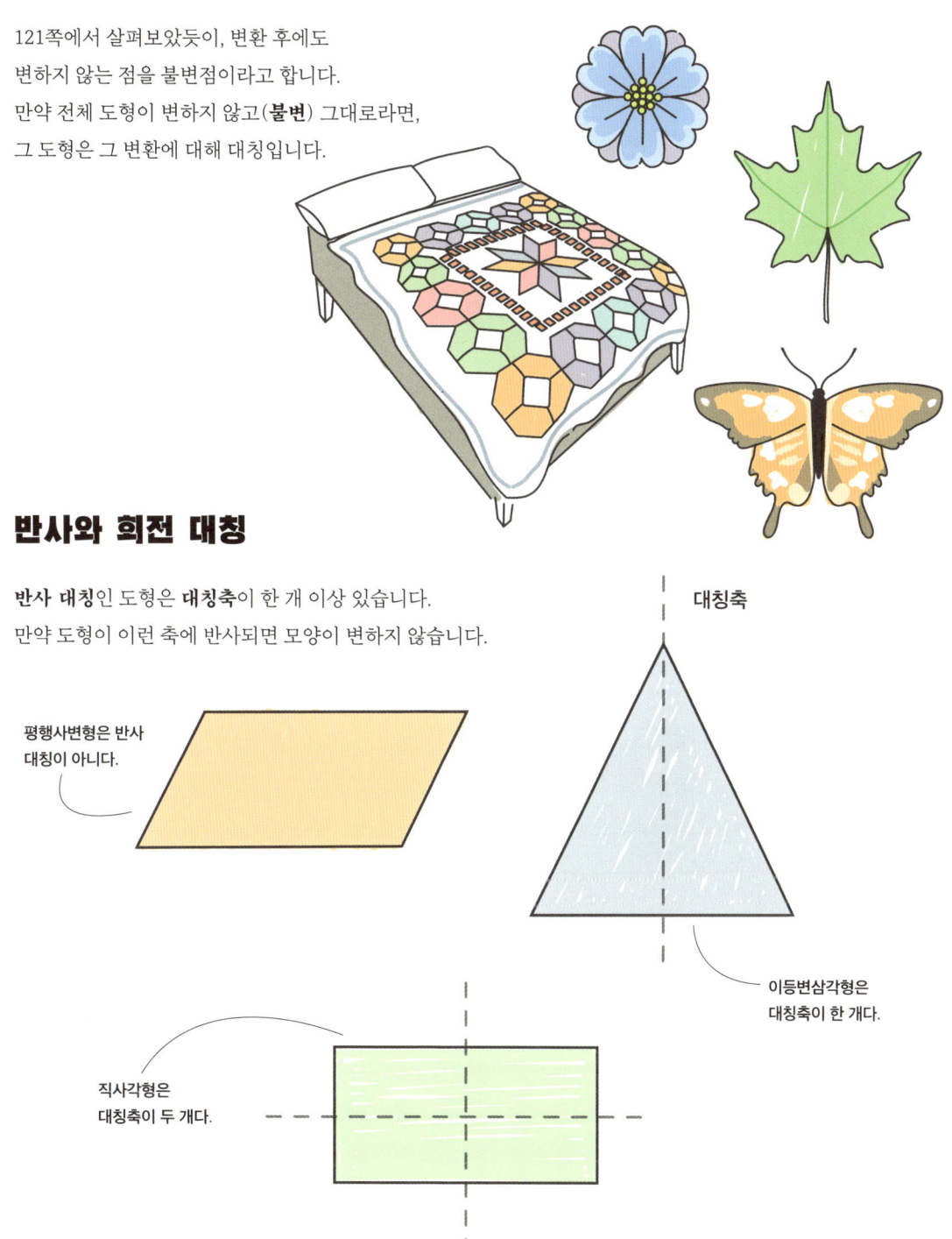

평행사변형은 반사 대칭이 아니다.

대칭축

이등변삼각형은 대칭축이 한 개다.

직사각형은 대칭축이 두 개다.

회전한 뒤에도 변하지 않는 도형은 **회전 대칭**입니다. 회전 차수는 완전히 한 바퀴를 돌아 똑같이 보이게 되는 회전수를 나타냅니다. 회전 차수가 1이라면 360도 회전해야 똑같아진다는 뜻입니다. 사실상 회전 대칭이 아니라는 소리지요.

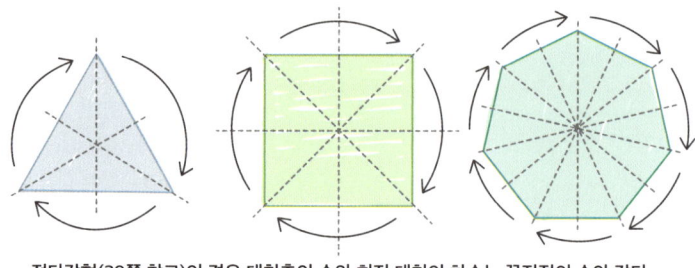

정다각형(29쪽 참고)의 경우 대칭축의 수와 회전 대칭의 차수는 꼭짓점의 수와 같다.

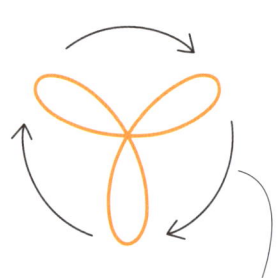

원은 대칭축이 무한히 많습니다. 어느 지름에 대해 반사해도 불변입니다. 회전 차수 역시 무한합니다. 중심점 주위로 어느 각만큼 회전해도 불변입니다.

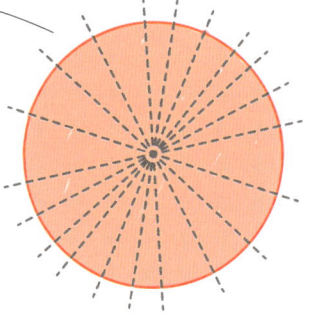

꽃잎이 세 개인 꽃 곡선(116쪽 참고)은 차수가 3인 회전 대칭입니다. 120도, 240도, 360도 회전할 때 불변입니다.

평행이동 대칭과 미끄럼 대칭

평행이동 후에 변화가 없는 도형은 **평행이동 대칭**입니다. 똑같은 문양이 사방으로 계속 반복되는 벽지나 포장지에서 미끄럼 대칭을 볼 수 있습니다.

3장에서 본 주기적 쪽매맞춤(55쪽 참고)은 모두 평행이동 대칭입니다. 전체를 들어서 옮긴 뒤 내려놓아도 완전히 원래와 똑같아 보입니다.

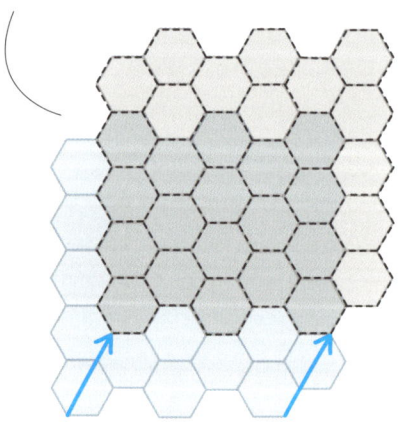

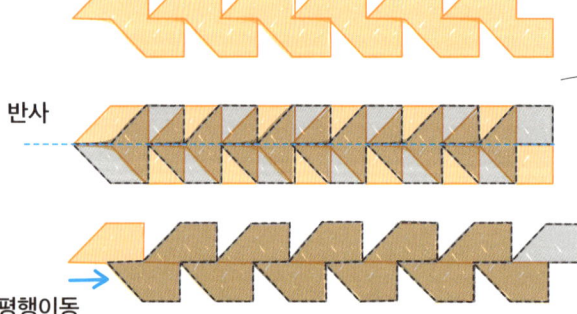

미끄럼 대칭은 반사 대칭과 평행이동 대칭 이후에 똑같아 보이는 것을 말합니다. 즉, 어떤 도형을 반사한 뒤 그 상을 평행이동하면 똑같아 보입니다.

대칭군

어떤 도형의 **대칭군**은 그 도형이 불변인 모든 변환의 집합을 말합니다. 여기에 속한 변환을 '그 도형의 대칭'이라고 부릅니다. 이 집합은 수학에서 말하는 군을 이룹니다. 이것은 다음과 같은 의미를 갖습니다.

- 군에 속한 두 대칭을 결합하면 그 군의 다른 대칭과 똑같습니다.
- 아무 효과가 없는 항등대칭이 있습니다.

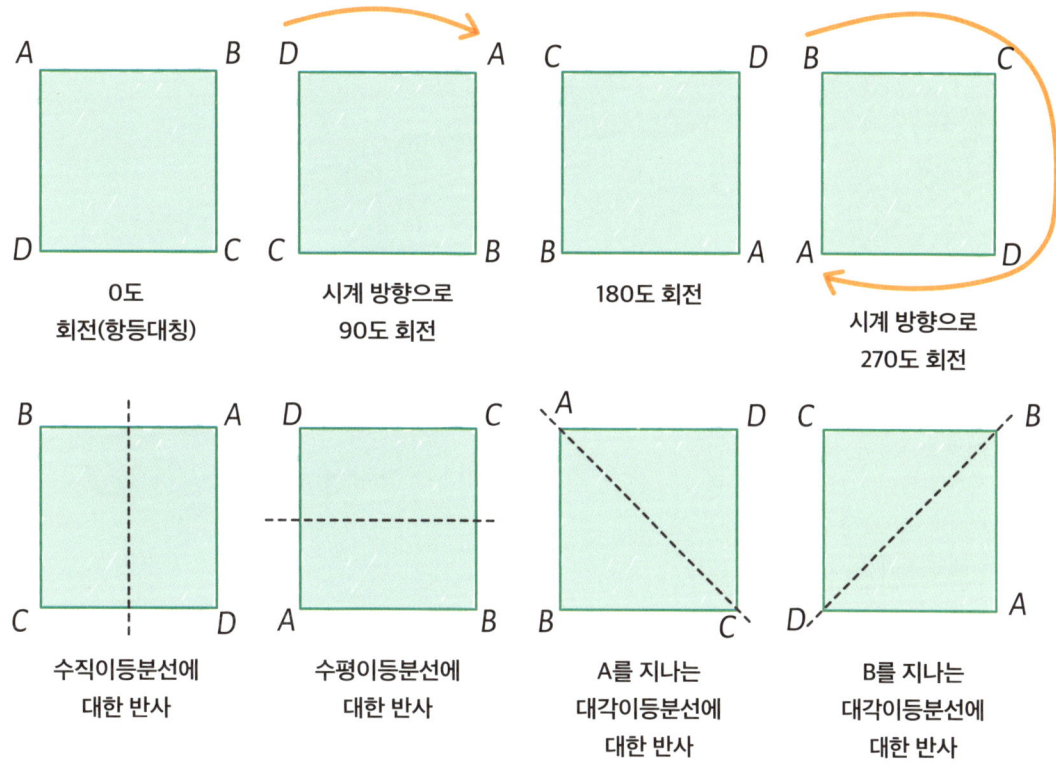

정사각형의 대칭군에는 여덟 가지 변환이 있습니다. 회전 네 가지와 반사 네 가지입니다. 각 꼭짓점을 A, B, C, D라고 정하면, 각 변환의 효과를 볼 수 있습니다. 예를 들어, 90도 회전은 각 꼭짓점이 오른쪽으로 하나씩 이동합니다. 0도(또는 360도) 회전은 모든 꼭짓점이 제자리에 있게 되므로 항등대칭입니다.

이 대칭 중 어느 것을 서로 결합해도 위에 나타난 여덟 가지 꼭짓점 구성 중 하나가 나옵니다. 예를 들어, 수평이등분선(정사각형을 수평으로 절반으로 자르는 직선)에 대해 반사한 뒤 시계 방향으로 90도 회전한 결과는 점 A를 지나는 대각이등분선에 반사한 것과 같습니다.

대칭군은 수학의 여러 분야에 중요하며, 바탕이 되는 개념은 기하학적인 분야뿐만 아니라 추상적인 분야에도 적용됩니다. 연관성이 뚜렷이 보이지 않는 여러 수학 분야 사이의 연관성을 볼 수 있게 해주며, 특정 대칭군이 있는 한 대상에 적용되는 정리(169쪽 참고)는 같은 대칭군을 가진 다른 수학 분야의 대상에도 사용 가능할 수 있습니다.

프리즈 대칭

프리즈는 벽지의 가장자리에서 흔히 볼 수 있는 한 방향으로 반복되는 패턴을 말합니다.

프리즈 패턴이 가질 수 있는 가능한 대칭은 일곱 가지가 있습니다. 수학자 존 콘웨이는 발자국과 발자국으로 패턴을 만드는 데 필요한 동작을 이용해 각각을 시각화했습니다.

외발뛰기: 이 프리즈 패턴은 평행이동 대칭이다.

걷기: 이 프리즈 패턴은 미끄럼 대칭과 평행이동 대칭이다.

옆걸음: 이 프리즈 패턴은 수직축에 대해 반사 대칭이고 평행이동 대칭이다.

돌면서 외발뛰기: 이 프리즈 패턴은 180도 회전 대칭이고 평행이동 대칭이다.

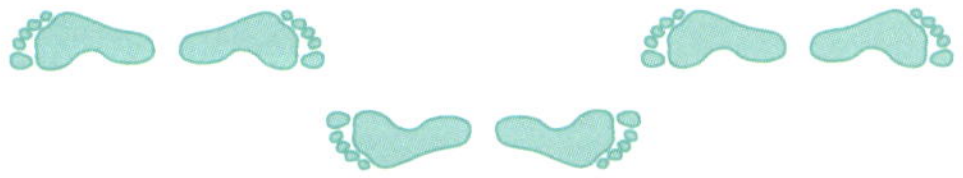

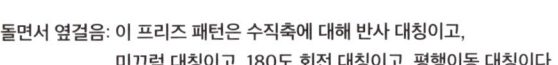

돌면서 옆걸음: 이 프리즈 패턴은 수직축에 대해 반사 대칭이고, 미끄럼 대칭이고, 180도 회전 대칭이고, 평행이동 대칭이다.

뛰기: 이 프리즈 패턴은 수평축에 대해 반사 대칭이고, 미끄럼 대칭이고, 평행이동 대칭이다.

돌면서 뛰기: 이 프리즈 패턴은 수평과 수직축에 반사 대칭이고, 미끄럼 대칭이고, 180도 회전 대칭이고, 평행이동 대칭이다.

합동과 닮음

두 도형이 서로 완전히 똑같으면 **합동**입니다. 한 도형을 다른 도형 위에 올려놓으면 모든 점에서 일치합니다.
한 도형이 다른 도형의 확대일 경우에는 두 도형이 서로 **닮음**입니다.
각은 똑같고, 변의 길이(혹은 반지름이나 원둘레 같은 다른 수치)는 비율이 같습니다.

합동

변의 길이와 각이 완전히 같다면 두 도형은 합동입니다. 둘을 구별할 수 있는 방법은 위치나 색, 이름표 등밖에 없습니다. 입고 있는 옷의 색으로밖에 일란성 쌍둥이를 구별할 수 없는 것과 같습니다.

평행이동과 선이나 점에 대한 반사, 회전 모두 원래 도형과 합동인 상을 만듭니다. 여기서 합동에 관한 좀 더 공식적인 정의가 나옵니다. 평행이동과 반사, 회전의 조합으로 변환할 때 한 도형을 다른 도형으로 사상할 수 있다면 두 도형은 합동입니다. 거리와 각을 똑같이 유지하는 변환을 **등거리변환**이라고 부릅니다.

합동인 다각형은 변의 길이와 각의 크기가 똑같으며 순서도 똑같습니다.

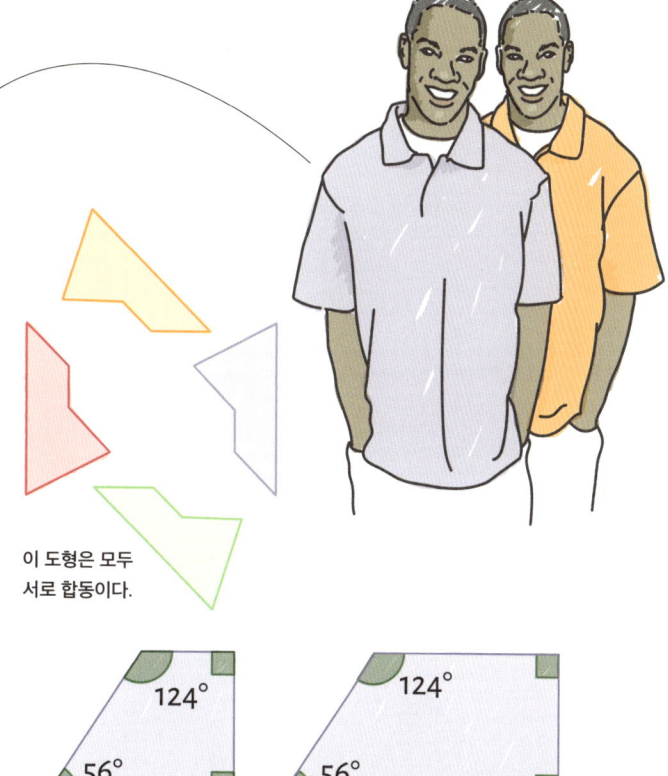

이 도형은 모두 서로 합동이다.

이 두 도형은 각이 똑같지만 변의 길이가 달라 합동이 아닙니다.

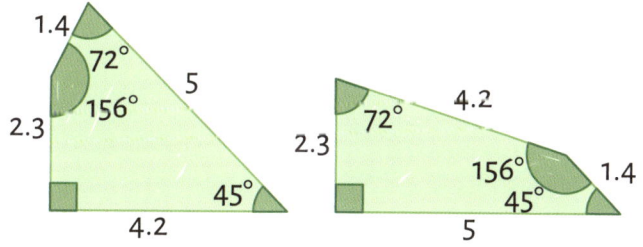

이 두 도형은 변의 길이와 각의 크기가 똑같습니다. 하지만 각과 변의 순서가 달라 합동이 아닙니다. 예를 들어, 왼쪽 도형에서 45도인 각은 길이가 5와 4.2인 변의 사이에 있습니다. 하지만 오른쪽 도형에서는 45도인 각이 변의 길이가 5와 1.4인 변의 사이에 있습니다.

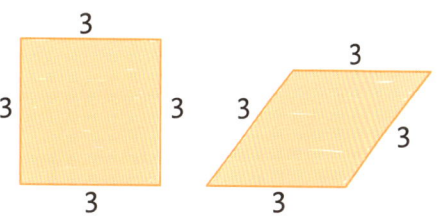

이 두 도형은 변의 길이가 모두 같지만, 각이 다릅니다. 따라서 합동이 아닙니다.

삼각형의 합동

변의 길이와 각의 크기를 모두 알지 않아도 두 삼각형이 합동인지 알아낼 수 있습니다. 모두 네 가지 법칙을 사용할 수 있습니다.

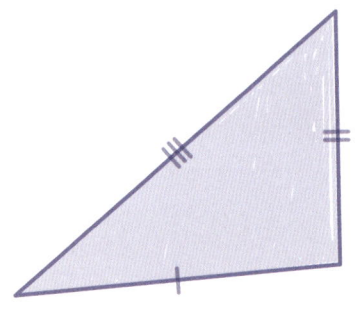

변-변-변(SSS합동): 한 삼각형의 세 변의 길이가 다른 삼각형의 세 변의 길이와 같다면, 두 삼각형은 합동입니다. 변의 길이가 같으면 각의 크기가 같기 때문입니다. 이것은 오로지 삼각형에만 해당합니다. 다른 다각형은 그렇지 않습니다.

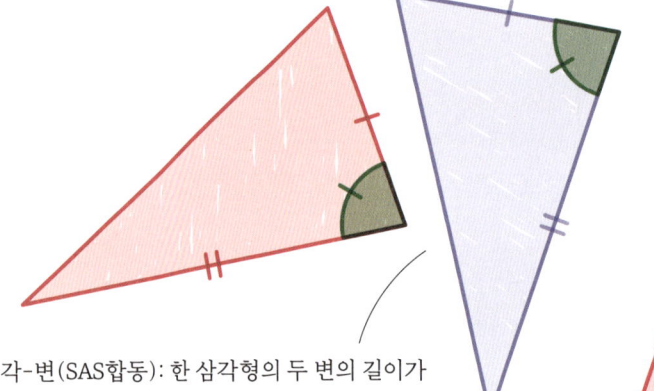

변-각-변(SAS합동): 한 삼각형의 두 변의 길이가 다른 삼각형의 두 변의 길이와 같고 그 두 변 사잇각의 크기가 같다면, 두 삼각형은 합동입니다.

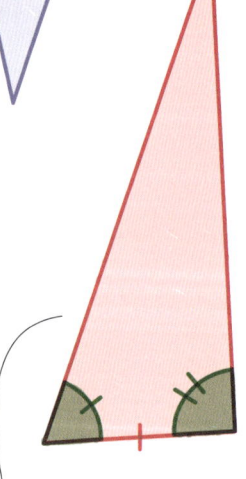

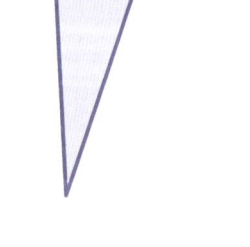

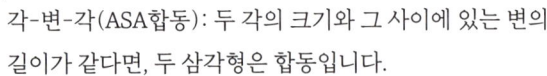

각-변-각(ASA합동): 두 각의 크기와 그 사이에 있는 변의 길이가 같다면, 두 삼각형은 합동입니다.

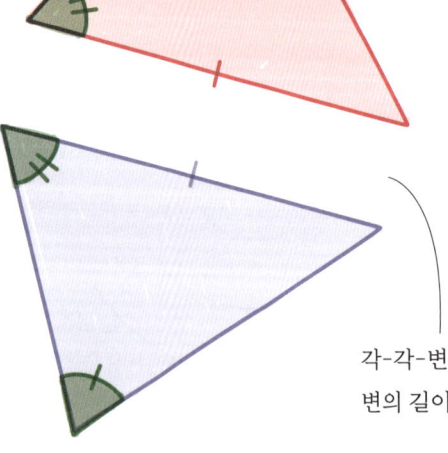

각-각-변(AAS합동): 두 각과 그 사이에 있지 않은 한 변의 길이가 같다면, 두 삼각형은 합동입니다.

닮음

일상생활에서 '닮았다'라는 말을 한다면, 그건 두 물체가 비슷하게 생겼다는 뜻입니다. 사과나무나 배나무 모두 씨앗이 있는 단단한 과일이 열리니까 서로 닮았다고 말하곤 합니다. 수학에서 말하는 **닮음**에는 좀 더 정확한 의미가 있습니다. 만약 두 도형이 서로 닮았다면, 한 도형은 다른 도형을 확대(126쪽 참고)한 것입니다. 닮은 도형은 서로 대응하는 변과 각이 있습니다. 서로 짝을 이루는 각과 변을 말합니다. 대응변은 똑같은 각 사이에 있는 변이고, 대응각은 똑같은 변의 사이에 있는 각입니다.

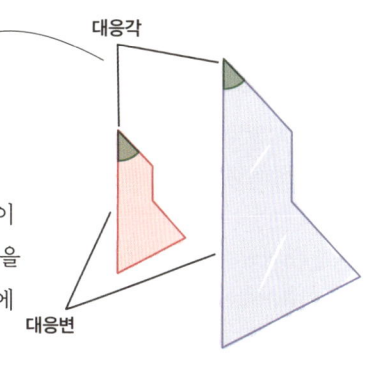

이 두 사람은 닮았지만, 수학적으로 닮은 건 아니다.

닮은 도형의 각은 크기가 같습니다. 그리고 대응변은 비율이 일정합니다. 한 도형에 있는 각 변의 길이를 다른 도형에 있는 각 대응변의 길이로 나누면 값이 항상 똑같다는 뜻입니다. 예를 들어 축척비율이 2일 경우 더 큰 도형에 있는 각 변의 길이는 작은 도형에 있는 대응변 길이의 두 배가 됩니다.

이 두 사람은 수학적으로 닮았다.

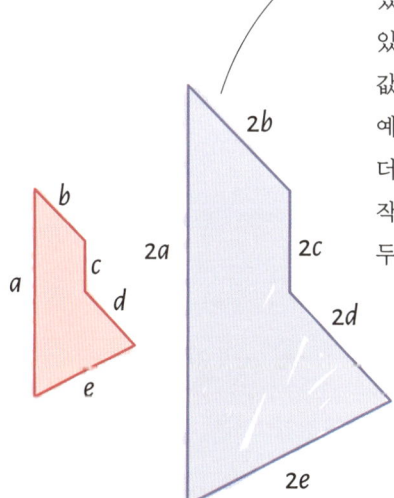

모든 원은 서로 닮음입니다. 모든 정다각형 역시 변의 수가 같은 다른 정다각형과 닮음입니다. 예를 들어 모든 정육각형은 서로 닮음입니다.

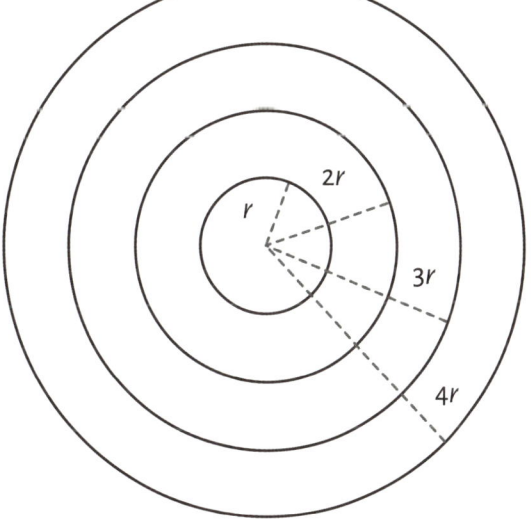

넓이와 부피의 축척비율

넓이의 축척비율

넓이의 축척비율은 도형을 확대할 때 도형의 넓이가 얼마나 커지는지를 알려줍니다. 2차원 도형을 확대할 때 길이의 축척비율이 k라면(즉, 한 도형의 변의 길이에 k를 곱한 값이 다른 도형의 변의 길이가 된다면), 넓이의 축척비율은 k^2입니다. 한 도형의 넓이에 k^2을 곱하면 다른 도형의 넓이가 된다는 뜻입니다.

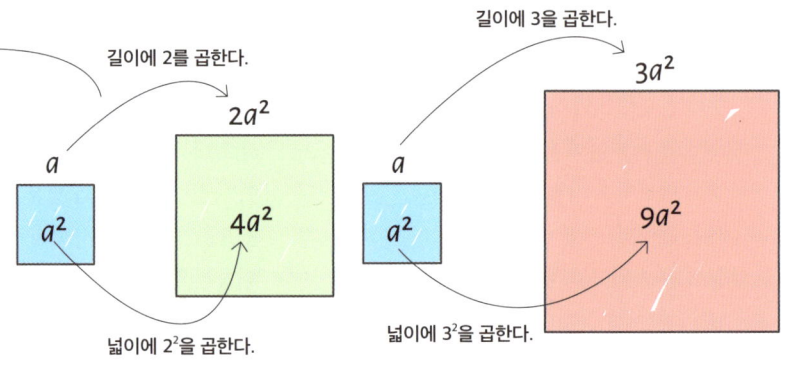

부피의 축척비율

마찬가지로 부피의 축척비율은 도형을 확대할 때 3차원 도형의 부피가 얼마나 커지는지를 알려줍니다. 축척비율이 k일 때 부피의 축척비율은 k^3입니다.

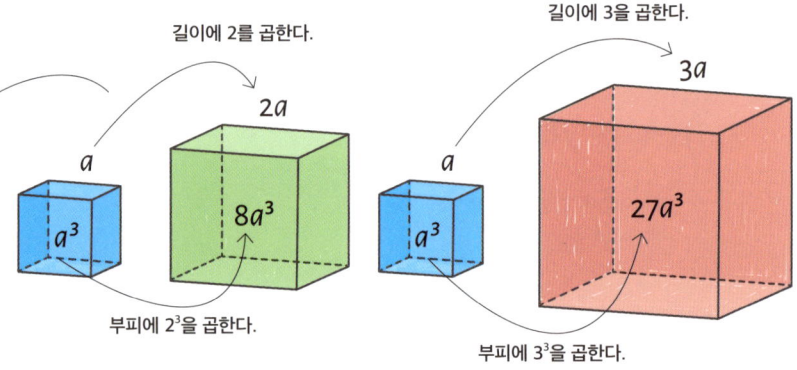

케이크 만드는 그릇을 바꿀 때 이 관계를 기억하면 편리합니다. 우리가 사용하는 그릇의 지름과 높이가 조리법에 쓰여 있는 그릇의 두 배라면, 부피는 여덟 배입니다. 재료의 양을 두 배로만 늘린다면, 납작한 케이크가 나올 거예요! 이럴 때는 부피의 축척비율을 생각해서 재료의 양을 여덟 배로 늘려야 큰 그릇을 가득 채우는 케이크를 만들 수 있습니다.

그릇의 지름이 조리법에 나온 것의 두 배지만, 높이는 똑같다면 어떨까요? 이런 경우에는 넓이의 축척비율을 사용해 재료의 양을 계산하면 됩니다. 재료를 $2^2=4$배 사용하면 되지요. 만약 앞서 그랬던 것처럼 8을 곱한다면 그릇에서 넘쳐 버리고 말 겁니다!

렙타일

자기 자신의 작은 복제본으로 나누어질 수 있는 도형을 렙타일이라고 합니다. 3장에서 우리는 이미 자기 자신의 닮은꼴로 나누어져 비주기적 쪽매맞춤을 만들 수 있는 직각삼각형이라는 렙타일의 사례를 보았지요.

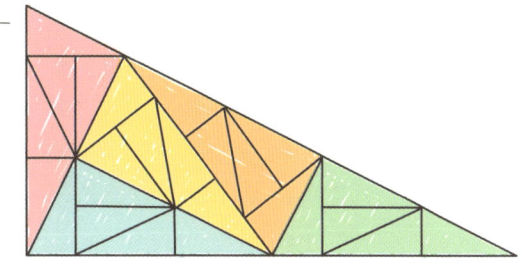

모든 정사각형과 직사각형, 평행사변형, 마름모, 삼각형은 렙타일입니다. 각각은 자기 자신의 닮은꼴 네 개로 나뉠 수 있습니다.

자기 자신의 닮은꼴 두 개로 나뉠 수 있는 직사각형은 표준 종이 크기인 A1, A2 등의 바탕입니다. 각 크기의 더 긴 변은 짧은 변의 $\sqrt{2}$배입니다. 각 크기의 넓이가 다음으로 큰 넓이의 두 배가 된다는 뜻입니다. 넓이의 축척비율이 $(\sqrt{2})^2=2$이기 때문이지요.

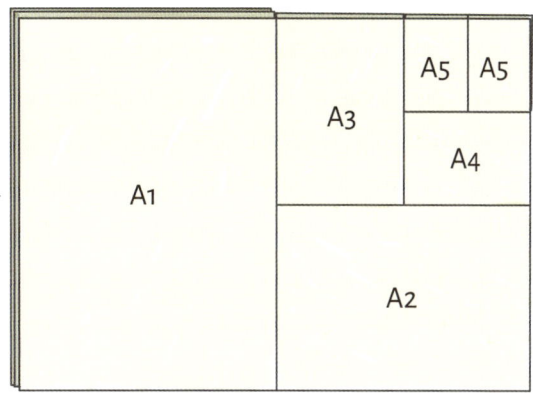

사각형의 렙타일은 많습니다. 하지만 오각형은 매우 드물지요. 오각형 렙타일의 사례로는 작은 닮은꼴 네 개로 나뉘는 스핑크스가 있습니다.

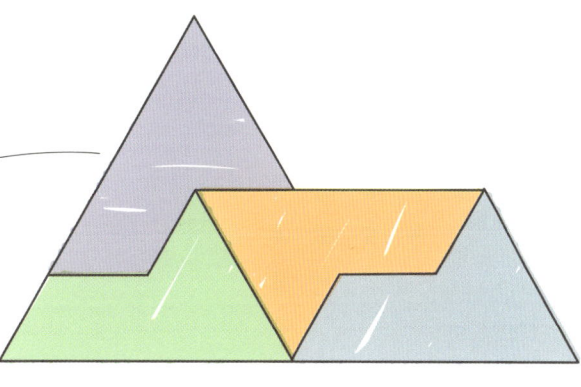

코흐 눈송이는 정삼각형을 시작으로 각 변에 변의 길이가 앞 단계 정삼각형의 3분의 1인 작은 정삼각형을 붙이는 과정을 통해 생기는 도형입니다.

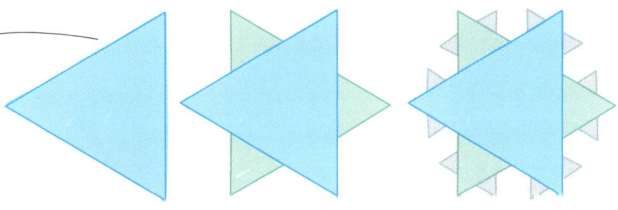

코흐 눈송이를 만드는 첫 세 단계

이 과정을 무한히 반복하면 자기 자신의 복제본 일곱 개로 나눌 수 있는 도형이 생깁니다. 바깥쪽에 작은 복제본 여섯 개가 있고, 안쪽에 좀 더 큰 복제본 한 개가 있는 형태지요. 만약 이 과정을 유한 번만 반복한다면 도형 사이에 빈틈이 생깁니다. 무한히 반복해야만 진정한 렙타일이 됩니다.

프랙털

프랙털은 무한한 수준으로 복잡한 도형입니다. 구름의 형성이나 식물의 성장, 사람의 폐 등 자연 곳곳에서 프랙털 성장이 나타납니다. 프랙털 기하학 연구는 우리가 이런 과정을 더 잘 이해할 수 있게 해줍니다.

프랙털은 똑같은 과정을 계속해서 **되풀이하는 과정**을 통해 생겨납니다. 결과를 다시 입력하는 과정을 되풀이하는 것입니다. 매 단계를 **반복**이라고 부릅니다. 반복이 더 많을수록 형태가 더욱 복잡해집니다. 프랙털을 시각적으로 보여줄 때는 어쩔 수 없이 반복 결과를 제한적으로 보여줄 수밖에 없습니다. 완벽한 프랙털을 만들기 위해서는 무한히 반복해야 하기 때문입니다.

대부분의 프랙털 도형은 어느 정도 수준의 **자기 유사성**이 있습니다. 프랙털 안에 작은 닮은꼴이 있다는 뜻입니다. 프랙털을 확대하면 똑같은 패턴과 형태가 계속해서 반복되는 모습을 볼 수 있습니다.

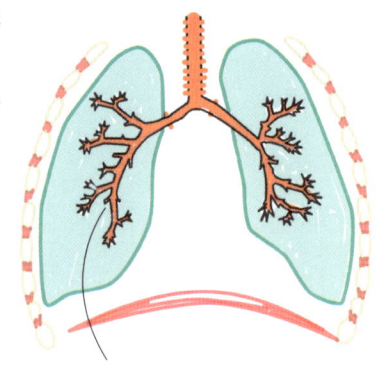

폐의 기관지가 점점 더 작은 모세기관지로 갈라지는 방식은 프랙털 성장의 예시다.

시에르핀스키 삼각형

시에르핀스키 삼각형은 정삼각형으로 만드는 프랙털입니다.
시에르핀스키 삼각형을 만들 때는 정삼각형에서 출발합니다. 세 변의 중점을 이어 크기가 같은 삼각형 네 개로 나눈 뒤 가운데 삼각형을 제거합니다. 남은 세 삼각형을 가지고 이 과정을 반복하면 더 작은 삼각형 아홉 개가 생깁니다. 한 번 더 반복하면 27개가 생기고….

한 번 반복할 때마다 시에르핀스키 삼각형의 넓이는 $\frac{3}{4}$으로 줄어듭니다. 첫 번째 삼각형의 넓이가 1이면, 그다음은 $\frac{3}{4}$, 그다음은 $\frac{9}{16}$…와 같은 식으로 줄어듭니다.

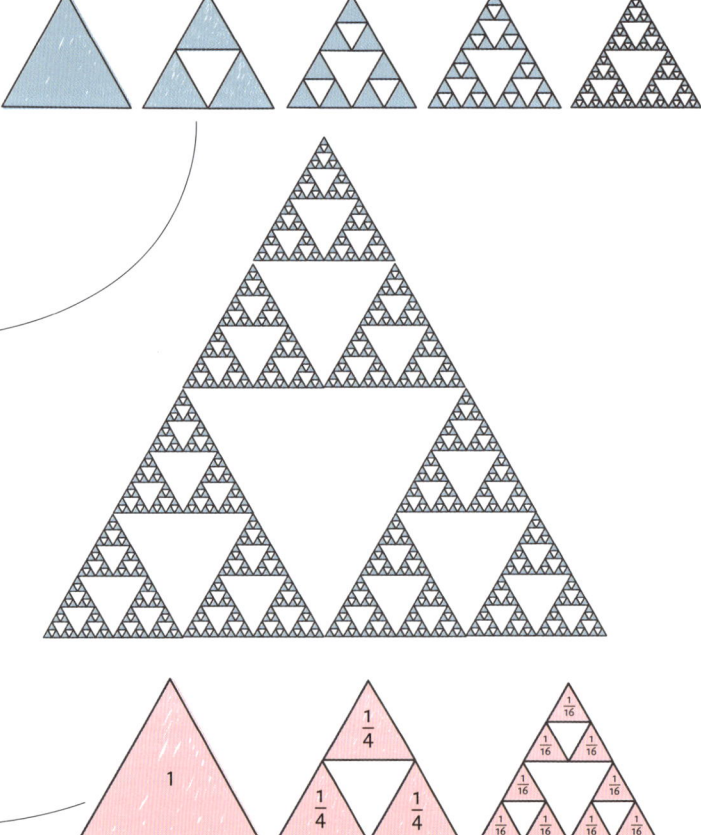

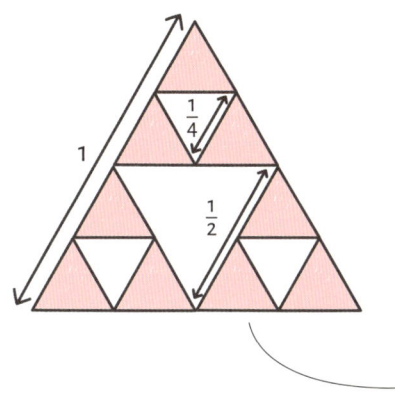

그러나 둘레는 한 번 반복할 때마다 $1\frac{1}{2}$배로 늘어납니다. 만약 원래 삼각형이 한 변의 길이가 1이라면(따라서 둘레는 3), 첫 번째 반복 이후 남은 세 삼각형은 한 변의 길이가 $\frac{1}{2}$입니다. 따라서 전체 둘레는 $3 \times 3 \times \frac{1}{2} = 4\frac{1}{2}$입니다. 두 번 반복 이후에는 둘레가 $6\frac{3}{4}$입니다. 무한히 반복하고 나면 둘레는 무한히 길어집니다. 하지만 넓이는 0입니다. 무한과 관련된 수학 분야에서는 이렇게 역설적으로 보이는 결과가 흔히 나타납니다. 또 다른 사례는 코흐 눈송이(135쪽 참고)입니다. 무한히 반복한 코흐 눈송이의 둘레는 무한합니다. 하지만 넓이는 원래 삼각형의 $\frac{8}{5}$입니다.

프랙털 차원은 프랙털을 확대할 때 세부적인 모양이 얼마나 빨리 나타나는지를 가리키는 수입니다. 각 반복마다 나타나는 닮은 복제본의 수와 앞선 반복과 비교한 복제본의 축척비율을 이용해 계산합니다. 예를 들어 시에르핀스키 삼각형의 각 반복은 앞선 반복의 복제본 세 개를 포함합니다. 축척비율은 $\frac{1}{2}$입니다 (각 복제본은 변의 길이가 앞선 반복에 있던 변의 길이의 절반입니다). 이 도형의 프랙털 차원은 약 1.58입니다.

피타고라스 나무

피타고라스 나무는 정사각형에서 출발하는 프랙털입니다. 첫 번째 반복에서 작은 정사각형 두 개가 원래 사각형과 45도를 이루며 덧붙여집니다. 그 뒤로 앞선 반복에서 덧붙여진 모든 정사각형에 대해 이 과정이 되풀이됩니다.

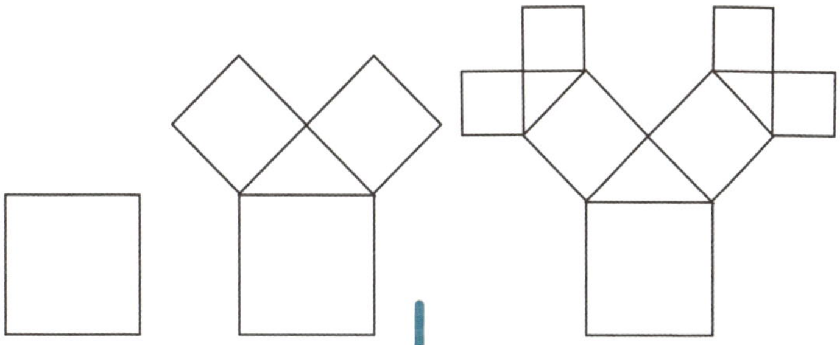

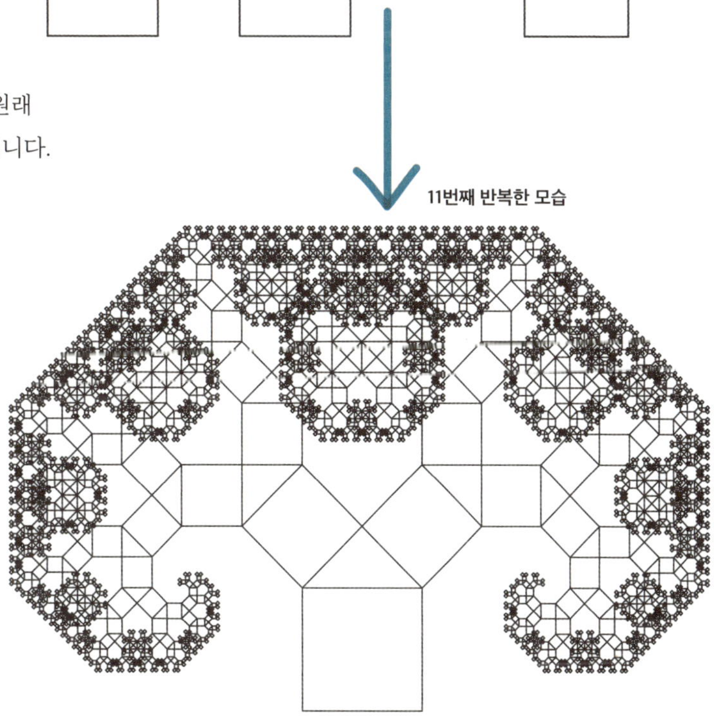

11번째 반복한 모습

✓ 다시 보기

반사

- **변환**: 한 도형의 모든 점을 새로운 위치로 사상하는 과정
- **반사**: 도형을 뒤집어 거울상을 만드는 변환
- **반사선·반사점**: 도형이 반사되는 선 또는 점
- **상**: 변환의 결과
- **역변환**: 상을 다시 원래 도형으로 사상하는 변환
- **불변점**: 변환 후에도 제자리에 있는 점
- **원 반사**: 원에 대한 반사

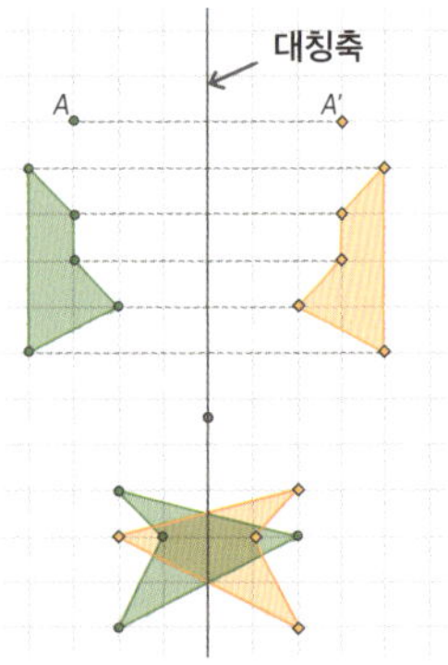

대칭축

변환과 대칭

회전

- **회전**: 임의의 점 주위로 특정 각만큼 도형을 돌리는 변환
- **회전중심**: 도형이 돌아가는 중심점

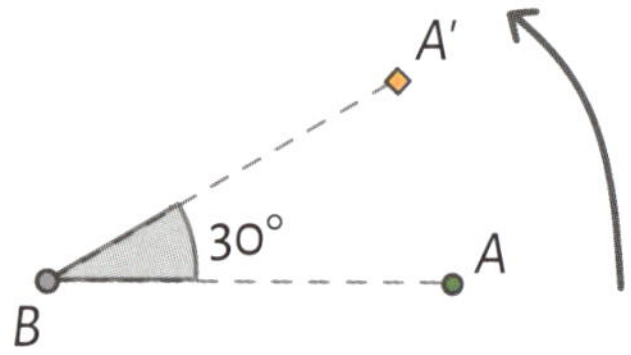

합동과 닮음

- **닮음**: 한 도형이 다른 도형의 확대일 때 두 도형은 닮았다.
- **등거리변환**: 거리와 각을 똑같이 유지하는 변환
- **합동**: 평행이동과 반사, 회전 변환의 조합을 이용해 한 도형을 다른 도형으로 사상할 수 있다면 두 도형은 합동이다.

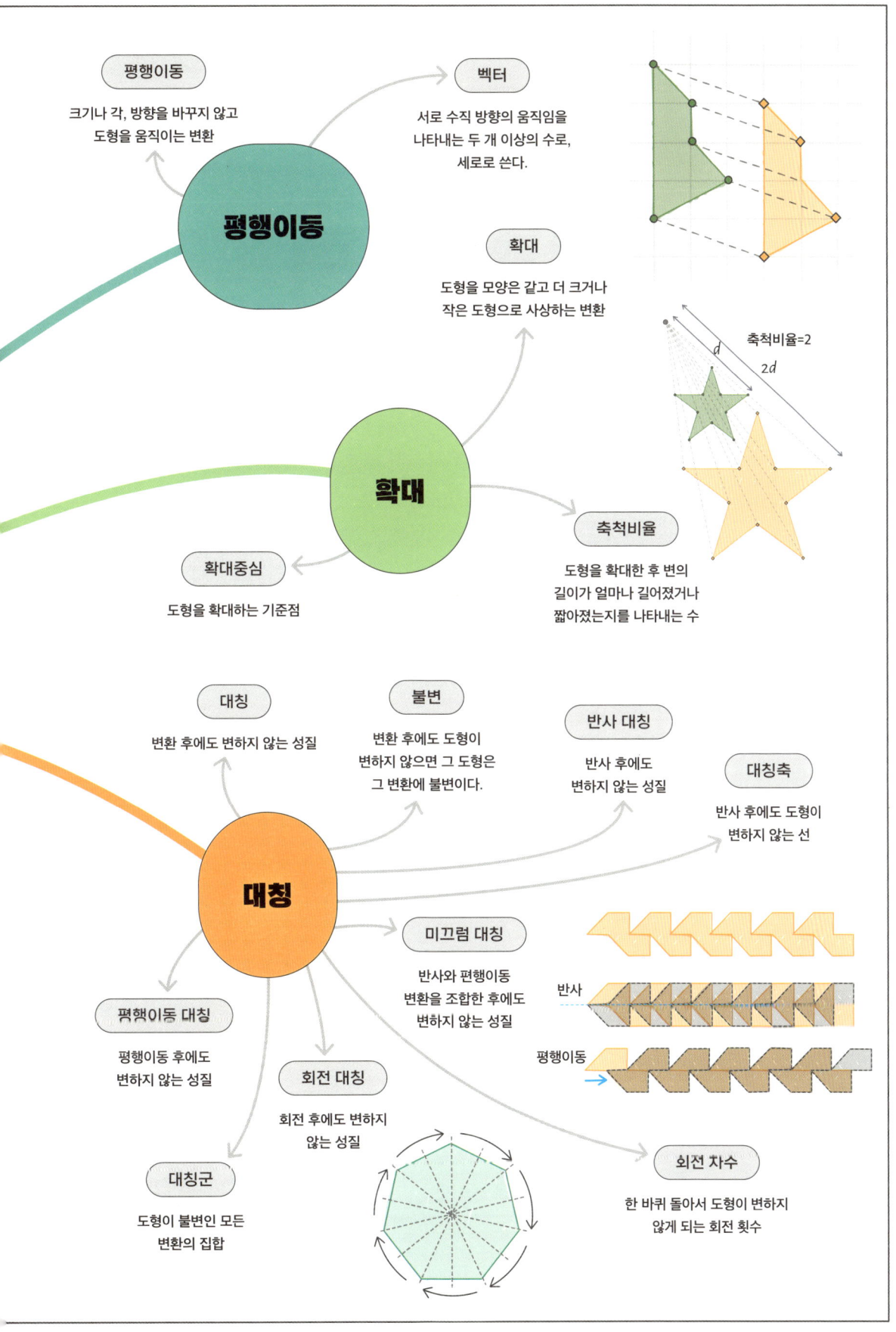

8장

곡선과 곡면

곡선과 곡면의 기하학은 수 세기 동안 수학자를 매혹했습니다. 이 장에서 우리는 다양한 유형의 곡선과 곡면을 훑어볼 예정입니다. 그러는 동안 포물선과 포물선을 가장 유용한 곡선이라고 하는 이유를 알게 될 겁니다. 그리고 직선에서 생겨날 수 있는 놀랍도록 매끄러운 곡면도 살펴보게 됩니다. 가우스 곡률과 지구의 곡면을 사상한다는 게 무슨 뜻인지도 배울 수 있습니다. 마지막으로 생소한 비유클리드 기하학에 관해서도 알아보겠습니다.

곡선과 곡면이란 무엇인가?

2차원과 3차원의 도형에 관해 알아볼 때 이미 우리는 곡선과 곡면의 사례를 보았습니다. 원과 타원은 곡선의 사례이고, 구는 곡면의 사례입니다. 하지만 곡선과 곡면의 기하학은 이런 기본적인 도형보다 훨씬 멀리 나아갑니다.

곡선은 점이 움직이는 궤적으로 생각할 수 있습니다. 곡선은 1차원 공간으로, 곡선 위에 있을 때는 곡선을 따라 앞이나 뒤 둘 중 한 방향으로만 움직일 수 있다는 뜻입니다. 곡선은 곡면 위에 존재합니다. 곡면은 평평한 곡면(평면)일 수도 있고, 좀 더 복잡한 면일 수도 있습니다.

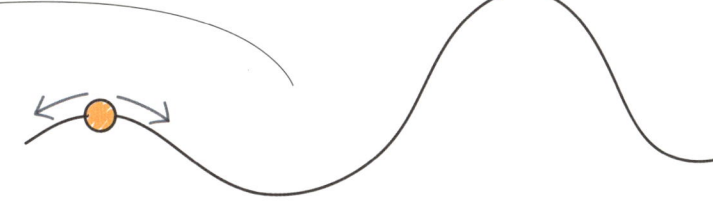

점은 곡선을 따라 앞이나 뒤로 움직일 수 있다. 다른 방향으로 움직이는 점은 곡선에서 벗어나게 된다.

곡면은 2차원 공간입니다. 어떤 곡면(곡선이 아닌) 위에 있는 한 점은 2차원 좌표계 위에서 아무 방향으로나 자유롭게 움직여도 곡면 위에 있을 수 있습니다.

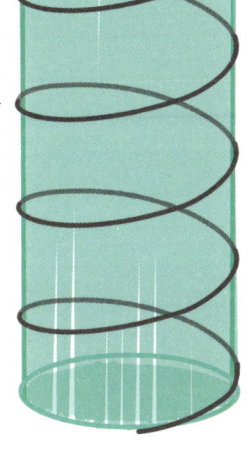

이 곡선은 원통형 곡면 위에 존재한다.

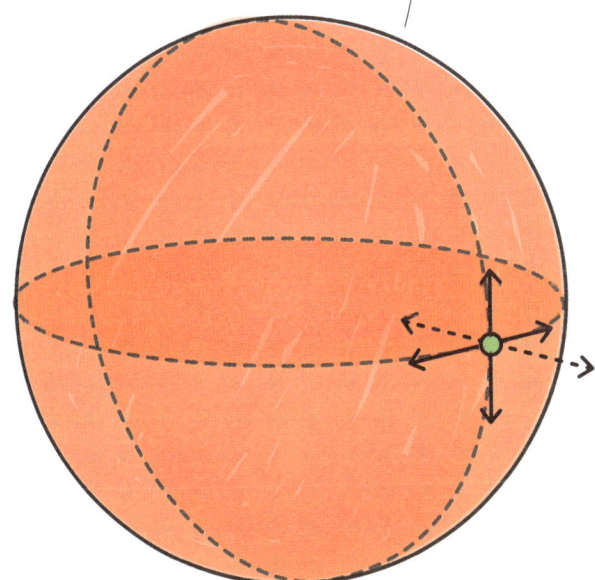

예를 들어, 지구상에 있을 때 어느 방향으로 움직일 수 있는지 생각해보세요. 어느 방향으로 움직여도 우리가 6장에서 보았던 2차원 위도와 경도의 조합으로 나타낼 수 있습니다. 세 번째 방향(위 또는 아래)으로 움직이려면 날아오르든 속으로 파고들든 표면을 떠나야 합니다. 따라서 지구는 3차원 도형이지만, 표면은 2차원 공간입니다.

닫힌곡선(폐곡선)은 자신이 놓여 있는 곡면의 일정 영역을 완전히 감싸고 있습니다. 따라서 안과 밖이 있습니다. 마찬가지로 닫힌곡면은 일정 공간을 완전히 감싸고 있습니다. **그렇지 않은** 곡선은 유한(곡선의 경우 끝점이, 곡면의 경우 경계가 있음)할 수도 무한할 수도 있습니다.

	곡선	곡면
닫힘	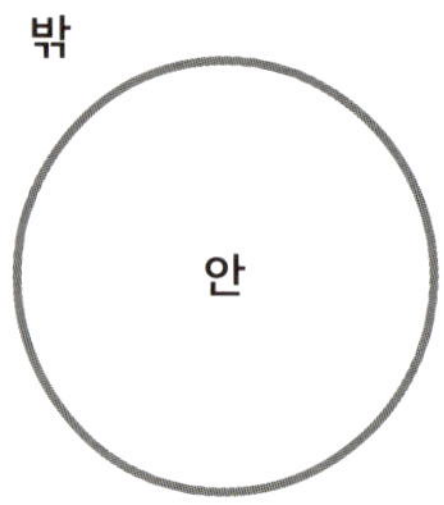 원은 닫힌곡선입니다. 자신이 놓여 있는 곡면을 원의 안쪽과 바깥쪽의 두 영역으로 나눕니다.	 구는 닫힌곡면입니다. 공간을 구의 안쪽과 바깥쪽의 두 영역으로 나눕니다.
닫히지 않고 유한함	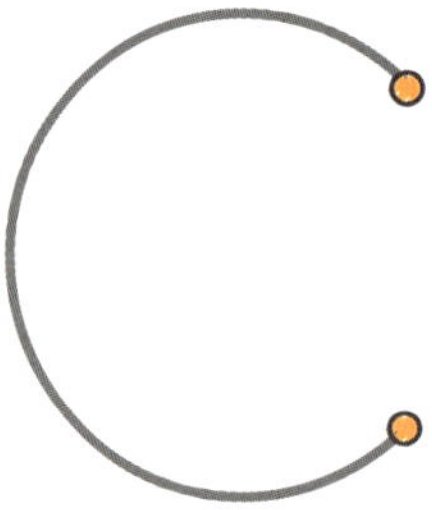 호는 닫히지 않은 유한한 곡선입니다.	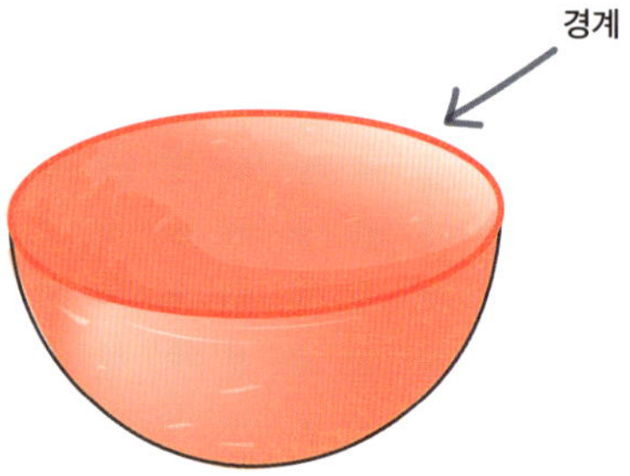 속이 빈 반구형 곡면은 닫히지 않은 유한한 곡면입니다. 원형 경계가 있습니다.
닫히지 않고 무한함	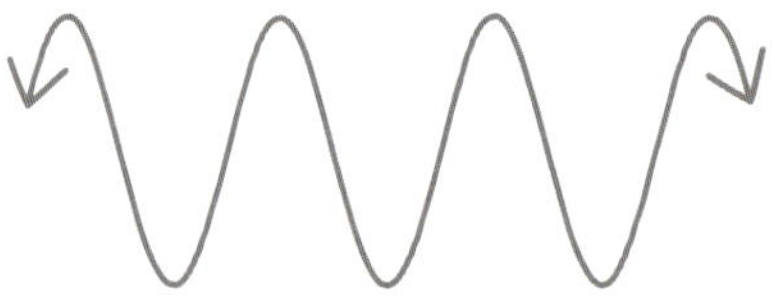 사인 파동은 닫히지 않은 무한한 곡선입니다. 양쪽으로 끝없이 뻗어 나갑니다.	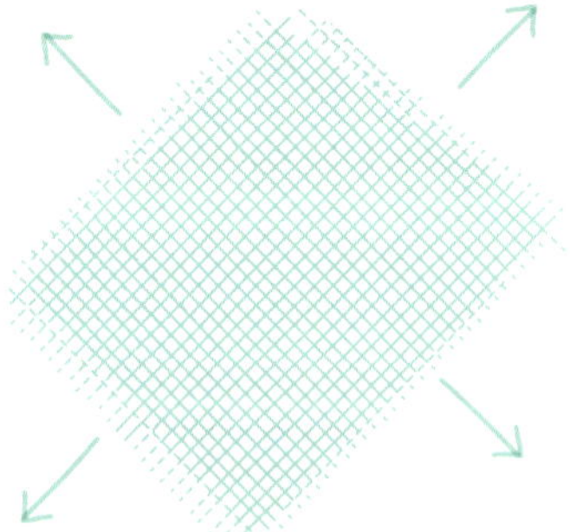 평면은 닫히지 않은 무한한 곡면입니다. 모든 방향으로 무한히 뻗어 나갑니다.

포물선

4장에서 우리는 원뿔의 단면에서 포물선의 유한한 일부분을 보았습니다.
완전한 형태의 포물선은 닫히지 않은 무한한 곡선으로, 흥미로운 성질이 많습니다.

포물선은 초점이라고 부르는 한 점과 **초점**을 지나지 않는 직선으로부터 거리가 같은 모든 점의 집합입니다. 이 직선을 **준선**이라고 부릅니다. 포물선에는 초점을 지나고 준선에 수직인 대칭축이 하나 있습니다.

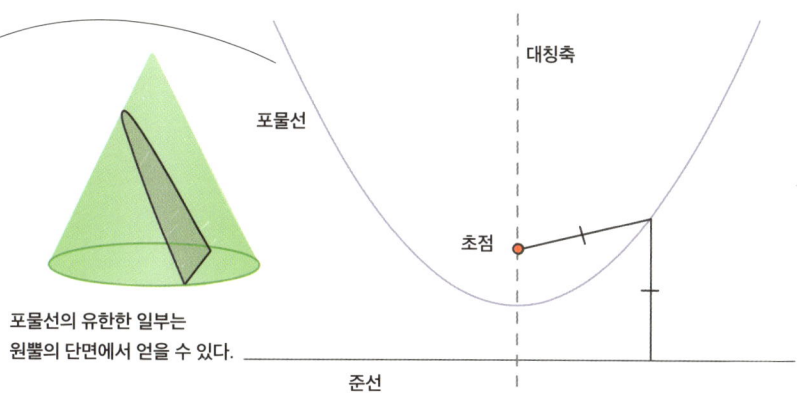

포물선의 유한한 일부는 원뿔의 단면에서 얻을 수 있다.

대수적으로 포물선은 임의의 수 a, b, c에 대해 $y=ax^2+bx+c$로 나타내는 2차 방정식의 그래프입니다. a, b, c의 값은 좌표평면 위에 포물선이 놓이는 위치와 곡선의 모양(∪ 모양인지 ∩ 모양인지), 곡선의 폭에 영향을 끼칩니다.

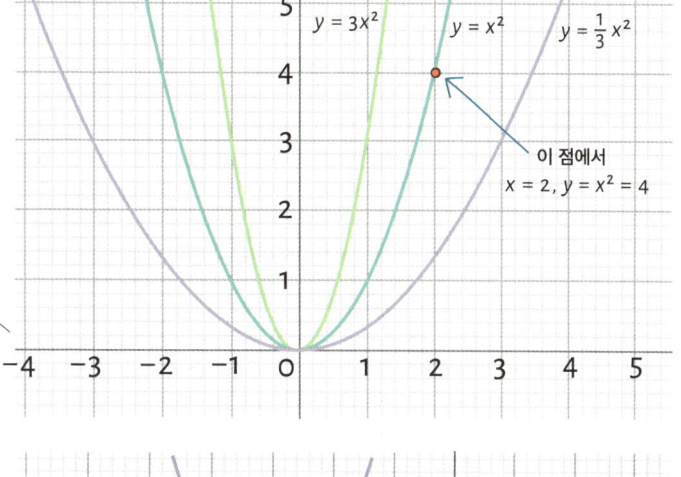

이 점에서 $x = 2$, $y = x^2 = 4$

$b=0$, $c=0$이라면 포물선은 원점(좌푯값이 (0, 0)인 점)을 지납니다. a의 값이 커지면 곡선은 점점 좁아지고, 작아지면 곡선의 폭이 넓어집니다.

a의 값이 양수면 포물선은 계곡과 같은 모양입니다. 점점 내려가서 최소점을 지난 뒤 다시 올라가기 시작합니다. 만약 a의 값이 음수면 포물선은 언덕과 같은 모양입니다. 점점 올라가서 최대점을 지난 뒤 다시 내려가기 시작합니다. b와 c의 값이 변하면 좌표평면 위에서 포물선의 위치가 달라집니다.

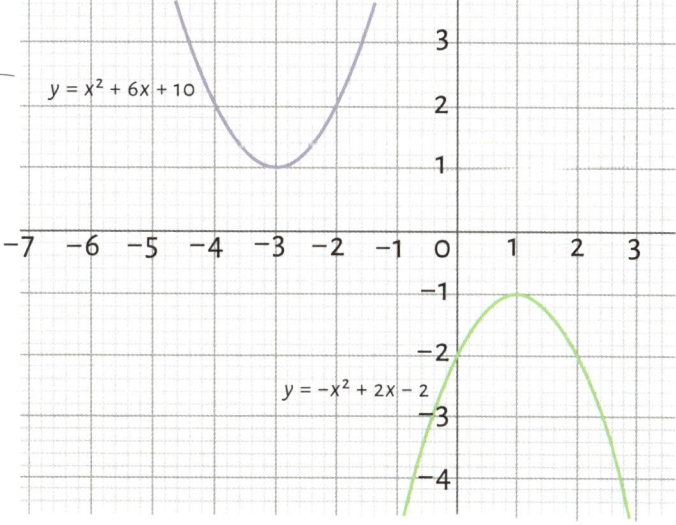

공을 던지면 공은 포물선을 그리며 날아갑니다. 좀 더 일반적으로 설명하자면, 떨어지는 물체의 높이를 시간에 따라 그래프로 그리면 포물선이 됩니다.

포물선은 1800년대부터 건축에 쓰였습니다. 보기에도 좋을 뿐만 아니라 수평 하중이 가하는 압축력에 강해 폭이 넓은 지역을 연결하는 교량을 지탱하는 데 뛰어난 도형입니다.

포물선 교량 설계를 처음 사용한 사람은 포르투갈의 도루강과 프랑스의 트뤼예르강의 다리를 지은 귀스타프 에펠입니다.

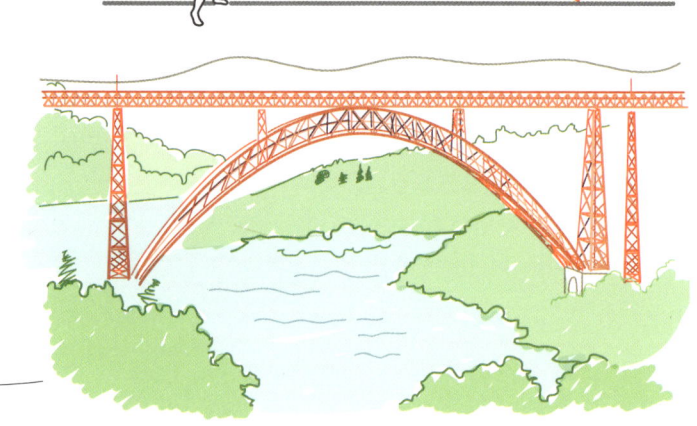

포물선은 고딕 건축의 아치에도 널리 쓰였으며, 건축가 안토니 가우디가 적극적으로 활용했습니다.

원형포물면은 포물선이 대칭축을 중심으로 회전할 때 생기는 곡면입니다.

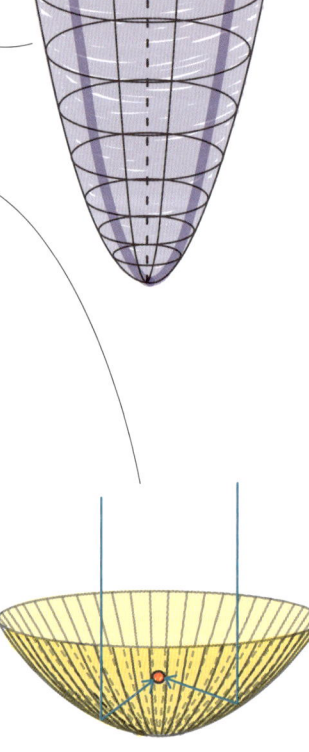

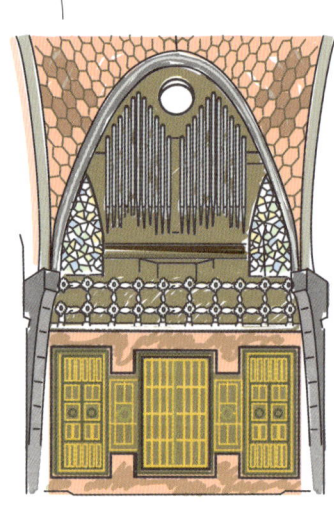

빛이나 소리를 전달하는 평행선은 원형포물면의 안쪽 표면에서 반사된 뒤 모두 초점을 지납니다. 이런 성질 때문에 원형포물면은 안테나와 망원경에 유용하게 사용됩니다. 신호를 한 점에 집중시킴으로써 약한 신호를 강하게 만들 수 있지요. 태양 빛만을 이용해 요리를 할 수도 있습니다. 포물면 모양인 태양광 조리기는 넓은 영역에 떨어지는 태양 빛을 반사해 한 점에 모읍니다. 이 점에 냄비를 올려놓으면 태양 에너지로 가열할 수 있습니다.

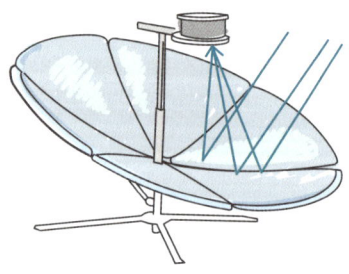

선직면

직선과 곡면은 완전히 다른 세상에 있는 것 같지만, 직선으로만 만들 수 있는 곡면도 분명히 여럿 있습니다.

선직면 위의 모든 점에 대해서는 그 점을 지나면서 완전히 곡면 위에 놓이는 직선이 있습니다. 선직면의 가장 분명한 사례는 평면, 모든 방향으로 끝없이 뻗어 나가는 평평한 곡면이지요. 평면 위의 모든 점은 자신을 지나며 평면 위에 놓이는 직선을 무한히 많이 갖습니다.

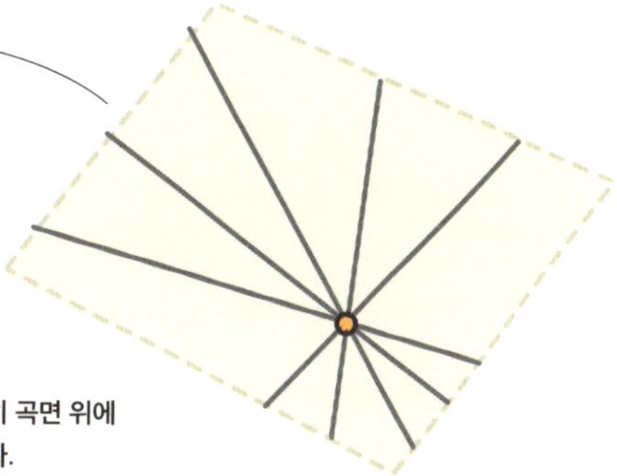

우리는 이미 선직면의 다른 사례로 보았습니다. 4장에서 우리는 원기둥의 전개도를 만들기 위해서 구부러진 면을 직사각형으로 펼쳐야 한다는 사실을 알아보았습니다. 따라서 원기둥의 구부러진 면은 사실 평면의 일부를 말아 놓은 것으로, 직선을 이용해 만들 수 있습니다.

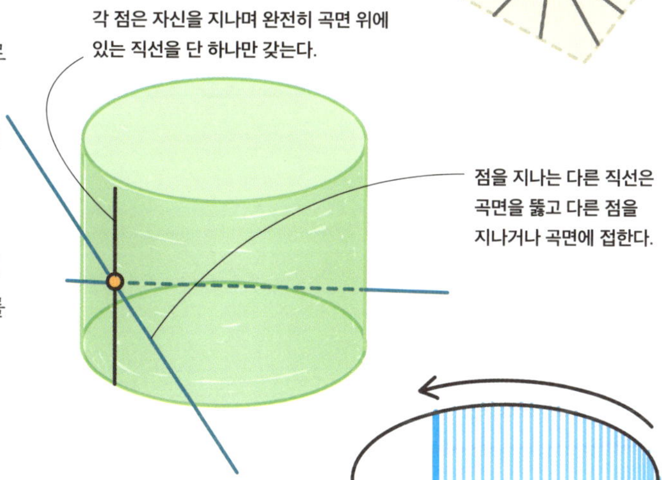

각 점은 자신을 지나며 완전히 곡면 위에 있는 직선을 단 하나만 갖는다.

점을 지나는 다른 직선은 곡면을 뚫고 다른 점을 지나거나 곡면에 접한다.

선직면을 직선(또는 선분)이 특정 방식으로 움직인 궤적으로 생각할 수도 있습니다. 선분의 양 끝점이 크기가 같은 평행한 원을 따라 움직이고, 그 두 원이 선분에 수직인 평면 위에 있다면 선분은 원기둥의 곡면을 그립니다.

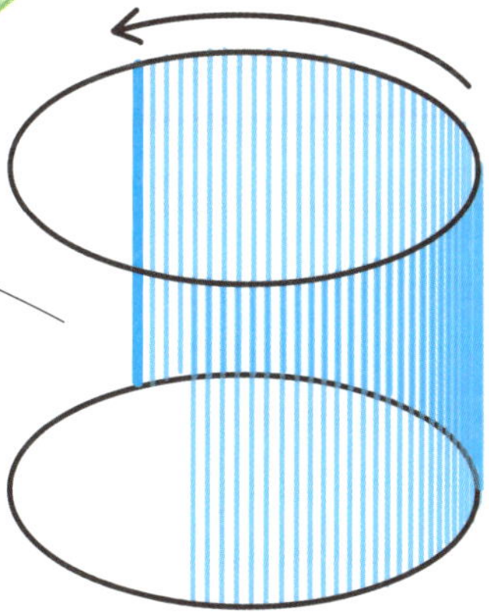

양 끝점이 서로 평행한 원을 따라 움직이고, 선분의 중점이 두 원의 중심과 일직선상에 있다면, 그 선분은 이중 원뿔의 곡면을 그리게 됩니다.

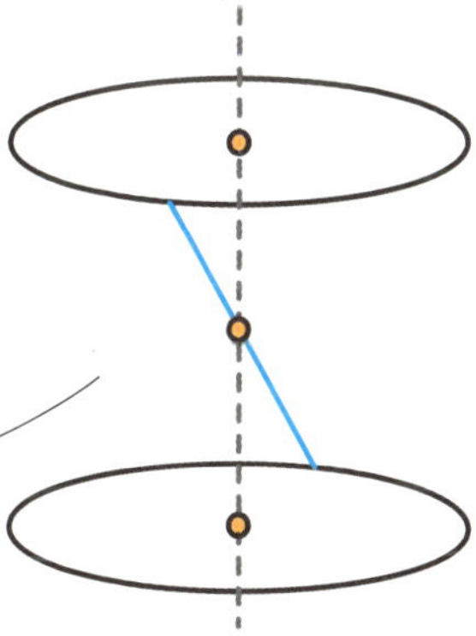

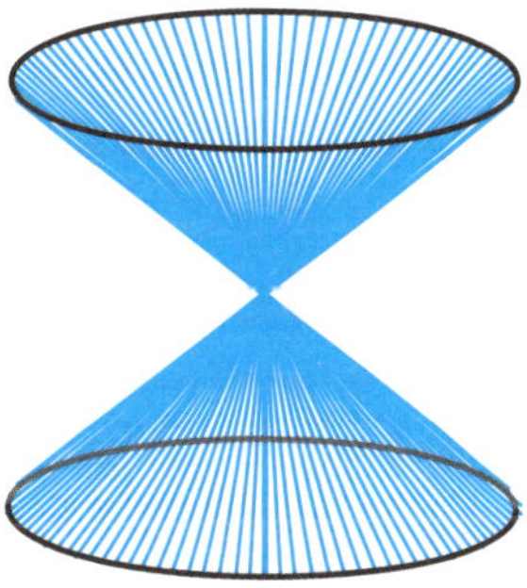

145

만약 선분이 원에 다른 각도로 기울어 있다면, 선분은 **쌍곡면**을 그립니다.
쌍곡면은 **이중 선직면**입니다. 곡면 위의 모든 점에는 그 점을 지나고
곡면 위에 놓이는 두 개의 직선이 존재한다는 뜻입니다.

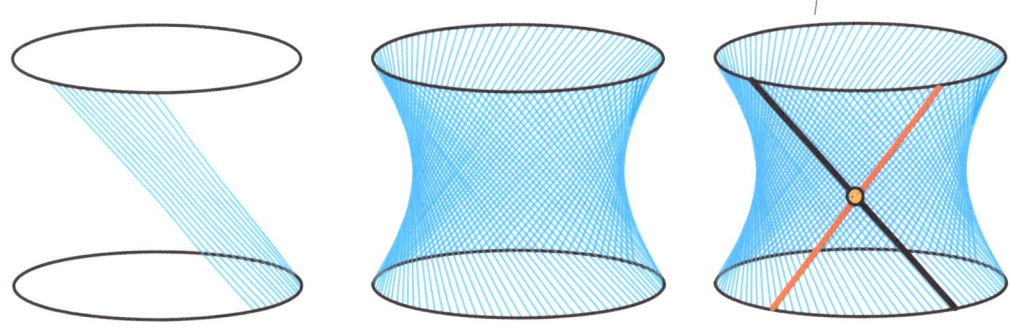

나선면은 선분의 양 끝점이 각각 이중나선이라고 불리는 나선을 따라갈 때 생깁니다.
나선 계단이 이 도형에 바탕을 두고 있지요.

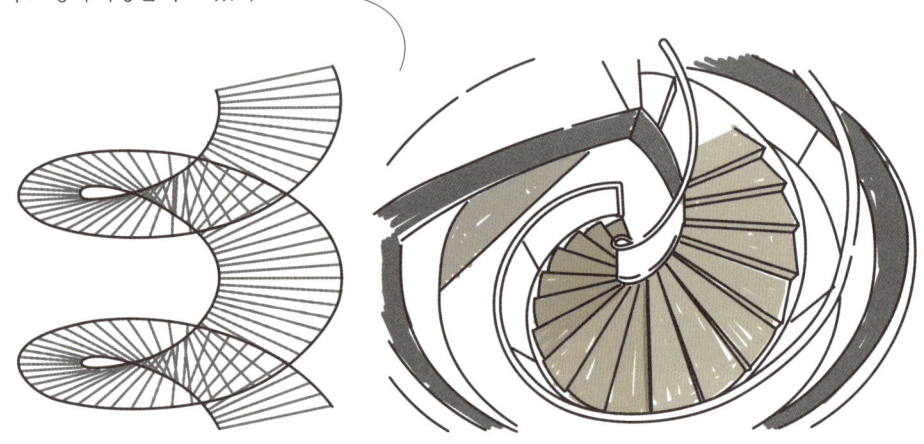

같은 원기둥 중심 주위에 나선면 두 개 이상을 개별적으로 놓는 것도 가능합니다. 이런 설계는 군대 막사에 쓰이곤 했습니다. 필요할 때 병력이 성 밖으로 빠르게 나갈 수 있게 해주었지요. 같은 공간에 계단을 세 개 놓으면 세 배나 되는 병사들이 동시에 오르내릴 수 있습니다.

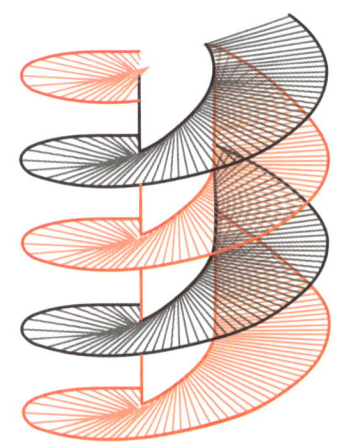
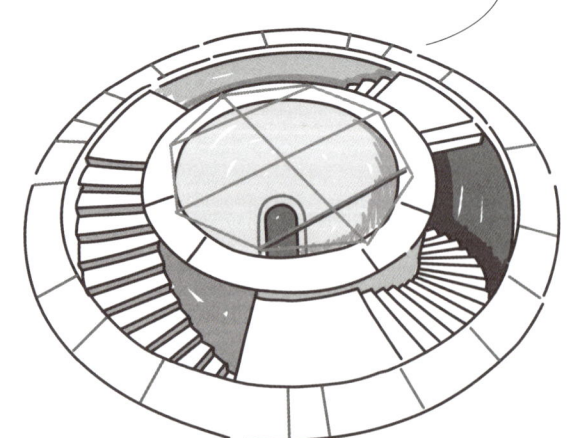

가우스 곡률

다른 방식으로 구부러지는 곡면 위에서는 기하학의 법칙도 달라집니다. 예를 들어 구 위에 그린 직선은 사실 곡선입니다. 따라서 평면 위의 직선과는 성질이 다릅니다. **가우스 곡률**은 곡면이 얼마나 구부러져 있는지를 측정하는 방법입니다.

가우스 곡률은 서로 수직인 두 방향으로 곡면이 얼마나 구부러지는지를 측정합니다. 만약 두 방향 모두 똑같은 방식으로(둘 다 바깥으로, 또는 둘 다 안으로) 구부러진다면, 곡률은 양수입니다. 만약 한 방향은 바깥으로, 다른 방향은 안으로 구부러진다면, 곡률은 음수입니다. 어느 방향으로도 전혀 구부러지지 않는다면, 곡률은 0입니다.

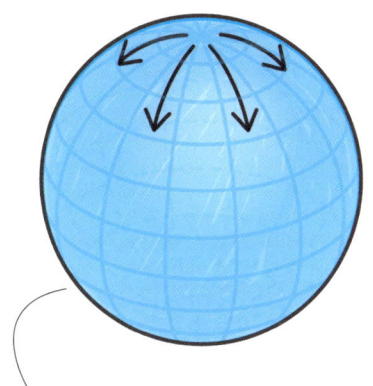

구의 **가우스 곡률은 양수**입니다. 어느 점에서 시작해도 모든 방향이 바깥으로 구부러집니다.

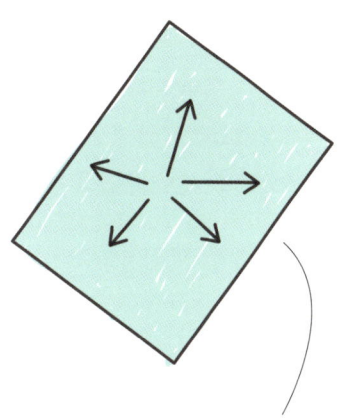

평면의 **가우스 곡률은 0**입니다. 어느 점에서 봐도 평평하며, 위나 아내로 구부러지지 않습니다.

쌍곡면(146쪽 참고)의 **가우스 곡률은 음수**입니다. 한 방향은 바깥으로 구부러지고, 수직인 다른 방향으로는 안으로 구부러집니다. 가우스 곡률이 음수인 곡면을 일컬어 흔히 **말안장 모양**이라고 합니다.

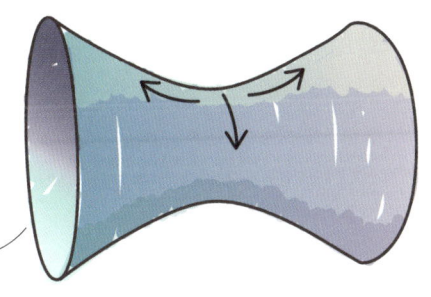

가우스 곡률은 두 방향의 곡률로 계산하기 때문에 만약 어떤 곡면의 한쪽 방향 곡률이 0이라면, 가우스 곡률 역시 0입니다. 그래서 원기둥의 경우 어떤 방향으로든 바깥쪽으로 구부러지지만, 가우스 곡률이 0입니다.

어떤 곡면은 곡률이 양수인 영역과 음수인 영역을 동시에 갖습니다. 이 두 영역은 곡률이 0인 점으로 이루어진 포물선에 의해 나뉩니다. 원환면(도넛처럼 구멍이 있는 도형)의 바깥쪽은 곡률이 양수고, 안쪽은 곡률이 음수입니다. 위와 아래에는 곡률이 0인 원형 곡선이 있습니다.

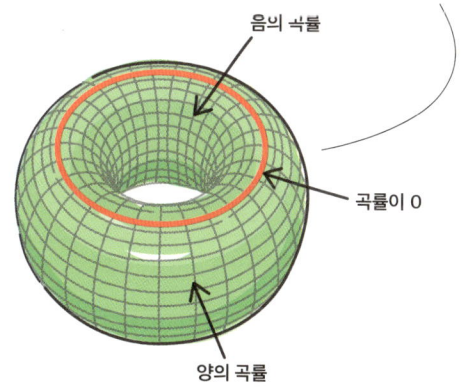

음의 곡률

곡률이 0

양의 곡률

지도 투영법

곡률이 구처럼 양수인 곡면과 평면처럼 곡률이 0인 곡면은 근본적으로 다릅니다. 하나를 다른 하나로 변환할 수 없지요. 따라서 평평한 지구의 지도를 만들 때는 어느 정도 타협을 해야 합니다.

공을 포장지로 포장하려고 해본 적이 있다면, 평면과 곡면이 서로 얼마나 맞지 않는지 알 수 있을 겁니다. 아무리 조심스럽게 싼다고 해도 접히거나 겹치는 부분 없이는 포장하는 게 불가능하지요.

지구의 지도를 만들 때는 정반대의 문제를 겪습니다. 구를 평평하게 펼쳐 놓으려 하면 언제나 커다란 틈이 생깁니다. 한 장소에서 다른 장소로 찾아가는 데 별로 도움이 안 되겠지요. 지구 표면을 여러 부분으로 나누어도 완전히 평평하게 펼칠 수 없습니다.

그래서 지도를 만들기 위해서는 곡면 위의 형태를 평면 위에 투영하는 방법이 필요합니다. 이 과정에서 거리나 각, 혹은 둘 다에 약간의 왜곡이 생길 수밖에 없습니다.

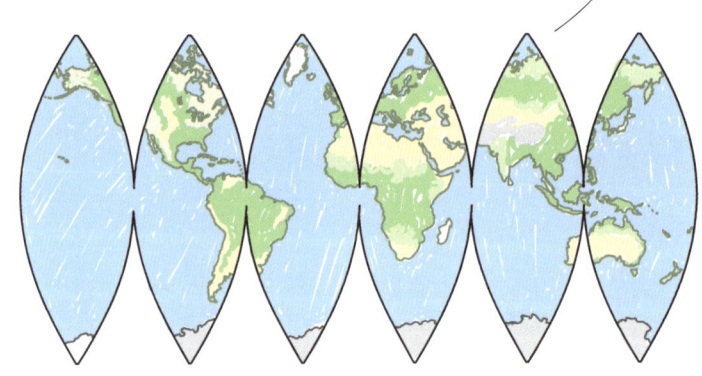

원통도법

원통도법은 지구 표면의 모든 점을 원기둥 위의 점으로 사상합니다. 원기둥의 곡면은 펼치면 평면이 되지요. 이렇게 하는 방법에는 여러 가지가 있습니다. 가장 흔한 원통도법인 메르카토르 도법은 방위각이 보존되기 때문에 1500년대부터 항해에 쓰여 왔습니다.

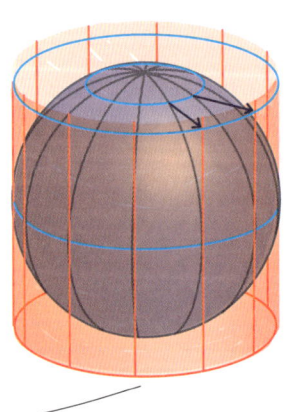

극지 근처에서는 거리가 늘어난다.

적도 근처에서는 거리가 달라지지 않는다.

단점은 특히 극지 근처에서 거리가 왜곡된다는 사실입니다. 지구 표면의 경선(113쪽 참고)은 적도에서보다 극지 근처에서 서로 가깝습니다. 지구의 표면을 원기둥에 투영하면, 경선이 서로 평행해집니다. 어느 곳에서도 거리가 같아지지요. 따라서 극지 근처의 국가의 크기가 늘어나 적도 근처의 국가와 비교해 실제보다 훨씬 커 보입니다.

메르카토르 도법으로 만든 지도에서 아프리카와 그린란드의 크기를 비교해 보면 분명히 알 수 있습니다. 그린란드는 아프리카와 크기가 비슷해 보이지만, 실제로는 아프리카가 그린란드보다 15배나 더 큽니다!

그린란드
200만 제곱킬로미터

아프리카
3000만 제곱킬로미터

이와 비교해 에케르트 제4 도법은 유사 원통도법입니다. 원통도법과 같은 방식이지만, 경선이 직선 대신 타원형 곡선이 되도록 변형합니다. 세심한 계산을 통해 곡선을 그려 투영된 영역의 넓이를 보존하기 때문에 그린란드와 아프리카의 상대적인 크기를 제대로 볼 수 있습니다.

방위도법

방위도법은 지구 표면의 각 점을 평면으로 사상합니다. 마치 지구를 위에서 바라본 것 같은 모습이 됩니다. 아래쪽 반구의 점은 원의 바깥쪽에 사상합니다. 만약 북극점이 중심이라면 남극점은 원의 둘레에 흩어지게 되지요.

방위도법에서는 중심으로부터의 거리가 보존됩니다. 이것은 지진학자들이 중심점에서 원형으로 퍼져 나가는 지진파의 움직임을 추적하고 예측하는 데 유용합니다. 이 점을 중심으로 방위도법 지도를 그리면 충격이 오는 지역을 더 쉽게 알아낼 수 있습니다.

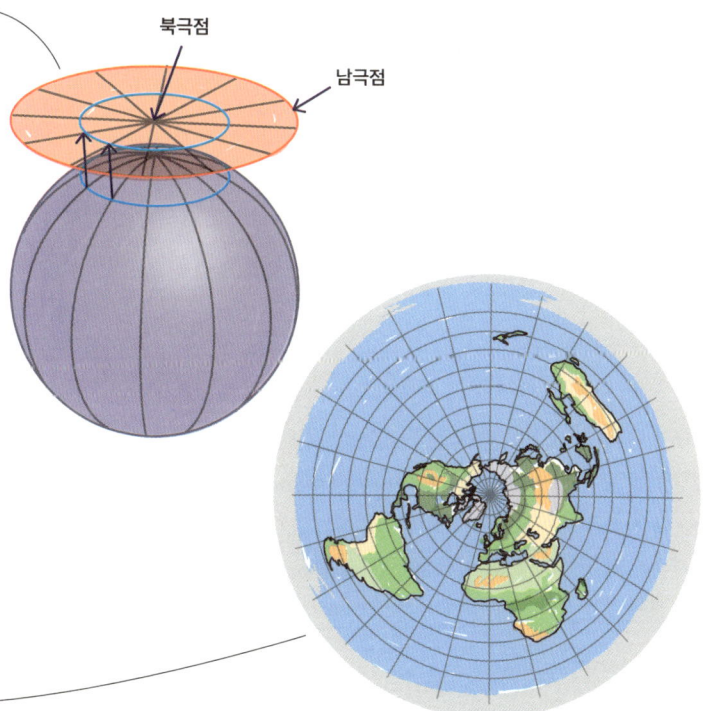

북극점

남극점

149

단면 곡면

대부분의 곡면은 양면입니다. 안쪽과 바깥쪽, 혹은 앞과 뒤가 있습니다. 곡면에 구멍을 뚫거나 경계를 넘어가지 않는 한, 한 면에서 다른 면으로 갈 수는 없습니다. 하지만 오로지 한 면만을 지닌 놀라운 곡면도 있습니다.

뫼비우스 띠

원기둥형 곡면 안쪽에 있다면, 바깥쪽으로 갈 수 있는 유일한 방법은 꼭대기를 넘어가는 겁니다. 하지만 곡면을 잘라서 다시 붙이면 **뫼비우스 띠**를 만들 수 있습니다. 뫼비우스 띠는 경계를 타고 넘어가지 않고도 전체 곡면을 가로지르는 게 가능합니다.

뫼비우스 띠는 원기둥형 곡면을 잘라서 띠처럼 만든 뒤 한쪽 끝을 뒤집어서 다시 붙이면 만들 수 있습니다. 원기둥의 경계는 별개의 두 고리로 이루어져 있지만, 뫼비우스 띠의 경계는 하나의 끊임없는 고리입니다.

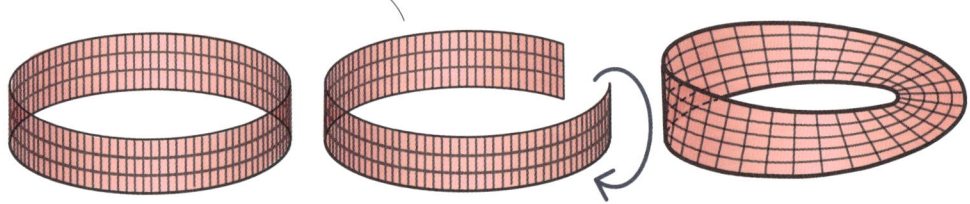

뫼비우스 띠의 작도법을 나타내는 한 가지 방법은 마주 보는 두 변에 서로 반대 방향을 가리키는 화살표가 있는 직사각형입니다. 뫼비우스 띠를 만들려면 화살표가 같은 방향을 가리키게 한 채로 화살표가 있는 두 변을 붙여야 합니다. 그렇게 하려면 직사각형을 꼬아야 하지요.

뫼비우스 띠는 앞면과 뒷면이 따로 없습니다. 이 의미를 시각화하기 위해 우리는 뫼비우스 띠를 따라 선을 그리는 것을 상상해볼 수 있습니다. 만약 원기둥을 따라 선을 그린다면 한 바퀴 돈 뒤에 다시 출발점으로 돌아오게 됩니다. 그런데 뫼비우스 띠에 선을 그리면 두 바퀴를 돌아야 출발점으로 되돌아올 수 있습니다.

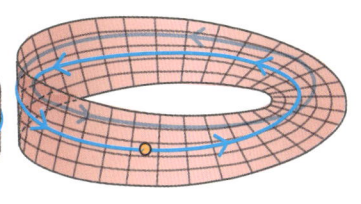

뫼비우스 띠가 생소한 수학 개념처럼 들리지만, 목도리에서도 쉽게 볼 수 있습니다. 꼬여 있는 목도리는 멋지게 늘어집니다. 꼬아서 만들지 않았다면 뭉쳐서 볼품이 없었을 겁니다.

클라인 병

클라인 병은 닫힌 단면 곡면의 한 사례입니다. 자기 자신을 뚫고 가야 하기 때문에 3차원 공간에서는 존재할 수 없습니다. 4차원이 있어야 가능하지요. 클라인 병을 3차원으로 나타내는 인기 있는 방법은 유리로 만드는 겁니다. 그러면 교차하는 구조를 투명하게 볼 수 있지요.

화살표 방향이 같도록 이 두 변을 붙일 수 있는 유일한 방법은 원기둥에 한쪽 끝을 통과시켜서 안팎을 뒤집은 후 반대쪽 끝에 붙이는 것입니다.

클라인 병의 작도법도 뫼비우스 띠처럼 직사각형으로 나타낼 수 있습니다. 실선으로 된 두 변의 화살표는 같은 방향을 향하고 있습니다. 따라서 이 두 변을 꼬지 않고 붙여 원기둥을 만듭니다. 그리고 점선으로 된 변을 붙입니다. 하지만 이 두 변은 화살표가 서로 반대 방향입니다.

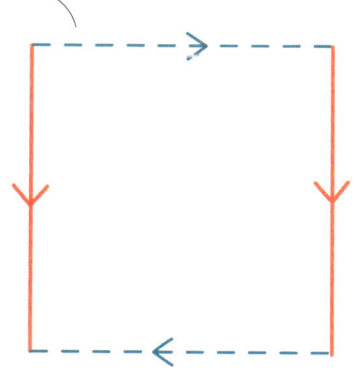

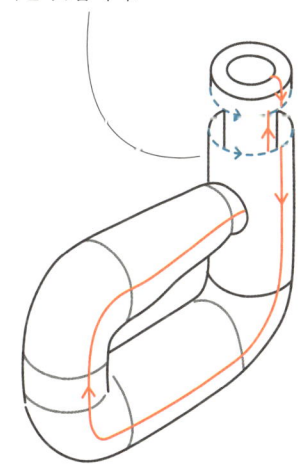

비유클리드 기하학

지금까지 이 책에서 본 기하학은 대부분 유클리드 기하학입니다. 우리가 살아가면서 사용하고, 학교에서 배우는 기하학이지요. 그런데 유클리드 기하학의 규칙 몇 가지를 바꾸거나 무시하면 또 다른 기하학이 나타납니다.

타원기하학

유클리드 기하학에서 어느 한 직선에 수직인 두 직선은 항상 평행합니다. 아무리 뻗어 나가도 일정한 거리를 유지하며, 절대 교차하지 않습니다.

이 규칙을 바꾸면 때때로 **구면기하학**이라고도 불리는 **타원기하학**이 나타납니다. 구 모양의 곡면 위에서 벌어지는 일로 시각화할 수 있지요. 타원기하학에서는 다음과 같은 일이 일어납니다.

- 대원(73쪽 참고)이 직선을 대신합니다. 유클리드 기하학에서 직선을 사용할 때 여기서는 그 대신 대원을 사용합니다.

- 대척점(72쪽 참고) 한 쌍이 점 하나를 대신합니다. 따라서 두 대척점을 똑같은 점으로 간주합니다.

이것은 유클리드 기하학처럼 두 점만으로 직선을 정의할 수 있다는 뜻입니다. 4장에서 보았듯이, 대척점이 아닌 구 위의 점 한 쌍에 대해 두 점을 지나는 대원은 오직 하나이기 때문입니다.

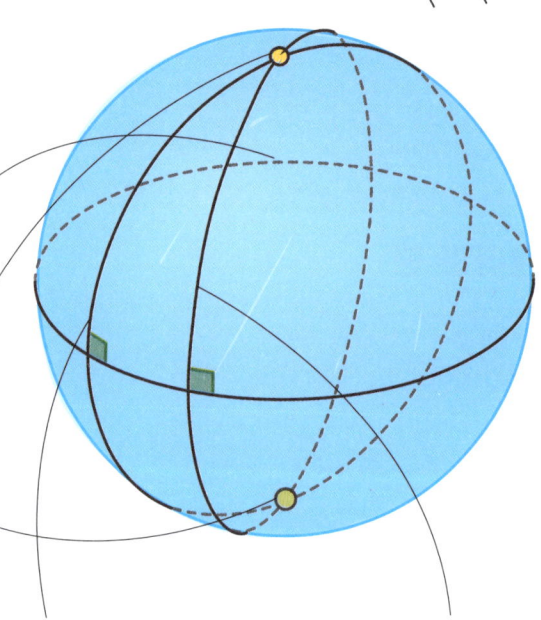

유클리드 기하학과 달리 타원기하학의 모든 직선은 다른 선과 교차합니다. 어느 한 직선에 수직인 두 직선도 서로를 향해 구부러지다가 똑같은 대척점 쌍을 통과합니다. 따라서 타원기하학에서는 절대 만나지 않는 한 쌍의 직선 같은 건 없습니다. '평행인' 직선은 점점 가까워지다가 대척점에서 교차합니다. 2장에서 보았던 2차원 도형 역시 타원기하학에서는 다른 성질을 보입니다. 예를 들면 다음과 같습니다.

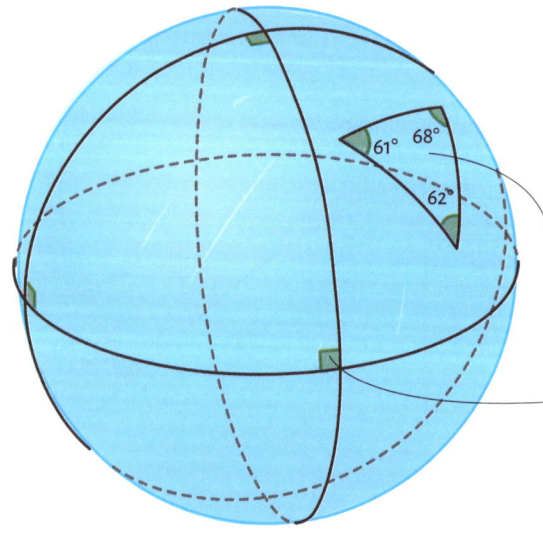

- 삼각형의 내각의 합은 180도를 넘습니다.

- 세 내각이 직각인 삼각형이 있을 수 있습니다.

- 네 내각이 모두 직각인 사각형은 없습니다.

구의 표면 위에 사는 우리가 구의 표면 위에서 벌어지는 기하학을 다르다고 이야기하는 게 다소 이상해 보일지도 모릅니다. 하지만 우리는 지구와 비교해 매우 작아서 대부분의 경우 지구의 곡률은 무시할 수 있고, 유클리드 기하학의 규칙이 통합니다.

그러나 배나 비행기를 타고 먼 거리를 이동할 때는 구면기하학을 고려해야만 합니다.

런던과 뉴욕 사이의 최단 경로는 두 곳을 지나는 대원을 따라 움직이는 경로입니다. 하지만 평평한 지도 위에 그려 보면 가장 짧은 경로로 보이지 않습니다.

쌍곡기하학

쌍곡기하학에서는 평행선에 관한 규칙이 다른 방식으로 달라집니다. 어느 한 직선에 수직인 두 직선은 서로 점점 멀어집니다. 이 모습을 시각화하는 한 가지 방법은 가우스 곡률(147쪽 참고)이 음수인 곡면 위에 놓인 직선을 상상하는 것입니다.

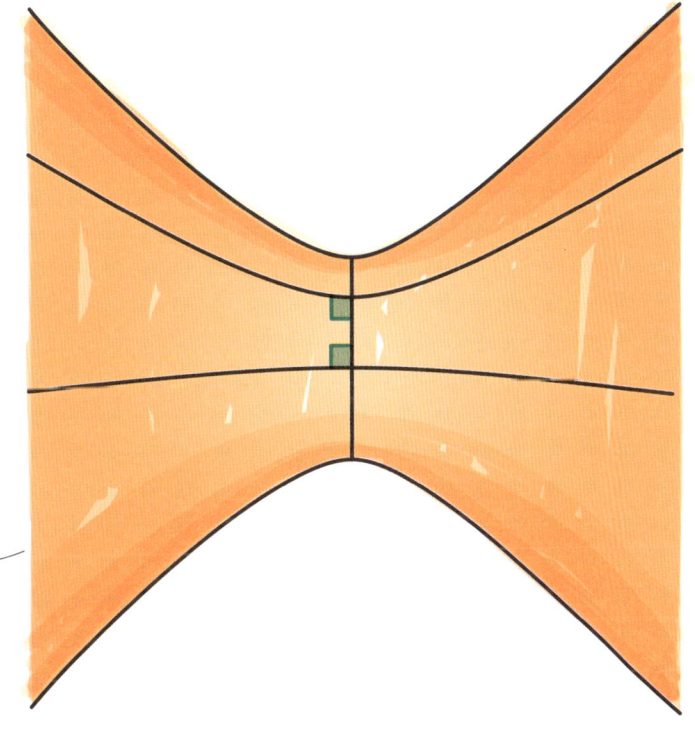

153

쌍곡기하학을 상상하는 또 다른 방법은 **푸앵카레 원반 모형**을 이용하는 것입니다. 이 모형에서는 모든 점이 원반이라고 불리는 원 안에 있습니다. 그리고 직선은 끝점이 원반의 둘레에 수직인 원호입니다.

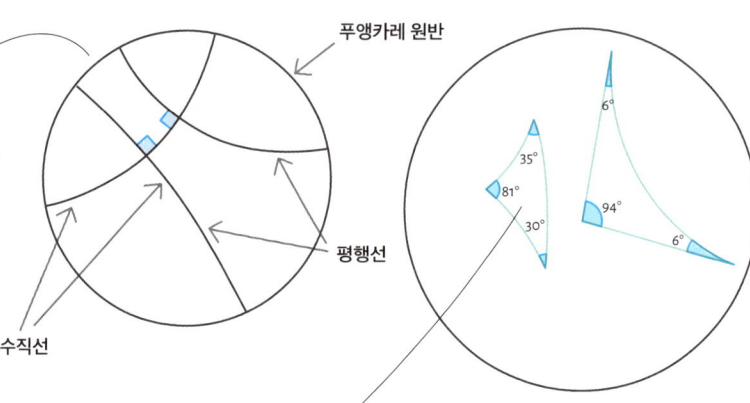

타원기하학에서처럼 쌍곡기하학에서도 2차원 도형은 다른 성질을 갖습니다. 예를 들면 다음과 같습니다.

• 삼각형의 내각의 합은 180도보다 작습니다.

• 원의 둘레는 $2\pi r$보다 큽니다.

고른 쌍곡 쪽매맞춤은 정다각형을 이용한 쌍곡평면 쪽매맞춤입니다. 쌍곡평면은 정칠각형 같은 유클리드 평면과 다른 다각형의 집합으로 쪽매맞춤할 수 있습니다. 이와 비슷한 쪽매맞춤은 예술가 M.C. 에스허르(184쪽 참고)의 작품에 영감을 주었지요.

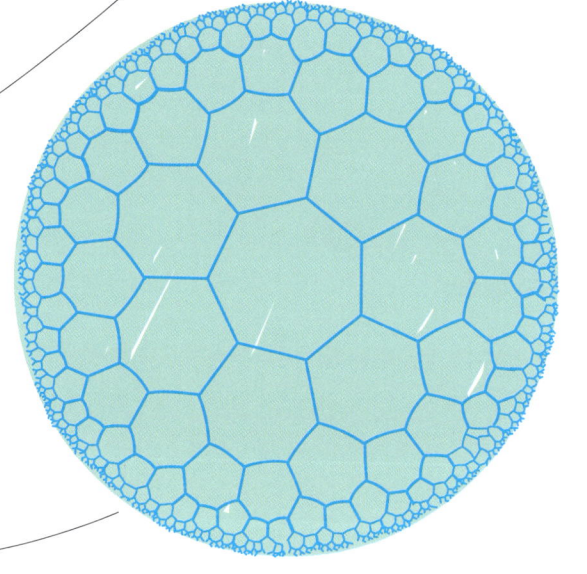

사영기하학

사영기하학은 유클리드 기하학의 확장이며, 사영 평면 위에서 이루어집니다. 앞서 우리는 유클리드 기하학의 평면이 모든 방향으로 끝없이 뻗어 나가는 무한한 평면임을 살펴보았습니다. 사영 평면은 여기에 두 가지 개념을 추가한 것입니다.

• 평면 위의 모든 평행한 직선에 대한 무한원점은 이들 평행선이 만나는 점입니다.

• 무한원선은 모든 무한원점을 지나며 다른 점은 지나지 않는 선입니다.

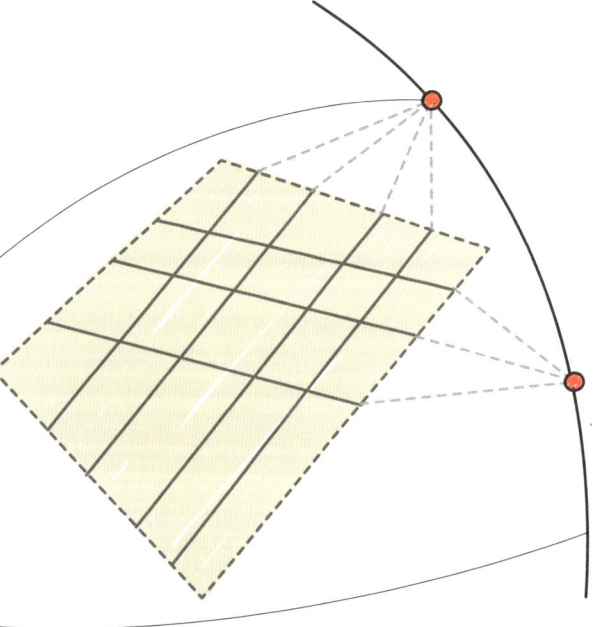

사영기하학은 유클리드 기하학과 타원기하학의 성질을 동시에 갖습니다. 유클리드 기하학의 정리가 여전히 참이지만, 타원기하학처럼 평행선은 한 점에서 교차합니다.

무한원점이라는 개념은 원근법에 대한 예술가들의 연구와 기찻길 같은 평행선이 점점 가까워지다가 지평선 위의 소실점에서 만난다는 자연스러운 관찰에서 비롯했습니다. 소실점은 무한원점에 대응하고, 지평선은 무한원선에 대응합니다.

거리함수

유클리드 기하학에서 두 점 사이의 거리는 두 점을 잇는 곧은 선분의 길이로 정의합니다. **거리함수**라고 하는 다른 거리 개념으로 정의하면, 우리는 다른 방식의 기하학을 정의할 수 있습니다. 다른 기하학은 아니지만, 거리함수는 우리가 기하학과 공간을 다른 방식으로 생각할 수 있게 해줍니다.

위성항법 시스템이 일상적으로 이런 일을 합니다. 자동차로 여행하면서 도중에 자동차를 충전하거나 기름을 넣으려고 할 때는 출발점과 목적지를 잇는 직선이 별 의미가 없습니다. 길을 따라 얼마나 가야 하는지를 알아야 합니다. 바로 다른 방식의 거리함수지요.

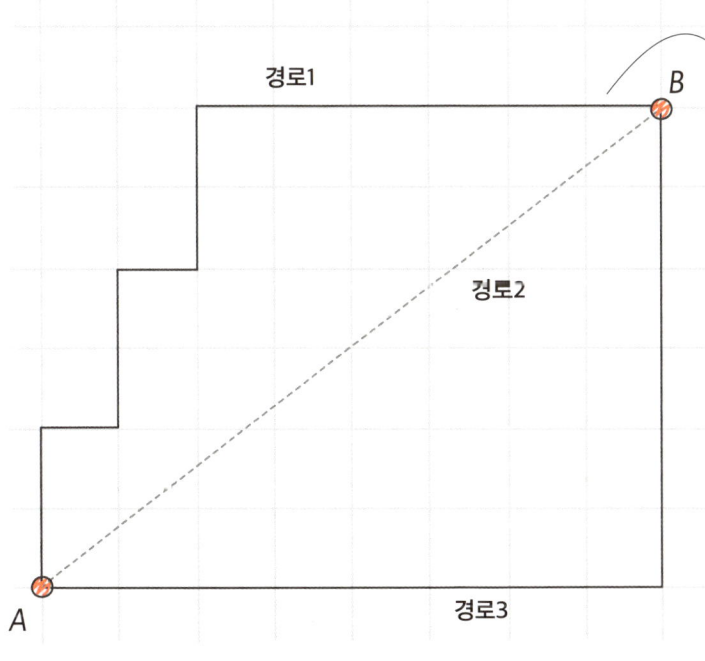

택시 거리함수는 택시에 타고 격자 모양의 거리를 달릴 때처럼 두 점 사이의 최단 거리를 이동해야 하는 수평 거리와 수직 거리로 정의합니다. 경로1과 경로3은 모두 택시 거리함수를 이용해 점 A와 점 B 사이의 최단 거리(14칸)를 보여줍니다. 경로2는 유클리드 계량을 사용해 최단 거리(10칸)를 보여줍니다.

✓ 다시 보기

닫힌곡면
공간의 일부 영역을 완전히 감싸는 곡면

닫히지 않은 곡면
닫히지 않은 곡면은 유한할 수도(경계가 있다) 무한할 수도 있다.

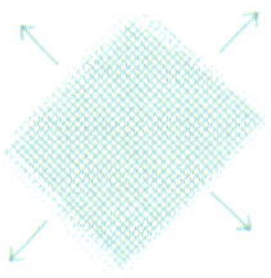

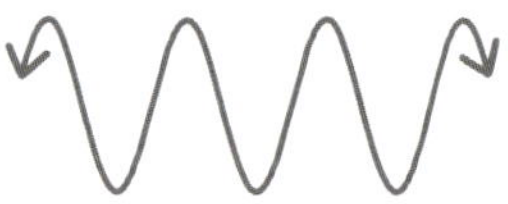

닫히지 않은 곡선
닫히지 않은 곡선은 유한할 수도(양 끝점이 있다) 무한할 수도 있다.

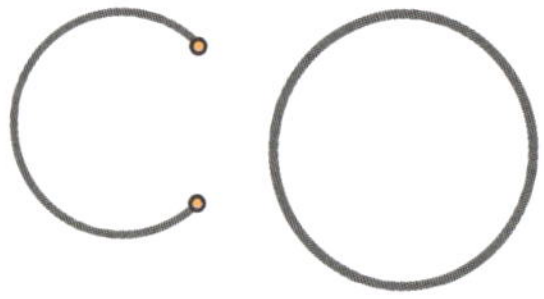

곡선과 곡면이란 무엇인가?

곡선
1차원 공간. 곡선 위의 점은 곡선을 따라 앞이나 뒤로만 움직일 수 있다.

닫힌곡선
표면 위에서 특정 영역을 완전히 둘러싸는 곡선

곡면
2차원 공간. 2차원 좌표계 위에 있는 점은 곡면 위를 떠나지 않고도 아무 방향으로나 움직일 수 있다.

곡선과 곡면

뫼비우스 띠
닫히지 않은 단면 곡면. 종이 띠를 꼬아서 양끝을 붙여 만들 수 있다.

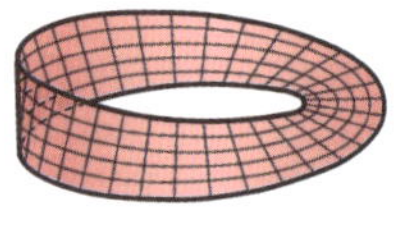

클라인 병
닫힌 단면 곡면. 자기 자신을 뚫고 지나가지 않고서는 3차원에서 만들 수 없다.

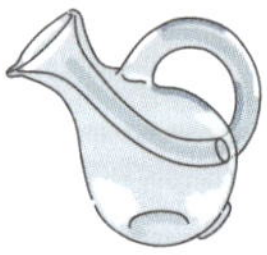

단면 곡면

거리함수
특정 목적이나 특정 맥락에서 정의하는 거리

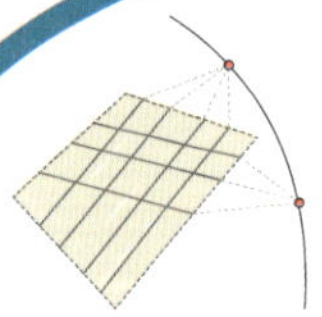

비유클리드 기하학

사영기하학
평행선이 무한원점에서 교차하는 기하학. 모든 무한원점을 지나며 다른 점을 지나지 않는 무한원선이 있다.

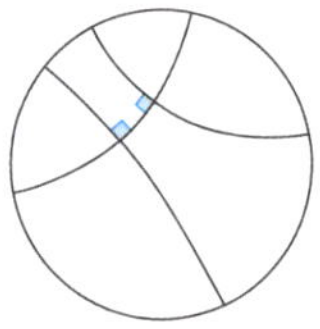

타원기하학
어느 한 직선에 수직인 두 직선이 서로를 향해 구부러지다가 한 점에서 만나는 기하학

쌍곡기하학
어느 한 직선에 수직인 두 직선이 서로 멀어지는 기하학

푸앵카레 원반
쌍곡기하학을 시각화하는 한 방법. 모든 점은 원반 안에 있으며 직선은 양 끝점이 원반에 수직인 원호다.

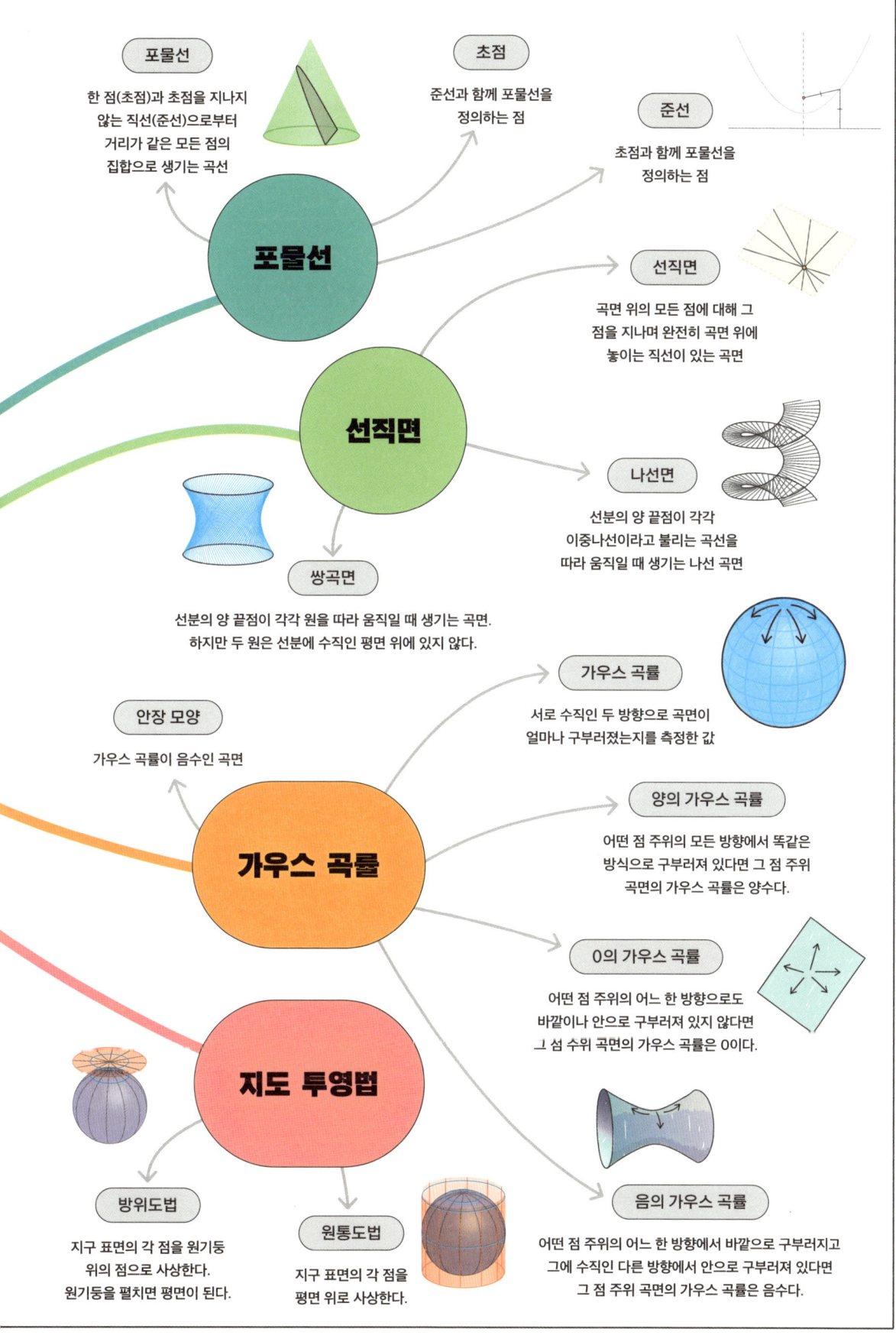

9장

위상수학

위상수학은 뚜렷하게 보이지 않는 개념과 아이디어를 연결할 수 있게 해주는 수학의 한 분야입니다. 처음에는 기하학의 한 분야였지만, 오늘날 위상수학적 개념은 수학의 거의 모든 분야에서 쓰이고 있습니다.

이 장에서 우리는 위상수학의 근본 개념에 대해 배웁니다. 그래프이론에서 그 뿌리를 찾아보고, 수학적인 매듭을 연구하는 위상수학의 특정 분야인 매듭 이론도 탐구합니다.

위상수학이란 무엇인가?

위상수학은 대상을 특정한 방식으로 변형해도 변하지 않는 성질에 따라 대상을 분류하는 기하학의 한 분야입니다.

얼굴 사진이 왜곡되어도 우리는 똑같은 얼굴로 인식할 수 있습니다. 크기나 비율 같은 몇몇 성질은 바뀌지만, 두 눈이나 코, 입처럼 얼굴을 얼굴이게 하는 본질적인 특징은 바뀌지 않습니다. 위상수학은 변형 후에도 바뀌지 않는 본질적인 특징을 바탕으로 두 대상이 똑같은지를 판단합니다.

위상적으로 같은 두 대상을 **위상동형**이라고 부릅니다. **위상동형사상**은 한 대상을 다른 대상으로 변형하는 방법입니다. 기하학적 대상의 경우 위상동형사상에는 늘리기, 찌그러뜨리기, 비틀기, 구부리기 등이 있습니다. 하지만 자르기, 붙이기, 부수기, 대상에 구멍을 뚫기 등은 해당하지 않습니다.

불변성은 위상동형사상 후에도 변하지 않는 성질입니다. 대상의 차원이 한 예입니다. 어떻게 변형한다고 해도 원은 여전히 2차원 도형입니다. 절대 구로 변하지 않습니다.

원을 한 방향으로 찌그러뜨리고 다른 방향으로 늘리면 타원이 된다. 따라서 원과 타원은 위상동형이다.

곡면의 종수

곡면의 종수는 곡면에 적용되는 중요한 위상적 성질입니다. 폭넓게 말해 곡면의 **종수**는 구멍의 수를 말합니다.

종수 0   종수 1   종수 2   종수 3

종수는 불변성입니다. 우리는 둥근 반죽을 누르거나 늘리거나 구부려 온갖 모양을 만들 수 있습니다. 하지만 베이글을 만들려면 구멍을 뚫거나 길게 밀어서 양 끝을 붙여야 합니다. 그렇게 하면 두 도형은 위상동형이 되지 않습니다.

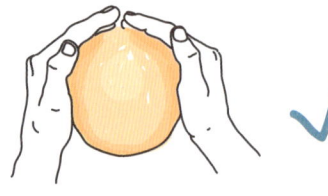

곡면의 종수는 도형의 오일러 지표와 관련이 있습니다(69쪽 참고). 오일러 지표를 E, 종수를 g라고 하면 $E=2-2g$, 혹은 $g=\frac{2-E}{5}$입니다. 4장에서 알아보았듯이 모든 볼록다면체는 오일러 지표가 2입니다. 따라서 모든 볼록다면체는 종수가 $\frac{2-2}{2}=0$이며, 구와 위상동형입니다.

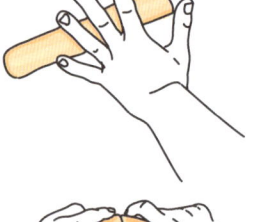

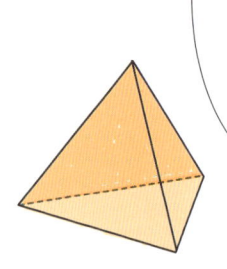
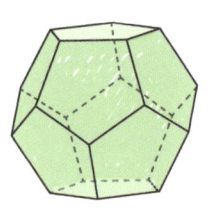

정사면체와 정십이면체는 모두 구와 서로 위상동형이다. 위상적으로는 둘이 똑같다는 뜻이다.

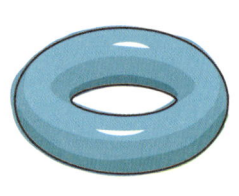
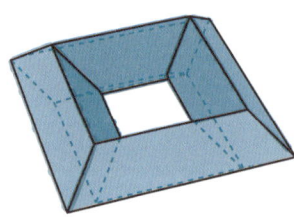

구멍이 하나 있는 다면체는 모두 오일러 지표가 0이다. 따라서 종수는 1로, 원환면과 위상동형이 된다.

위상수학자는 컵과 도넛을 구별하지 못한다는 수학 농담이 있습니다. 두 도형 모두 종수가 1이라 위상적으로는 똑같다는 사실에서 비롯했지요.

그래프 이론

1736년 레온하르트 오일러가 처음 연구를 시작한 그래프 이론은 위상수학 발전의 토대가 되었습니다.
그래프 이론은 수로와 물류를 포함한 많은 산업 분야에서 쓰이고 있지요.

그래프는 마디점이라고도 불리는 **꼭짓점**과 **변**으로 이루어졌습니다. 각 변은 두 꼭짓점을 잇습니다. 꼭짓점 하나에 여러 개의 변이 올 수 있습니다.

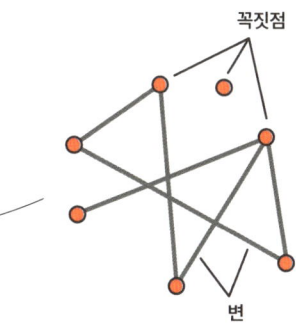

그래프 이론의 역사

오일러는 쾨니히스베르크의 다리 문제에 답하기 위해 처음으로 그래프를 이용했습니다. 강이 쾨니히스베르크의 땅을 네 덩어리로 나누고 있었지요. 오일러는 이렇게 물었습니다.
"똑같은 다리를 두 번 건너지 않고 다리 일곱 개를 모두 건너며 마을을 걸어 다닐 수 있을까?"

오일러는 각 땅덩어리를 꼭짓점으로 나타내고, 각 다리를 꼭짓점을 연결하는 변으로 나타냈습니다. 그래프 이론이 탄생하는 순간이었습니다. '땅이 어떻게 연결되어 있는가'라는 본질적인 특징에 집중함으로써 그렇게 걷는 게 불가능하다는 사실을 증명할 수 있었습니다. 핵심은 땅덩어리 하나에 드나들 때마다 다리 두 개를 건너야 한다는 깨달음이었습니다. 하지만 그래프로 그려 보면 각 꼭짓점에 연결된 변의 수는 홀수였습니다. 따라서 반드시 어떤 땅덩어리에 들어간 뒤 나갈 수는 없는 상황에 처하게 됩니다.

쾨니히스베르크의 세부 모양을 무시하고 꼭짓점의 연결에만 집중하자는 아이디어는 아주 혁신적이었습니다. 비슷한 방식으로, 컴퓨터 네트워크나 경로 찾기 문제 같은 현실 세계의 복잡한 문제를 꼭짓점과 변으로 환원할 수 있다는 것은 수학적으로 분석할 수 있다는 사실을 뜻합니다. 게다가 한 상황에 대한 문제 해결법이 비슷한 그래프로 모형화할 수 있는 다른 상황에도 유효하도록 조정할 수 있습니다.

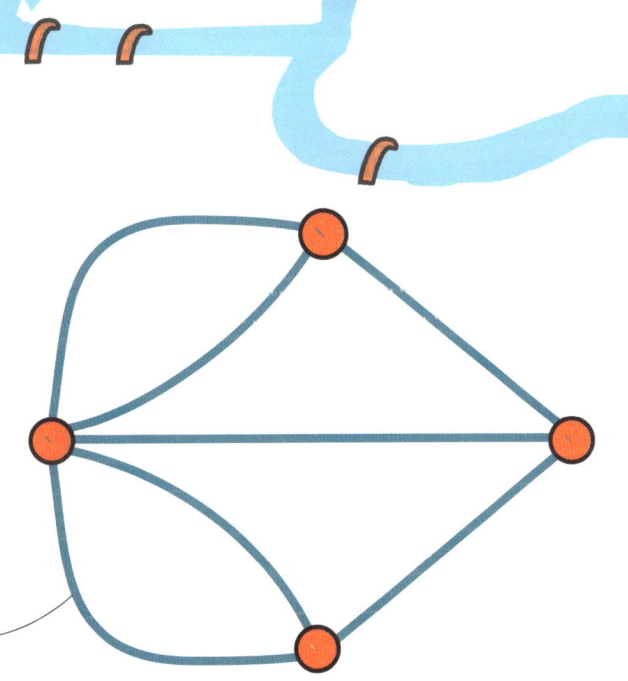

그래프의 유형

만약 어떤 그래프를 변이 전혀 교차하지 않도록 특정 곡면 위에 그릴 수 있다면, 우리는 그 그래프를 그 곡면 위에 **매장**할 수 있다고 표현합니다. **평면 그래프**는 평면에 매장할 수 있는 그래프입니다.

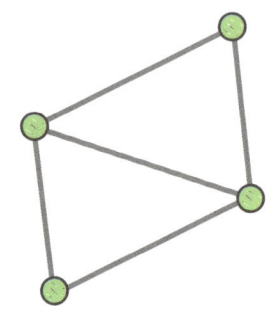

꼭짓점의 수가 같고 똑같은 방식으로 변이 놓여 있다면, 두 그래프는 서로 위상동형입니다. 평면 그래프와 위상동형인 그래프는 설령 변이 교차해도 마찬가지로 평면 그래프입니다. 이 두 그래프는 위상동형이며, 둘 다 평면 그래프입니다.

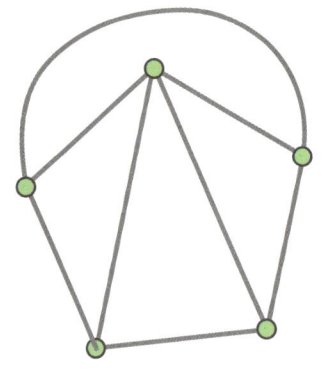

완전 그래프는 모든 꼭짓점이 다른 모든 꼭짓점과 연결된 그래프입니다. 꼭짓점이 n개인 완전 그래프를 k_n으로 나타냅니다. 다섯 개 이상의 꼭짓점이 있는 완전 그래프와 그런 그래프를 포함한 다른 그래프는 변의 일부가 항상 교차하기 때문에 비평면 그래프입니다.

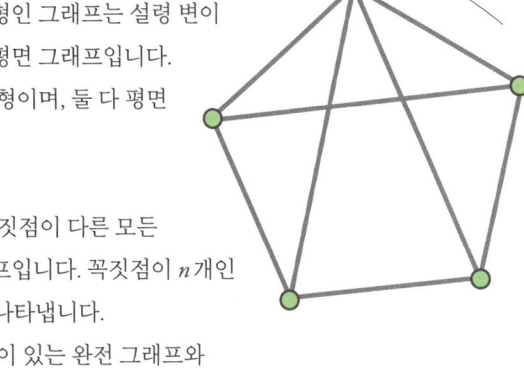

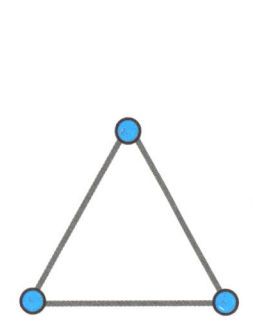 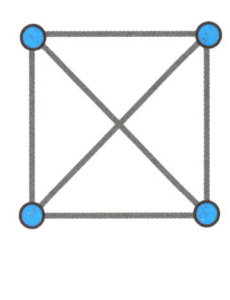 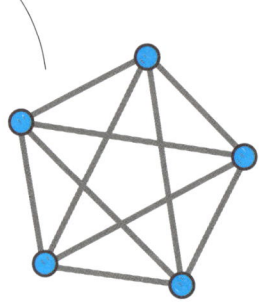 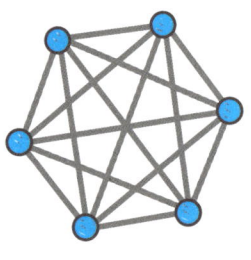

그래프의 **종수**는 그래프가 어떤 곡면에 매장될 수 있는지를 알려줍니다. 종수가 n인 그래프는 종수가 n인 곡면(159쪽 참고)에 매장될 수 있습니다. 완전 그래프 k_5는 종수가 1입니다. 따라서 구멍이 하나 있는 곡면인 원환면(베이글 모양)에 매장될 수 있습니다. 그런 곡면 위에서는 변이 구멍을 지나가게 해 변이 교차하는 것을 피할 수 있습니다.

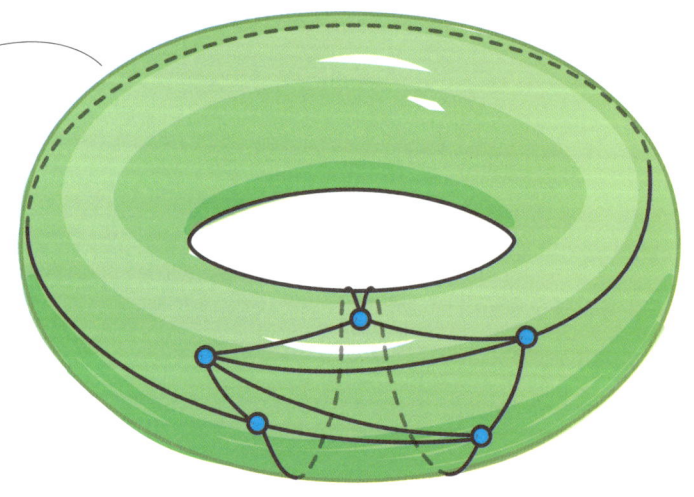

그래프 색칠하기

그래프 색칠은 서로 변으로 이어진 두 꼭짓점이 같은 색이 되지 않도록 그래프의 꼭짓점을 색칠하는 문제입니다. 원래는 인접한 국가가 같은 색이 되지 않도록 지도를 칠할 수 있는 색의 최소 가짓수를 찾는 문제에서 비롯했습니다.

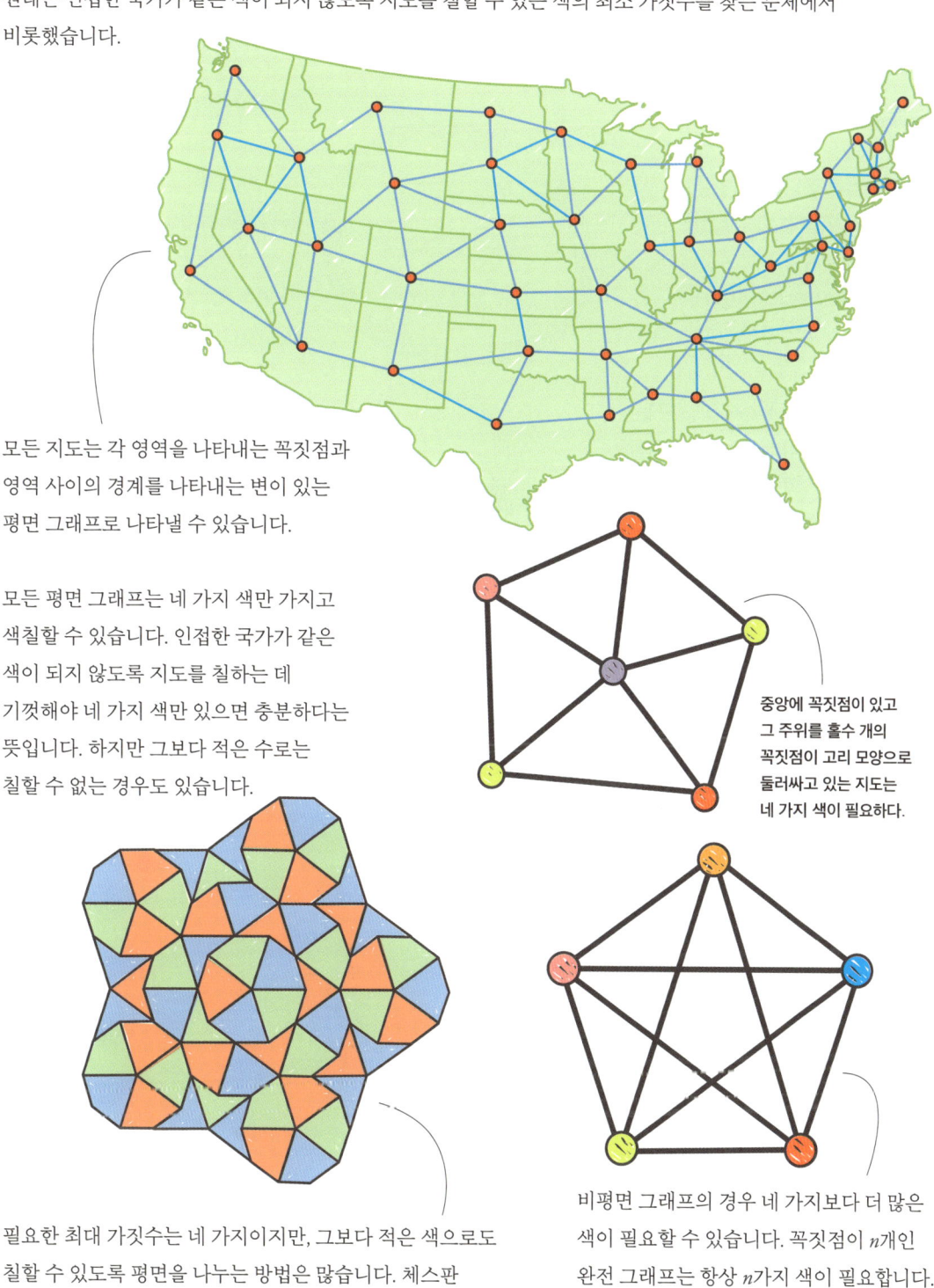

모든 지도는 각 영역을 나타내는 꼭짓점과 영역 사이의 경계를 나타내는 변이 있는 평면 그래프로 나타낼 수 있습니다.

모든 평면 그래프는 네 가지 색만 가지고 색칠할 수 있습니다. 인접한 국가가 같은 색이 되지 않도록 지도를 칠하는 데 기껏해야 네 가지 색만 있으면 충분하다는 뜻입니다. 하지만 그보다 적은 수로는 칠할 수 없는 경우도 있습니다.

중앙에 꼭짓점이 있고 그 주위를 홀수 개의 꼭짓점이 고리 모양으로 둘러싸고 있는 지도는 네 가지 색이 필요하다.

필요한 최대 가짓수는 네 가지이지만, 그보다 적은 색으로도 칠할 수 있도록 평면을 나누는 방법은 많습니다. 체스판 같은 정사각형 격자는 두 가지 색으로 칠할 수 있고, 펜로즈 타일(58쪽 참고)은 세 가지 색만으로 칠할 수 있습니다.

비평면 그래프의 경우 네 가지보다 더 많은 색이 필요할 수 있습니다. 꼭짓점이 n개인 완전 그래프는 항상 n가지 색이 필요합니다. 각 꼭짓점이 다른 모든 꼭짓점과 이어져 있기 때문이지요.

매듭 이론

매듭 이론은 수학적 매듭을 연구하는 분야입니다. 합성 화학, 화학요법 약물 개발 등 다양한 분야에 쓰입니다.

수학적 매듭은 우리가 으레 생각하는 매듭과 조금 다릅니다. 보통 우리는 양쪽에 끝이 있는 끈으로 매듭을 짓습니다. 하지만 수학적 매듭에서는 양 끝이 붙어 있습니다. 따라서 매듭을 풀 수 없습니다.

가장 간단한 매듭은 풀린매듭입니다. 또는 자명한 매듭이라고도 부릅니다. 이 매듭은 교차하지 않은 채로 평평하게 놓을 수 있는 고리 모양입니다.

자명하지 않은 가장 간단한 매듭은 세잎매듭입니다. 세잎매듭은 고리가 세 개 있으며, 각각은 다른 고리의 위와 아래로 지나갑니다.

라이데마이스터 변형을 이용해 한 매듭을 다른 매듭으로 변형할 수 있다면 두 매듭은 같은 매듭입니다. 즉, 라이데마이스터 변형은 매듭에 대한 위상동형사상(159쪽 참고)입니다. 가능한 변형은 모두 세 가지입니다.

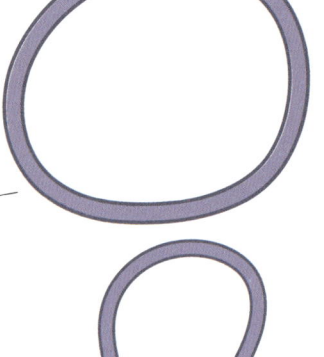

매듭의 **교차수**는 가장 간단한 방법으로 그렸을 때(즉, 꼬는 등의 방식으로 교차점을 없앨 수 없을 때) 스스로 교차하는 횟수입니다. 풀린매듭은 교차수가 0이고, 세잎매듭은 교차수가 3입니다. 교차수가 1이나 2인 매듭은 없습니다. 교차수는 매듭의 불변성(159쪽 참고)입니다.

1. 꼬기 또는 풀기

2. 한 가닥을 다른 가닥 위로 완전히 넘기기

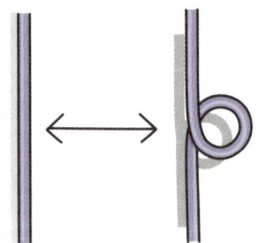
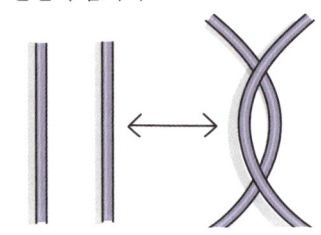

3. 한 가닥을 교차점 위 또는 아래로 완전히 넘기기

이 두 그림은 모두 풀린매듭입니다. 첫 번째는 라이데마이스터 변형 1번, 풀기 한 번을 이용해 풀린매듭으로 변형할 수 있습니다. 두 번째는 라이데마이스터 변형 2번, 오른쪽 중간 가닥을 왼쪽 가닥 위로 넘겨 변형할 수 있습니다.

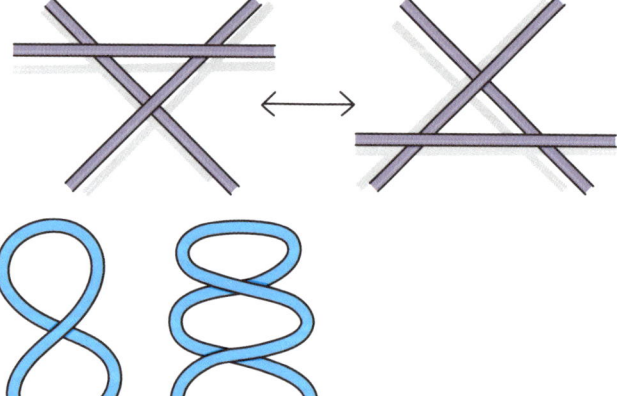

세잎매듭은 **키랄성**입니다.
서로 거울상인 왼손잡이 모양과
오른손잡이 모양이 따로 있다는
뜻입니다. 라이데마이스터 변형으로
하나를 다른 하나로 바꿀 수는 없습니다.
따라서 둘은 같은 매듭이 아닙니다.

교차수가 4인 매듭이 하나 있습니다.
그리고 교차수가 5인 매듭이 두 개
있습니다. 교차수가 5인 두 매듭은
라이데마이스터 변형으로 하나를
다른 하나로 바꿀 수 없기 때문에
서로 다른 매듭입니다.

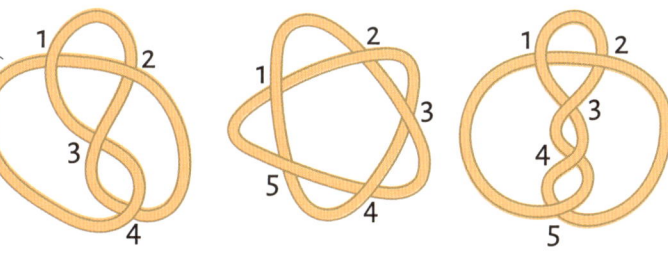

연환

연환은 여러 매듭이 결합한 것을
말합니다. 가장 간단한 연환은
풀린매듭 두 개가 서로 한 번 교차하며
결합한 형태입니다.
사슬을 대부분 이런 식으로 만듭니다.

보로메오 고리는 풀린매듭 세 개로
이루어진 연환입니다. 셋 중
어느 두 매듭도 서로 직접적으로
결합되어 있지 않습니다.

셋이 결합해 있을 때는 서로 엮여
있어 따로 떨어지지 않습니다.

셋 중 하나가 없어지면, 다른 둘은
더 이상 엮여 있지 않습니다.

매듭 그림은 오래전부터 예술이나
상징에 사용되어 왔습니다. 3, 4세기의
켈트인과도 관련이 있지요. 켈트인의
매듭 상당수는 두 개 이상의 매듭으로
이루어진 연환입니다.

트리케타는 세잎매듭 하나와
풀린매듭 하나로 이루어진
연환입니다.

다라 매듭은 복잡해 보이지만,
서로 얽힌 풀린매듭 두 개로
만들어진 모양입니다.

✓ 다시 보기

곡면의 종수
곡면에 있는 구멍의 수

위상수학
특정 방식으로 변형한 뒤에도 그대로인 대상의 특징을 바탕으로 대상을 분류하는 기하학의 한 분야

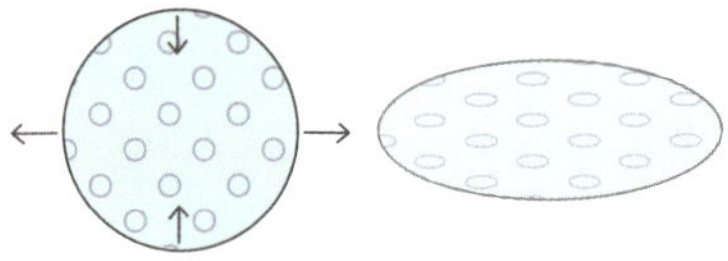

불변성
위상동형사상 뒤에도 변하지 않는 성질

위상수학이란 무엇인가?

위상동형사상
한 대상을 위상동형인 다른 대상으로 변형하는 방법

위상동형
위상적으로 똑같은 두 대상

위상수학

라이데마이스터 변형
교차수를 바꾸지 않은 채 겉보기 교차수가 바뀌도록 매듭의 가닥을 움직이는 방법

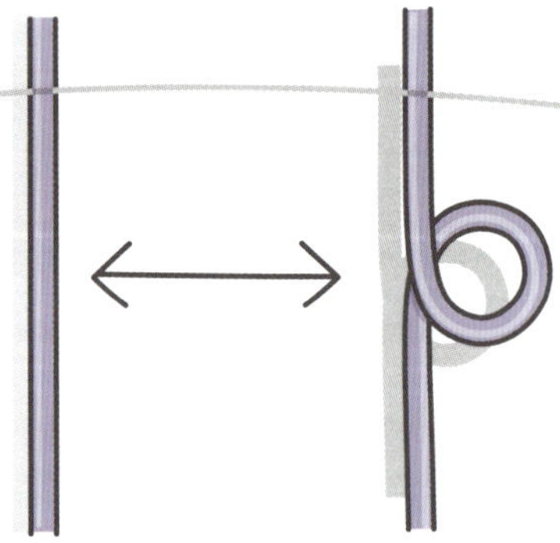

키랄성
왼손잡이 모양과 오른손잡이 모양이 있고, 하나를 다른 하나로 변형할 수 없는 대상의 성질

연환
여러 매듭이 서로 결합한 것

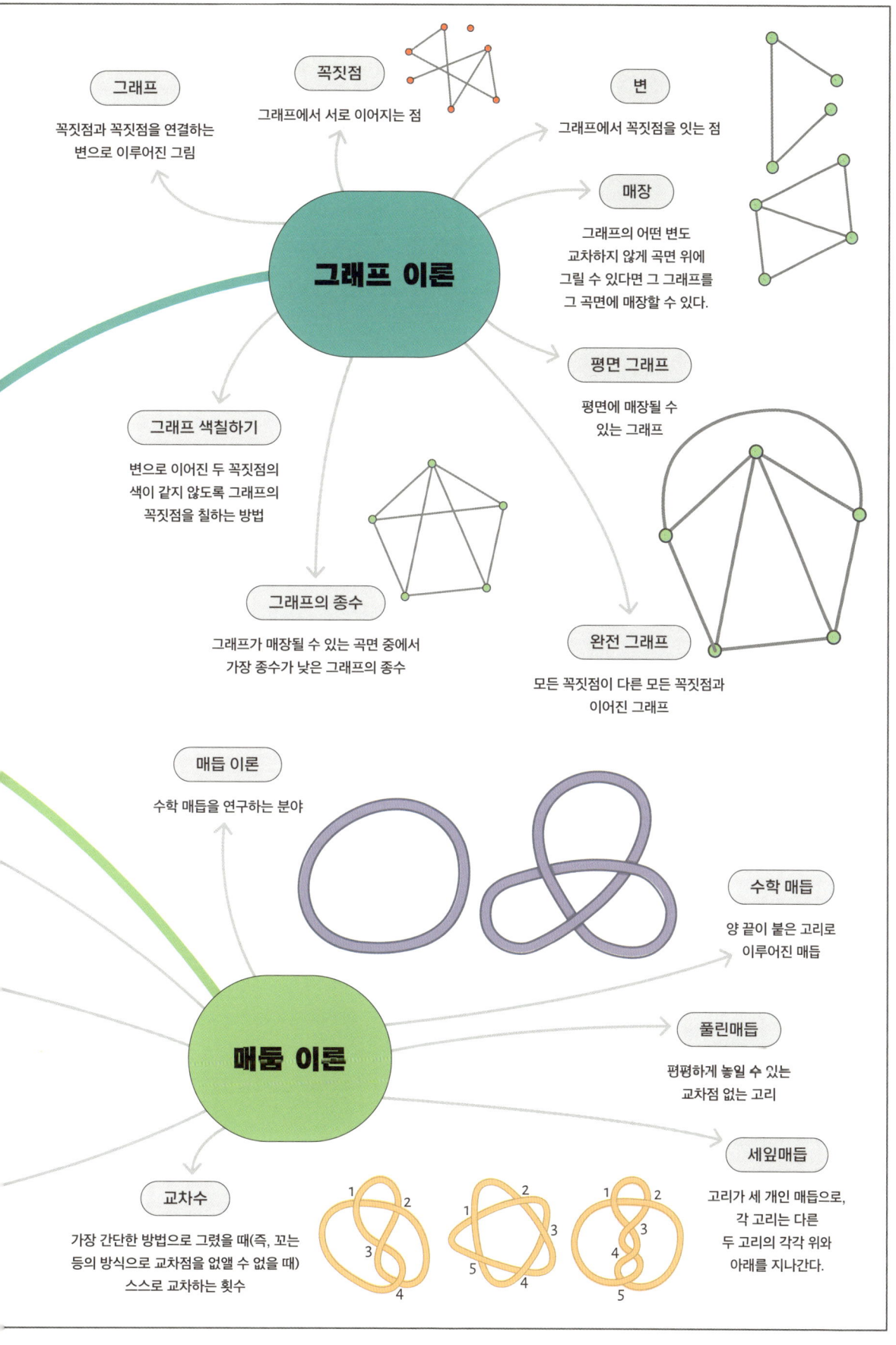

10장

기하학적 증명

증명은 수학에서 가장 중요한 개념입니다. 증명이 없이는
수학 개념이 참인지 아닌지 알 수가 없습니다.
이 장에서는 증명이 무엇을 뜻하는지를 알아보겠습니다.
기하학적 아이디어를 단계적으로 증명하는 과정을 살펴보고,
어떤 증명이 어떻게 다른 증명에 필요한 구성 요소가
되는지를 알아봅니다.
마지막으로, 기하학적 개념이 다른 수학 분야에서 아이디어를
증명하거나 증명을 이해하는 데 어떻게 쓰이는지를
살펴보겠습니다.

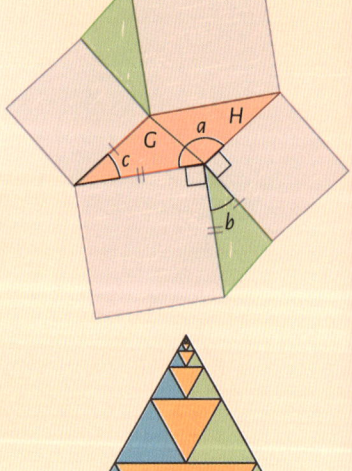

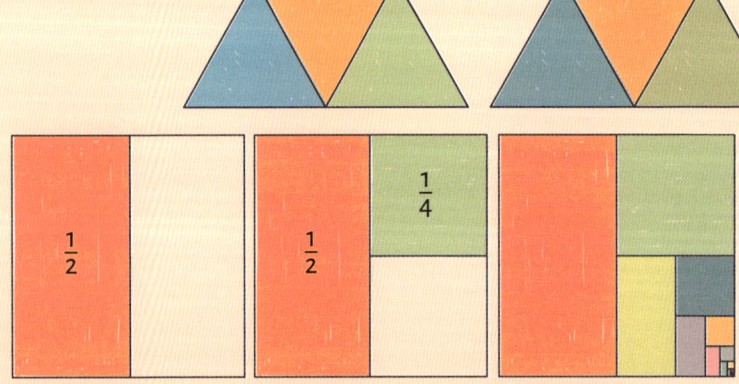

기하학적 증명이란 무엇인가?

기하학적 아이디어를 이용해 수학의 여러 분야에서 정리를 증명할 수 있습니다.
눈에 보이는 기하학의 성질에서 증명의 작동 방식을 보고 정리가 참인 이유를 이해할 수 있습니다.

수학은 **추측**과 **정리**로 이루어져 있습니다. 수학자가 참일지도 모른다고 생각하는 아이디어, 혹은 가설을 추측이라 합니다. 예를 들어, 카드 뭉치에서 맨 위 세 장을 뒤집었는데 스페이드 에이스와 2, 3이 나온다면, 카드 뭉치 전체가 숫자 순서대로 정리되어 있다고 추측할 수 있습니다.

정리는 참이라고 증명된 추측입니다. 카드 뭉치에 관한 추측을 정리로 만들려면 전체가 순서대로 놓여 있다는 사실을 증명해야 합니다. 이 경우 유일한 방법은 카드를 일일이 확인하는 것입니다. 앞에서부터 50장이 순서대로 되어 있다고 해도 51번째와 52번째 카드가 올바른 순서로 되어 있다고 장담할 수는 없습니다.

안타깝게도, 한 카드 뭉치가 순서대로 놓여 있다고 증명해도 다른 카드 뭉치나 내일모레 확인한 같은 카드 뭉치에 관해서는 아무것도 알 수 없습니다. 반면 수학 **증명**은 어떤 아이디어가 언제나 참임을 보여주는 논리적인 과정입니다. 그래서 증명이 수학에서 가장 중요한 개념이 된 것이고, 그건 우리가 알고 있는 정리를 이용해 각각이 수학의 구성 요소가 되는 새로운 추측을 증명할 수 있다는 뜻입니다.

추측을 정리하는 기법은 많습니다. 기하학적 증명은 2장에서 피타고라스 정리를 증명했을 때 사용했던 것과 같은 그림을 자주 이용합니다. 그림은 구체적인 기하학적 대상이나 추상적인 대수적 개념을 나타낼 수 있습니다. 예를 들어, 그림 안에서 대상의 배열이나 형태를 달리하여 서로 다른 두 값이 언제나 같다는 사실을 보여줄 수 있습니다.

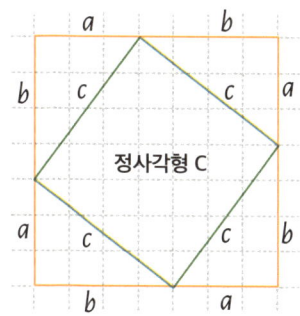

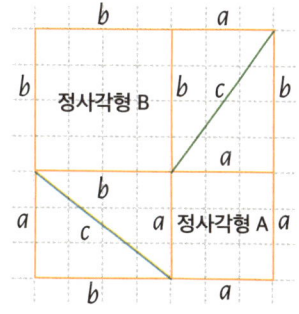

기하학 정리

앞에서 기하학 정리를 증명하는 사례를 알아보았습니다. 예를 들어, 2장에서는 변이 n개인 다각형의 내각의 합이 $(n-2) \times 180$도라는 사실을 증명했지요. 여기서는 더욱 복잡한 정리를 증명하는 방법을 살펴보겠습니다.

평행사변형의 내각

정리: 평행사변형의 인접한 내각의 합은 180도다.

증명

인접한 내각은 서로 옆에 있는 내각입니다.

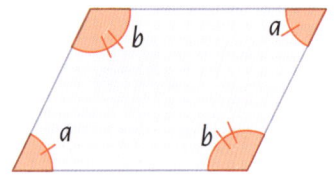

우리는 이미 이 정리를 증명하는 데 쓸 수 있는 두 가지 내용을 알고 있습니다.

- 평행사변형에서 마주 보는 각의 크기는 같습니다(36쪽 참고).

- 사각형의 내각의 합은 360도다(41쪽에서 증명).

따라서 $a+b+a+b=360$도입니다. 다시 정리하면 $2a+2b=360$도가 됩니다.

방정식의 양변을 2로 나누면 $a+b=180$도입니다.

따라서 평행사변형의 인접한 내각의 합은 180도가 됩니다.

정사각형과 삼각형

정리: 두 정사각형이 꼭짓점 하나에서 만나면, 둘 사이에 생기는 두 삼각형의 넓이는 같다.

증명

삼각형 A와 삼각형 B의 넓이가 같다는 정리입니다. 밑변의 길이와 높이를 측정해 삼각형의 넓이를 구할 수 있습니다. 하지만 그건 이 두 특정 정사각형에 대해서만 정리를 증명하는 게 되지요. 우리는 임의의 각으로 만나는 임의의 두 정사각형에 대해 증명하고자 합니다.

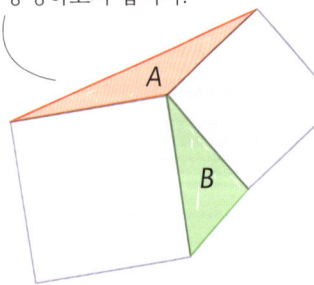

두 삼각형의 넓이가 같다는 증명의 첫 단계는 삼각형 A의 긴 변의 중심점 주위로 전체 구조를 180도 회전하는 것입니다. 삼각형 A'와 삼각형 B'는 삼각형 A와 삼각형 B를 회전 변환한 상입니다.

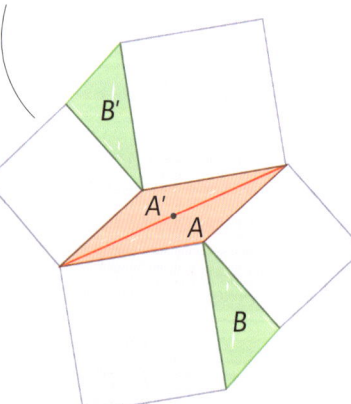

A와 A'를 합하면 변의 길이가 두 정사각형의 변과 같은 평행사변형이 됩니다.

다른 대각선(점선)을 그리면 다른 방식으로 이 평행사변형을 합동인 두 삼각형으로 나눌 수 있습니다.

만약 이 두 삼각형이 삼각형 B와 합동이라는 사실을 보이면, 우리는 A와 B의 넓이가 같다는 사실을 증명할 수 있습니다.

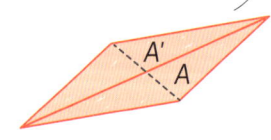

새로운 삼각형 G와 H는 두 변의 길이가 삼각형 B와 같습니다. 두 정사각형의 변의 길이이기 때문입니다. 만약 이 두 변 사이의 각이 크기가 같다면 변-각-변 규칙(132쪽 참고)에 따라 새로운 삼각형은 삼각형 B와 합동입니다.

우리는 두 변 사이의 각이 크기가 같음을 보일 수 있습니다.

각 a와 b는 정사각형의 두 모서리와 함께 360도 한 바퀴를 이룹니다. 즉, $a+b=180$도입니다.

정리 1에서 증명했듯이, 평행사변형의 인접한 두 각을 합하면 180도가 됩니다. $a+c=180$도입니다.

따라서 $a+b=a+c$이며, $b=c$입니다.

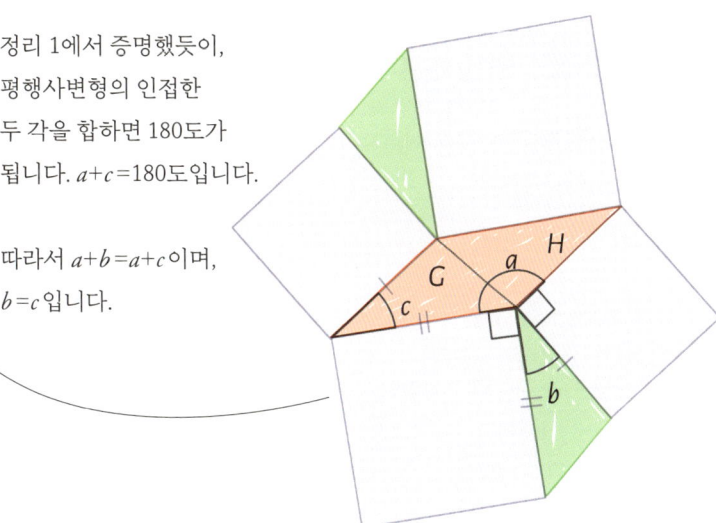

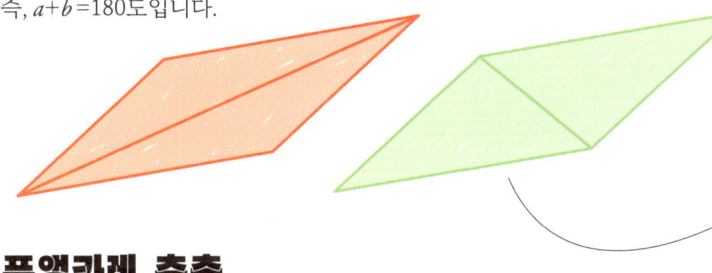

똑같은 평행사변형을 삼각형 A 두 개나 삼각형 B 두 개로 만들 수 있으므로 삼각형 A와 삼각형 B는 넓이가 평행사변형 넓이의 절반으로 같다.

푸앵카레 추측

많은 수학적 아이디어는 증명하기 대단히 어렵습니다. 수많은 수학자가 다른 수학자의 연구 위에 연구를 더해가면서 마침내 증명하기까지 수백 년이 걸리기도 합니다. 한 가지 사례가 1904년 앙리 푸앵카레가 제시한 **푸앵카레 추측**입니다. 푸앵카레는 4차원의 구를 단순하게 연결되어 있다는 성질로 고유하게 특징지을 수 있는지를 물었습니다. '단순한 연결'의 정의는 다소 복잡하지만, 간단히 말하면 대상에 구멍이 전혀 없다는 뜻입니다. 3차원에서는 직관적으로 이해할 수 있지만, 그보다 높은 차원에서는 이해하기 더 어렵습니다.
단순하게 연결되어 있는 성질을 수학자들이 정의한 한 가지 방법은 도형 위에 있는 원이 어느 부분도 도형 위를 떠나지 않으면서 한 점으로 수축할 수 있는지를 따지는 것입니다. 구 위에 있는 원은 끊어지지 않고 한 점으로 수축할 수 있습니다. 구 위의 곡면 위에 있는 모든 원도 마찬가지입니다. 그러나 그림처럼 원환면 위에 있는 두 원은 그렇지 않습니다. 이 방법을 쓰면 더 높은 차원에서도 적용될 수 있는 해석학적 기법을 사용할 수 있습니다.

푸앵카레가 처음 제시한 뒤 100여 년이 지난 2010년에 마침내 그리고리 페렐만이 이 추측을 증명했습니다.

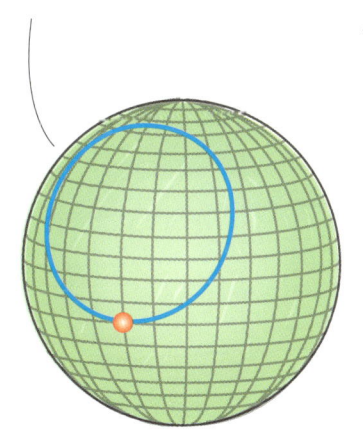
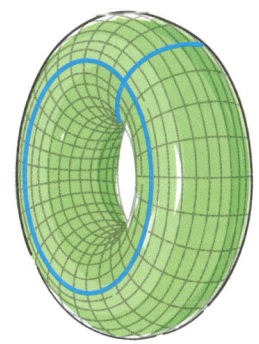

추상적인 아이디어의 시각적 증명

기하학 개념을 이용한 시각적 증명은 수학의 다른 많은 분야에서도 정리를 증명하는 데 쓰입니다.

두 제곱수의 차

두 제곱수의 차는 대수학 공식입니다. 어떤 수의 제곱에서 다른 수의 제곱을 뺀 값은 두 수의 합과 차를 곱한 값과 같다는 내용이지요. 대수적으로 표현하면, 두 수가 a와 b일 때 $a^2-b^2=(a+b)\times(a-b)$입니다.

이것을 변의 길이가 a와 b인 정사각형을 이용해 기하학적으로 나타낼 수 있습니다.

변의 길이가 a인 정사각형을 먼저 그립니다. 여기서 변의 길이가 b인 정사각형을 뺍니다. 그러면 넓이가 a^2-b^2인 도형이 남습니다.

이 도형은 두 직사각형으로 나눌 수 있습니다. 하나는 변의 길이가 a와 $a-b$이며, 다른 하나는 변의 길이가 b와 $a-b$입니다. 길이가 $a-b$인 변이 맞닿도록 위치를 바꾸어 직사각형을 만듭니다. 이 직사각형의 긴 변은 길이가 $a+b$이고, 넓이는 $(a+b)\times(a-b)$입니다.

이 직사각형은 원래의 도형을 재배열한 것이므로 $a^2-b^2=(a+b)\times(a-b)$입니다.

무한 등비급수

등비수열은 각 항이 전항에 일정한 값(등비)을 곱한 값으로 이루어진 수열입니다. 예를 들어, 수열 $\frac{1}{2}, \frac{1}{4}, \frac{1}{8}, \frac{1}{16}\cdots$에서 각 항은 전항에 공비인 $\frac{1}{2}$을 곱해서 구할 수 있습니다.

> 등비수열은 기하수열이라고도 부르는데요, 이것은 각 항이 양쪽에 있는 수의 기하평균이라는 사실에서 비롯했습니다. 두 수 a와 b의 기하평균은 $\sqrt{a+b}$으로, 두 변의 길이가 a와 b인 직사각형과 넓이가 같은 정사각형(직사각형과 넓이가 같은 정사각형의 작도에 관해서는 92쪽을 보세요)의 변 길이입니다. 이런 기하학적 연관성은 등비급수를 종종 기하학적으로 증명할 수 있다는 사실을 뜻합니다.

등비급수는 등비수열의 합입니다. 앞의 예를 보면, 등비급수는 $\frac{1}{2}+\frac{1}{4}+\frac{1}{8}+\frac{1}{16}\cdots$입니다. 이 수열은 끝없이 이어지기 때문에 무한 등비급수라고 부릅니다. 우리는 이 급수를 기하학적으로 나타낼 수 있습니다. 넓이가 1인 정사각형으로 시작하며, 첫 번째 항이 넓이의 절반을 차지합니다. 다음 항은 남은 넓이의 절반을 채웁니다. 이어지는 각 항은 남은 넓이의 절반을 채웁니다. 따라서 아무리 많은 항을 더해도 정사각형이 완전히 채워지지는 않습니다. 이것은 $\frac{1}{2}+\frac{1}{4}+\frac{1}{8}+\frac{1}{16}\cdots$이 1에 점점 가까워지지만 1에 도달하지는 못한다는 사실을 보여줍니다. 1은 이 급수의 **극한값**입니다.

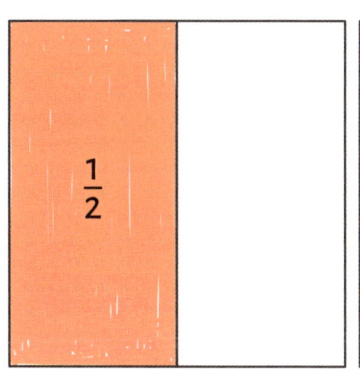
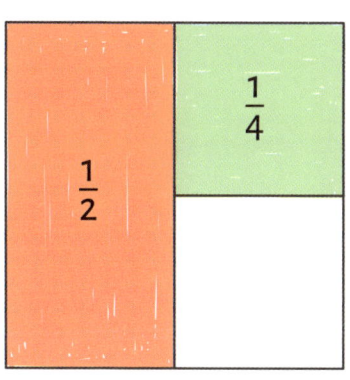

같은 방법으로 다른 등비급수의 극한값을 찾을 수 있습니다. 이 그림은 넓이가 1인 삼각형에서 출발합니다.

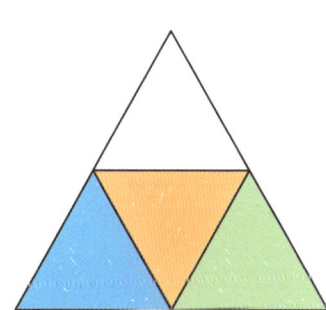

첫 항에서 보이는 색칠된 삼각형 세 개의 넓이는 각각 큰 삼각형 넓이의 $\frac{1}{4}$입니다.

두 번째 항에서 추가된 색칠된 부분의 넓이는 원래 도형의 $\frac{1}{4}$의 $\frac{1}{4}$, 즉 전체 도형의 $\frac{1}{4^2}$입니다. 따라서 두 번째 항에서 각 색칠된 부분의 총 넓이는 $\frac{1}{4}+\frac{1}{4^2}$입니다.

세 번째 항에서 추가된 색칠된 부분의 넓이는 원래 도형의 $\frac{1}{4}$의 $\frac{1}{4}$, 즉 $\frac{1}{4^3}$입니다. 급수가 계속 이어지면, 각 색칠된 부분은 원래 삼각형의 $\frac{1}{3}$을 차지합니다. 따라서 $\frac{1}{4}+\frac{1}{4^2}+\frac{1}{4^3}\cdots$의 극한값은 $\frac{1}{3}$입니다.

✓ 다시 보기

정리
참으로 증명된 추측

추측
수학자가 참일지도 모른다고 생각하는 아이디어, 또는 가설

기하학적 증명이란 무엇인가?

증명
정리가 참임을 단계적으로 보여주는 논리적 단계

기하학적 증명

등비수열
각 항이 전항에 등비라고 하는 일정한 값을 곱한 값으로 이루어진 수열

등비급수
등비수열의 합

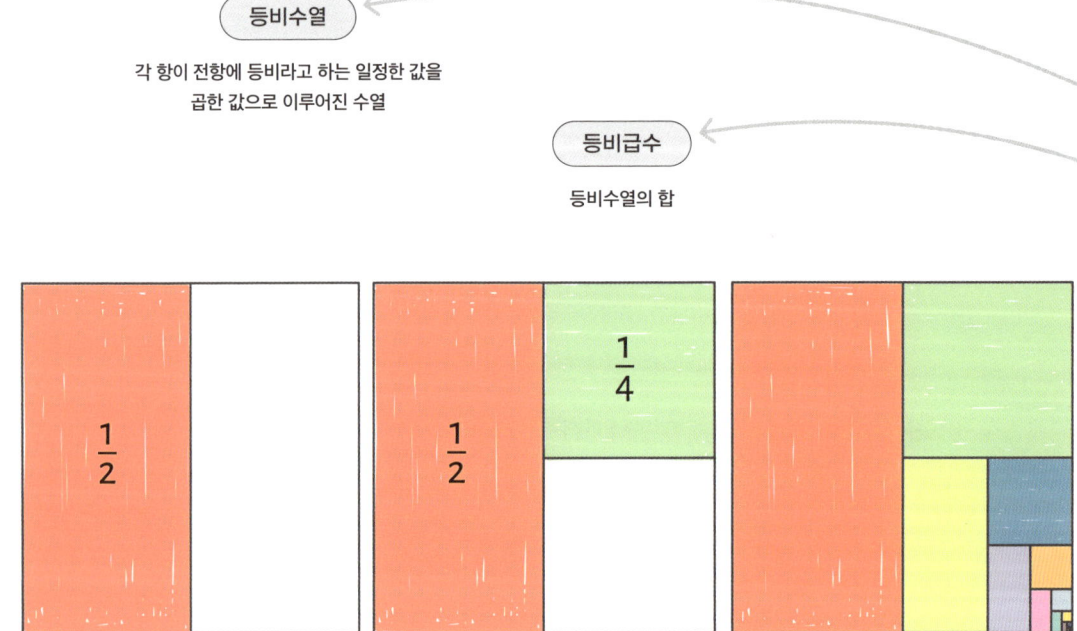

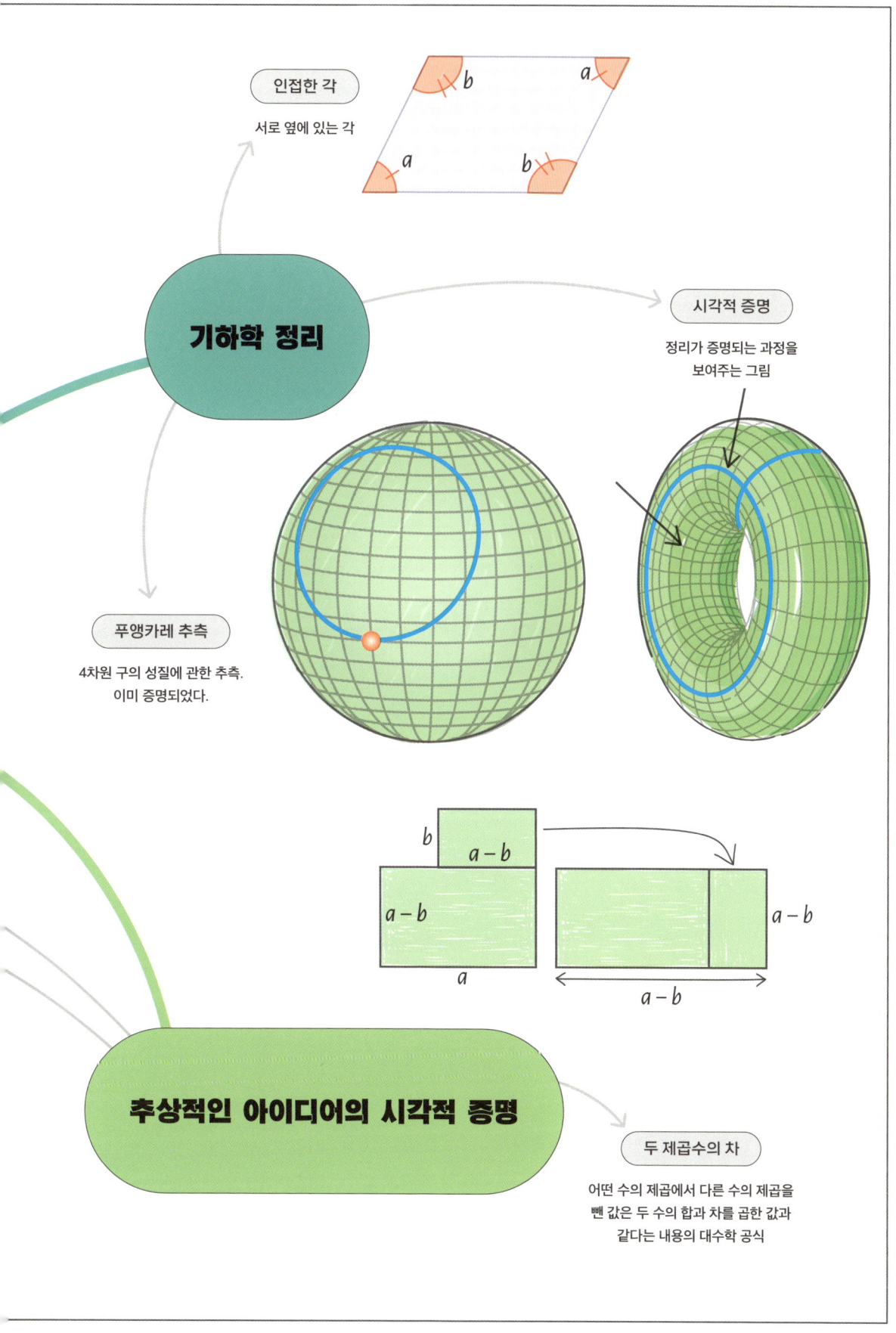

11장

어디에나 있는 기하학

기하학은 그 자체로 매혹적인 주제입니다. 기하학에 숨어 있는
수학과 도형, 패턴을 탐구하는 건 재미있는 일이지요.
하지만 인류의 창의적인 행동에도 영감을 주어왔습니다.
이 마지막 장에서 우리는 예술작품과 음악, 건축 등에
기하학이 어떻게 쓰였는지를 알아보겠습니다.
마지막으로 기하학적 트릭도 몇 가지 배웁니다.

공예

뜨개질이나 레이스 만들기, 패치워크와 같은 공예는 외적인 디자인과 내적인 구조 모두에 기하학적 개념이 풍부합니다.

뜨개질

뜨개질은 뜨개바늘 두 개를 긴 실로 둘러싸며 직물을 뜨는 기술입니다. 뜨개질로 짠 직물은 평행이동 대칭이며, 코가 줄지어 주기적으로 반복됩니다. 뜨개질하는 사람은 주로 겉뜨기와 안뜨기를 사용합니다. 이 둘은 서로 반사된 상입니다. 겉뜨기 부분을 뒤에서 보면 앞에서 본 안뜨기가 되며, 그 반대도 마찬가지입니다.

뜨개옷에서는 대칭을 쉽게 찾아볼 수 있습니다. 하지만 격자 모양의 구조 때문에 사용할 수 있는 대칭에는 제한이 있습니다. 서로 수직이거나 45도인 대칭축(127쪽 참고)은 가능하지만, 다른 각도는 만들어내기 어렵습니다.

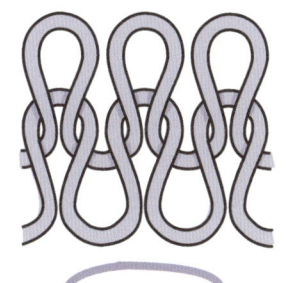

겉뜨기 · 안뜨기

전통적인 뜨개질 패턴은 보통 반사 대칭축이 1, 2 또는 4개다.

코바늘뜨기

코바늘뜨기는 뜨개질과 비슷하지만, 긴 바늘 두 개 대신 갈고리가 달린 바늘 하나를 이용하지요. 코의 높이가 다를 수 있어 직물의 구조가 훨씬 더 자유롭고, 종종 회전 대칭을 이루기도 합니다.

조개뜨기는 높이가 서로 다른 코를 사용해 쪽매맞춤된 껍데기 패턴을 만든다.

원형 디자인을 이용한 코바늘뜨기는 회전 차수와 무관하게 회전 대칭을 만들 수 있다.

패치워크

누비이불이나 퀼트를 만드는 데 흔히 쓰이는 **패치워크**는 작은 직물 조각을 꿰매 크게 만드는 방법입니다. 쪽매맞춤은 디자인의 기본적인 요소이지요. 정삼각형이나 정사각형, 정육각형처럼 쪽매맞춤이 가능한 정다각형은 널리 쓰이는 도형입니다.

'핀휠' 디자인은 직각삼각형으로 이루어진 정사각형으로 만든다. 이 디자인은 차수가 4인 회전대칭이며, 평행이동 대칭이기도 하다.

육각형은 패치워크에 널리 쓰인다. 강력한 쪽매맞춤 패턴 덕분에 대칭과 질서 감각을 유지하면서 다양한 색과 천을 사용할 수 있다.

보빈 레이스

보빈 레이스는 아름답고 복잡한 패턴을 이루도록 가느다란 실을 짜서 만듭니다. 보빈에 감긴, 때로는 수백 가닥의 실은 특정한 순서로 서로 위아래로 지나가면서 원하는 패턴을 이룹니다.

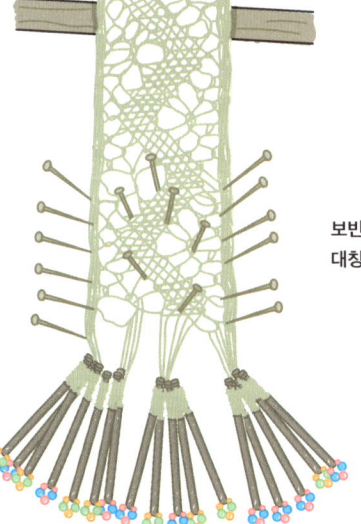

보빈 레이스에서는 프리즈 대칭을 흔히 볼 수 있다.

음악

다양한 음높이의 진동수에서 음의 상대적인 길이를 나타내는 데 쓰이는 분수에 이르기까지 음악의 여러 측면에는 수학이 있습니다. 일부 작곡가는 대칭과 같은 기하학적 개념을 작품에 이용하기도 합니다.

음계

음계는 12개의 음표로 이루어져 있습니다. A, A#(샵), B, C, C#, D, D#, E, F, F#, G, G#입니다. 한 바퀴 돈 뒤에는 다시 A로 돌아가지만, 한 옥타브가 높습니다. 같은 음표지만, 음높이가 높다는 뜻입니다. 이 패턴은 반복됩니다. 따라서 음계는 평행이동 대칭으로, 피아노의 검은 건반과 하얀 건반의 패턴에서 볼 수 있습니다.

기타나 피아노는 팽팽한 현을 진동시켜 소리를 냅니다. **진동하는 현**이 만드는 정확한 음은 밀도와 장력, 길이에 따라 달라집니다. 두 현의 밀도와 장력이 같지만 길이는 하나가 다른 하나의 두 배라면, 더 긴 현은 짧은 현보다 한 옥타브 낮은 음을 냅니다.

그랜드피아노의 모양이 곡선인 이유가 바로 이것입니다. 오른쪽에는 높은음을 내는 짧은 현이 있고, 낮은음을 내는 왼쪽으로 갈수록 현의 길이가 길어집니다. 하지만 무작정 길어지게 만들지는 않습니다.

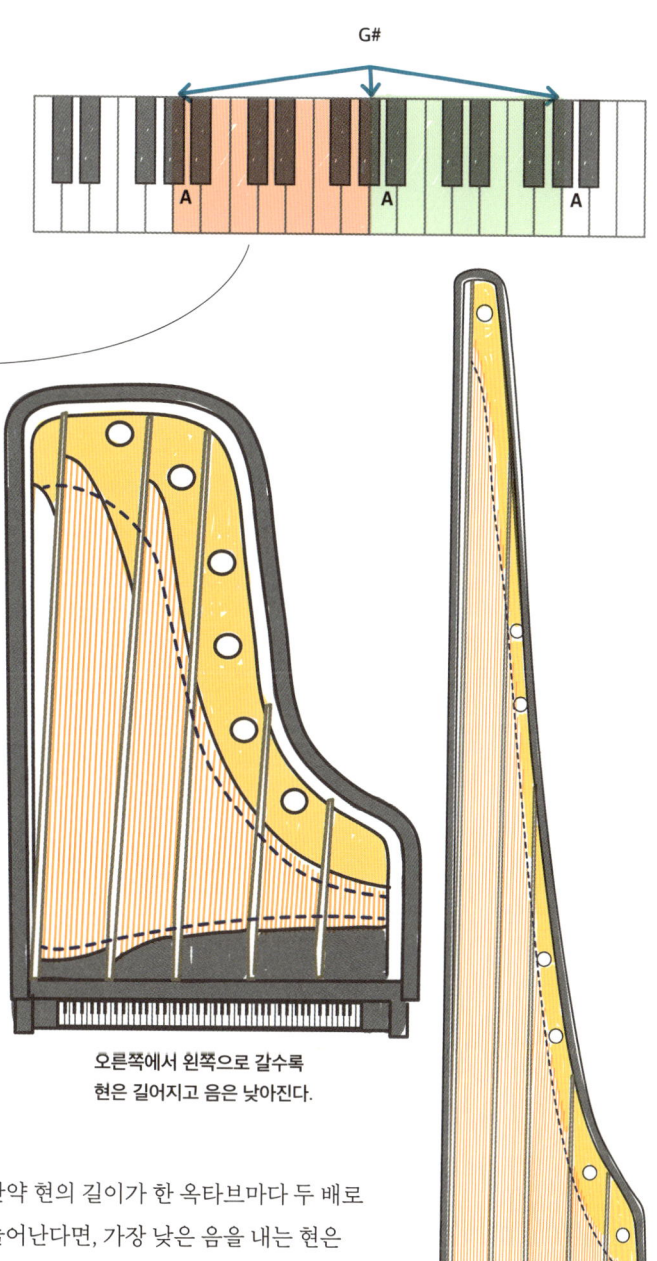

오른쪽에서 왼쪽으로 갈수록 현은 길어지고 음은 낮아진다.

만약 현의 길이가 한 옥타브마다 두 배로 늘어난다면, 가장 낮은 음을 내는 현은 약 8미터나 되어야 합니다! 피아노를 적당한 크기로 만들기 위해 낮은 음을 내는 데는 굵은 현을 사용하지요.

작곡

많은 음악은 대칭적인 요소를 사용합니다. 하지만 일부 작곡가는 의도적으로 다양한 대칭을 다룹니다.

가장 널리 알려진 사례가 **카논**입니다. 짧은 선율 하나를 여러 가지 방식으로 연주하는 형식을 말합니다. 이 방식을 7장에서 살펴본 대칭과 변형으로 나타낼 수 있습니다.

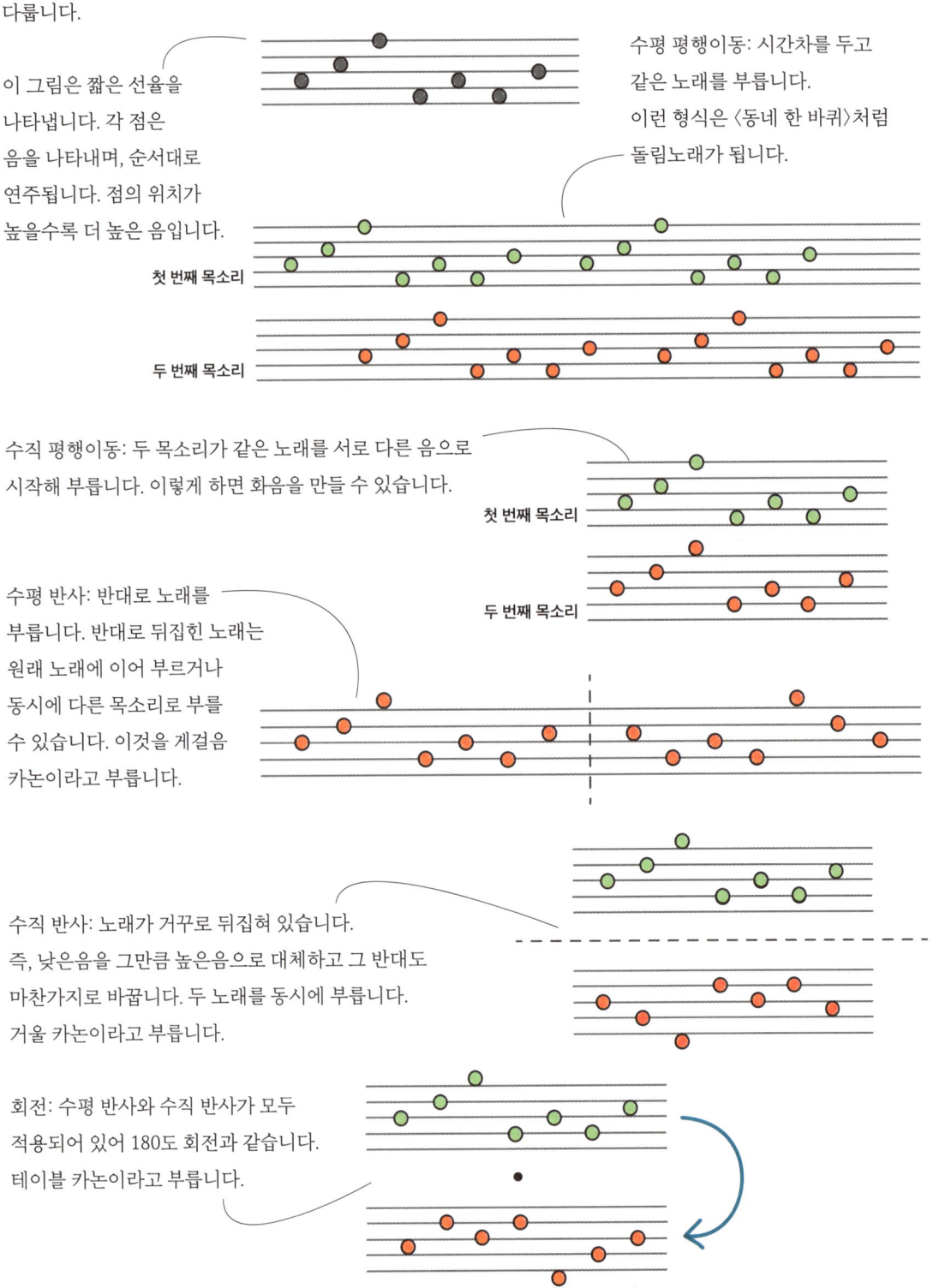

이 그림은 짧은 선율을 나타냅니다. 각 점은 음을 나타내며, 순서대로 연주됩니다. 점의 위치가 높을수록 더 높은 음입니다.

수평 평행이동: 시간차를 두고 같은 노래를 부릅니다. 이런 형식은 〈동네 한 바퀴〉처럼 돌림노래가 됩니다.

수직 평행이동: 두 목소리가 같은 노래를 서로 다른 음으로 시작해 부릅니다. 이렇게 하면 화음을 만들 수 있습니다.

수평 반사: 반대로 노래를 부릅니다. 반대로 뒤집힌 노래는 원래 노래에 이어 부르거나 동시에 다른 목소리로 부를 수 있습니다. 이것을 게걸음 카논이라고 부릅니다.

수직 반사: 노래가 거꾸로 뒤집혀 있습니다. 즉, 낮은음을 그만큼 높은음으로 대체하고 그 반대도 마찬가지로 바꿉니다. 두 노래를 동시에 부릅니다. 거울 카논이라고 부릅니다.

회전: 수평 반사와 수직 반사가 모두 적용되어 있어 180도 회전과 같습니다. 테이블 카논이라고 부릅니다.

건축

기하학은 건축가가 쓰는 근본적인 도구입니다. 어떤 건축가도 도형이 어떻게 맞아떨어지는지 모르고서는, 혹은 각과 거리, 넓이, 부피를 다룰 줄 모르고서는 건물을 설계할 수 없습니다.

로마의 수도교

로마의 수도교는 오늘날에도 유럽의 많은 곳에서 볼 수 있는 공학과 건축의 뛰어난 위업입니다. 물은 언제나 아래로 흐른다는 사실을 이용해 물을 운반하려고 만들었지요. 언덕에서는 터널을 파고, 계곡에는 다리를 놓아 아래로 기울어진 수관을 만듦으로써 물을 원하는 곳으로 운반할 수 있었습니다.

수도교의 다리 부분은 돌기둥과 반원 모양의 아치를 이용해 건설했습니다. 각각의 돌은 모르타르가 없어도 딱 맞아떨어질 수 있도록 정확하게 재단이 되어 있습니다. 반원 모양의 아치는 포물선 아치만큼(144쪽 참고) 튼튼하지는 않지만, 건설하기 더 쉽습니다.

지오데식 돔

지오데식 다면체는 구에 가까운 다면체(65쪽 참고)입니다.
지오데식 돔은 구처럼 생긴 구조물로, 삼각형으로 이루어졌습니다. 지오데식 다면체에 바탕을 두고 있지요. '지오데식'이라는 단어는 '지구를 나눈다'라는 뜻의 라틴어에서 유래했습니다. 직선을 이용해 구(또는 지구)를 나누기 때문에 지오데식 돔이라는 이름이 붙었지요.
지오데식 돔은 1940년대부터 인기를 얻었으며, 세계 곳곳에서 찾아볼 수 있습니다.

지오데식 돔은 흔히 금속 뼈대에 유리 또는 아크릴판을 붙여 만듭니다.

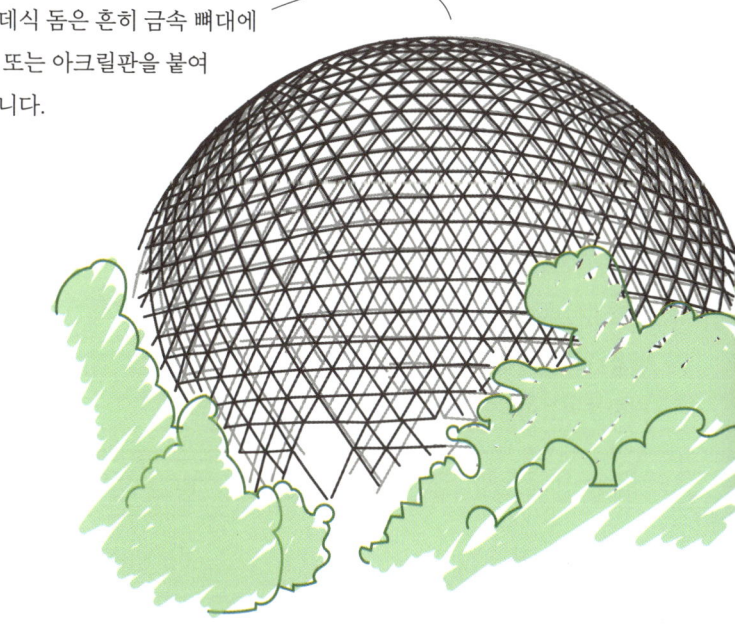

말안장 지붕

말안장 지붕은 쌍곡면 모양으로 만든 지붕입니다.
이중 선직면(146쪽 참고)이지요.
직선 기둥을 이용해 만들 수 있으며 두 방향으로 버틸 수 있어 가볍고 우아해 보이면서도 강하고 튼튼합니다.

정사각형 격자의 대각선 반대 방향 꼭짓점 두 개를 들어 올리면 쌍곡면을 만들 수 있습니다.

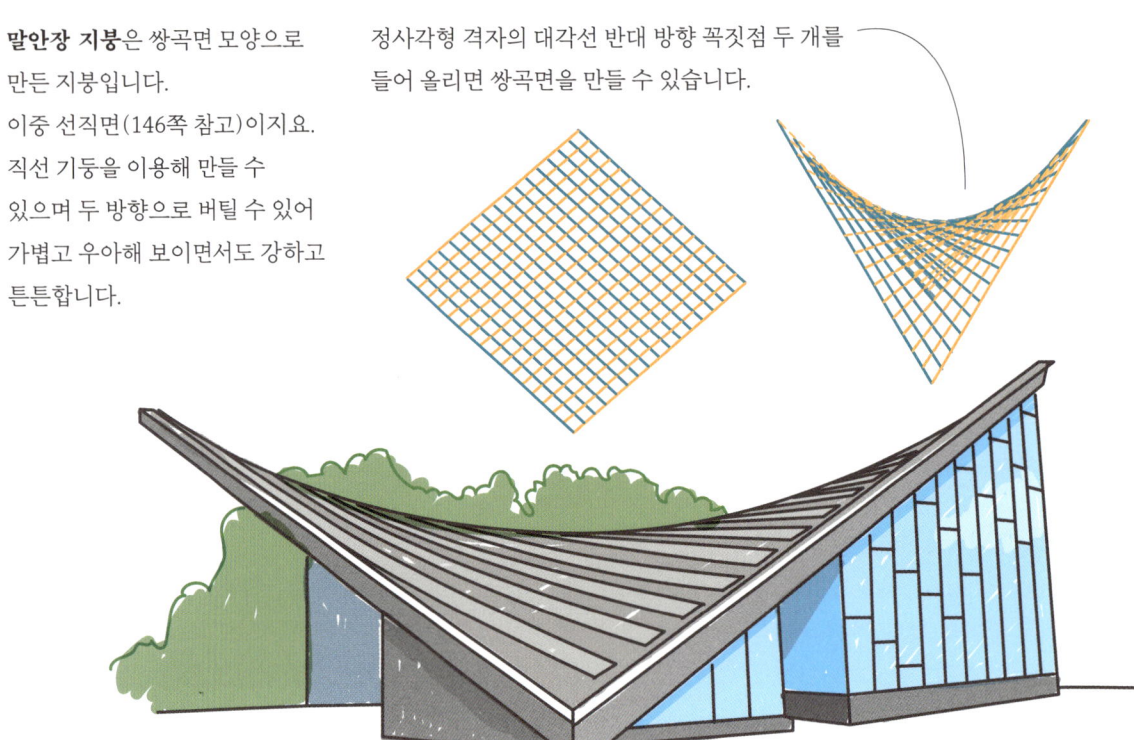

생활공간 개선

기하학적 아이디어는 일정한 넓이에 생활공간을 최대한 확보하면서 그곳에서 사는 사람을 위해 삶의 질을 최적화해야 한다는 두 가지 목표 사이에서 균형을 잡는 데 쓰여 왔습니다. 표준적인 고층아파트 건물은 직육면체 쪽매맞춤이 가능하다는 사실을 이용해 한 건물에 최대한 많은 집을 욱여넣은 결과물입니다. 직육면체를 다른 방식으로 배열해 각 집의 겉넓이를 최대화하면서도(벽의 수를 늘려 창문을 더 낼 수 있습니다) 같은 공간에 많은 집을 집어넣는 좀 더 혁신적인 디자인도 있습니다.

모쉐 사프디가 설계한 캐나다의 해비타트 67은 직육면체를 특이한 방식으로 배열해 모든 주민이 풍부한 빛과 외부 공간을 누릴 수 있게 했습니다. 몇몇 집의 지붕은 다른 집의 정원으로 쓰입니다.

미술

수학과 미술은 우리 생각보다 서로 훨씬 더 큰 영향을 주고받았습니다. 8장에서 보았듯이 원근법에 관한 예술적인 아이디어는 사영기하학의 탄생으로 이어졌습니다. 실제로 많은 미술가가 기하학적 개념을 작품에 활용합니다.

레오나르도 다 빈치

레오나르도 다 빈치는 15~16세기에 살았던 이탈리아 예술가입니다. 〈모나리자〉를 그린 화가로 유명하지만, 공학자이자 과학자, 수학자이기도 했습니다. 다 빈치는 기하학적 개념과 비례에 매료되어 있었고, 그것이 자신의 작품에 어떤 영향을 끼쳤는지를 글로 남겼습니다.

다 빈치는 회화도 과학으로 여겨야 한다고 생각했습니다. 회화에 관해 다룬 다 빈치의 공책에는 기하학과 비례, 조명, 그림자, 단일 소실점, 다수 소실점, 공기원근법 등을 이용한 여러 원근법 체계에 관한 논의가 담겨 있습니다.

다 빈치의 공기원근법 사용은 모나리자와 다른 몇몇 그림에서 볼 수 있습니다. 배경의 색은 앞쪽에서 얼마나 멀리 떨어져 있는지에 비례해 흐려져 그림에 분명한 거리감을 부여합니다.

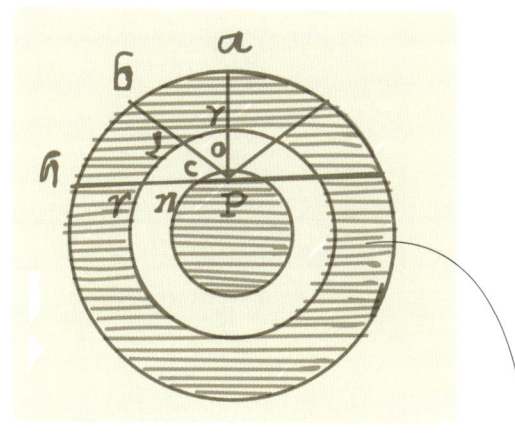

다 빈치는 기하학적 도표와 그림을 이용해 공책의 내용을 뒷받침했습니다. 이 그림은 공기원근법에 관련된 것으로, 멀리 떨어져 있는 색이 얼마나 더 흐려 보이는지를 나타냅니다.

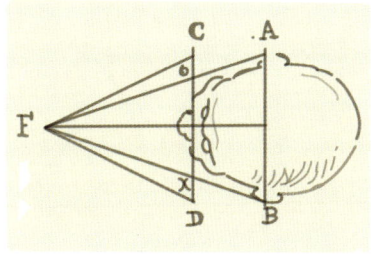
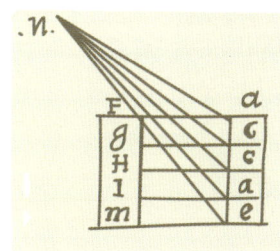
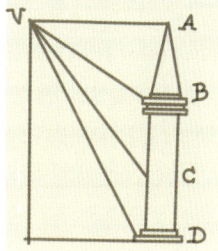

183

신조형주의

신조형주의는 1900년대 초 테오 반 되스버그가 시작한 네덜란드의 예술 운동입니다. 여기에 속한 유명한 예술가로는 피트 몬드리안이 있습니다. 이들은 밝은 원색과 정사각형, 직사각형, 수직선과 수평선을 작품에 사용하는 원칙을 따랐습니다. 그 결과 고도로 기하학적인 작품이 탄생했지요.

M.C. 에스허르

M.C. 에스허르는 20세기의 네덜란드 예술가입니다. 에스허르는 작품 속에서 쪽매맞춤(55쪽 참고)과 쌍곡기하학(153쪽 참고) 같은 수학의 여러 개념을 탐구했습니다.

에스허르는 우리가 3장에서 살펴본 몇몇 쪽매맞춤을 바탕으로 작품을 만들었습니다. 도형을 동물처럼 좀 더 복잡한 도안으로 변형하면서도 평면을 채웠습니다.

육각형처럼 쪽매맞춤이 가능한 도형을 가지고 한쪽을 잘라내 반대쪽에 붙이면 쪽매맞춤이 가능한 새로운 도형을 만들 수 있습니다. 에스허르가 수행한 과정의 기초가 이 방법입니다.

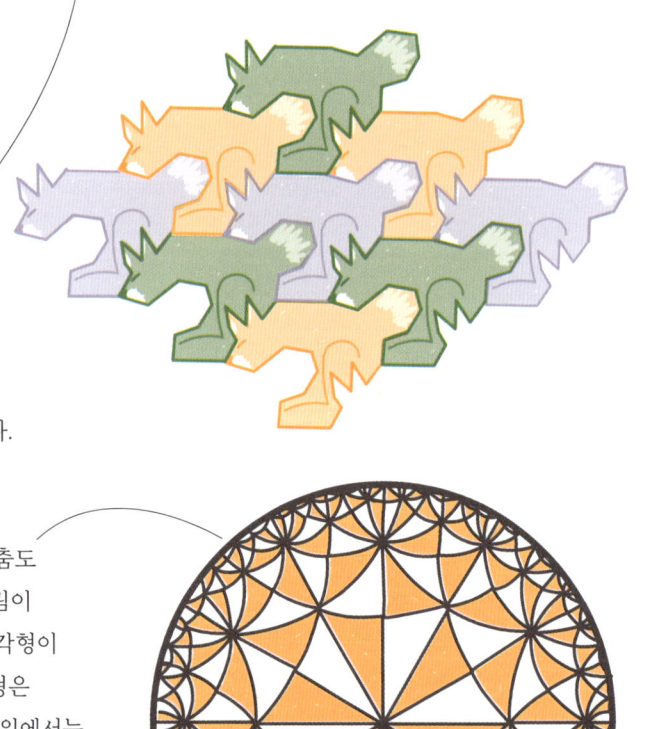

에스허르는 쌍곡평면(154쪽 참고) 위의 쪽매맞춤도 다루었습니다. 수학자 H.S.M 콕서터가 만든 그림이 영감을 주었지요. 내각이 30도, 45도, 90도인 삼각형이 쌍곡평면을 채우는 그림이었습니다. 그런 삼각형은 유클리드 기하학에서는 있을 수 없습니다. 평면 위에서는 삼각형의 내각의 합이 180도가 되어야 하기 때문입니다. 다른 쪽매맞춤 작품처럼 에스허르는 이 아이디어를 변형해 물고기, 박쥐 등의 동물 문양 쪽매맞춤을 만들었습니다.

기하학적 생활의 지혜

기하학을 알면 생활이 좀 더 편해집니다. 이 책을 마무리하며 기하학을 이용한 생활의 지혜 몇 가지를 알려드립니다.

여행

삼각 부등식(30쪽 참고)은 목적지로 가는 가장 빠른 길을 찾는 데 도움이 됩니다. 삼각형의 가장 긴 변은 언제나 다른 두 변을 합한 것보다 짧습니다. 따라서 두 점 사이를 직선으로 움직이는 경로와 중간에 한 번 꺾어야 하는 경로가 있다면, 직선으로 움직이는 경로가 언제나 더 짧습니다.

A에서 B까지 가는 가장 짧은 경로는 둘 사이의 직선 경로(점선)입니다. 하지만 그러려면 건물을 넘어가야 합니다. 실제로 이용할 수 있는 가장 짧은 경로는 격자 구조를 가로지르는 대각선 경로를 활용합니다.

부엌에서

두 사람이 피자를 나누어 먹을 때 눈대중만으로는 정확히 반으로 자르기 어렵습니다. 하지만 부엌에 삼각자(도면을 그리는 데 쓰이는 직각삼각형 자)가 있다면 도움이 됩니다.

2장에서 우리는 원 안에 지름을 한 변으로 하는 삼각형을 그리면 반대쪽 꼭짓점이 원둘레에 오며, 원둘레에 있는 꼭짓점의 각은 항상 직각이라는 사실을 알아보았습니다. 그 반대 역시 성립합니다. 따라서 원 안에다 원둘레에 닿는 직각삼각형을 그리면 두 변이 원둘레와 교차하는 두 점이 지름의 양 끝점이 됩니다. 그 두 점을 연결하면 원을 정확히 반으로 자를 수 있지요.

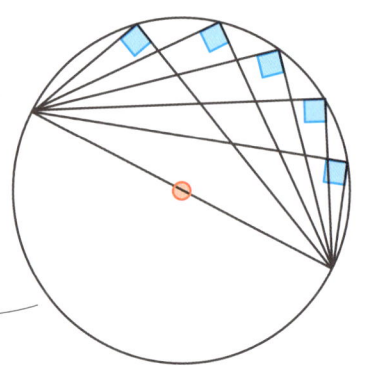

따라서 피자를 반으로 자르고 싶다면 피자 위에 직각 부분이 가장자리에 오도록 삼각자를 올려놓은 뒤 두 변이 피자의 가장자리와 교차하는 점을 표시합니다. 그런 후 그 두 점을 연결하는 선을 따라 자릅니다. 짜잔! 크기가 똑같은 피자 두 조각이 생겼습니다!

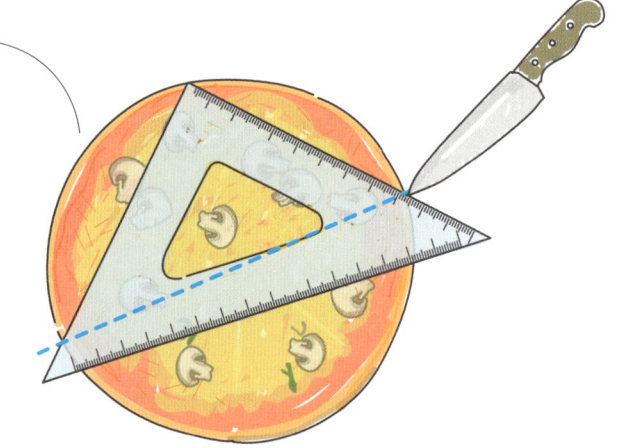

기하학은 베이킹에도 유용합니다. 쿠키를 구울 때 오븐 안의 공간을 가장 효율적으로 활용하려면(혹은 설거지할 거리를 최소화하려면!) 베이킹 시트 위에 가능한 한 많은 쿠키를 올려놓아야 합니다. 원 쌓기(60쪽 참고)에서 나온 아이디어를 사용하면 쟁반에 더 많은 쿠키를 올려놓을 수 있습니다.

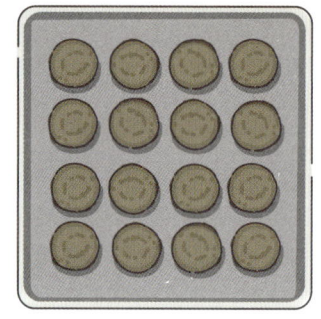 

DIY

옷장을 직접 조립할 때는 보통 바닥에 눕혀서 조립한 뒤 세우게 됩니다. 하지만 옷장의 높이가 천장보다 낮아도 세우는 과정에서 천장에 부딪히는 일이 생길 수 있습니다.

그건 직각삼각형의 가장 긴 변이 직각의 반대편에 있는 변이기 때문입니다. 그걸 옷장에 적용하면, 앞쪽 바닥에서 뒤쪽 위까지의 거리가 옷장의 높이보다 큽니다. 옷장을 세우려면 앞쪽 바닥을 중심으로 회전해야 하는데, 그러면 천장의 높이가 이 대각선 길이보다 커야 한다는 뜻이 됩니다.

옷장의 치수를 알 수 있다면, 옷장을 사기 전에 피타고라스 정리를 이용해 천장이 얼마나 높아야 하는지 확인할 수 있습니다.

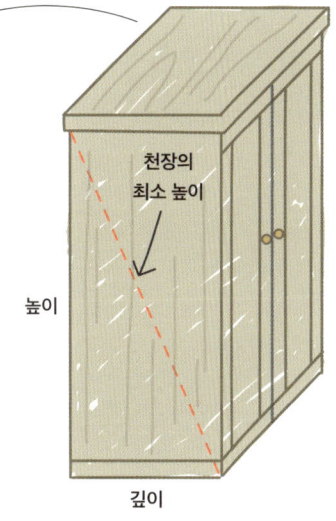

천장의 최소 높이 $= \sqrt{높이^2 + 깊이^2}$

만약 옷장의 높이가 240센티미터이고 깊이가 70센티미터라면, 천장의 높이가 최소 $\sqrt{240^2 + 70^2}$ 센티미터를 넘어야 옷장을 눕혀서 만든 뒤 세울 수 있습니다.

옷장을 직접 설계하거나 운동장에 선을 긋거나 할당된 공간에 침대 자리를 그리는 등 직각이 필요할 때는 피타고라스 삼조를 이용해 모서리가 정말 직각인지 확인할 수 있습니다. **피타고라스 삼조**는 직각삼각형의 세 변이 될 수 있는 정수 집합입니다. 예를 들어 3과 4, 5는 피타고라스 삼조입니다. $3^2 + 4^2 = 9 + 16 = 25$, 즉 5^2이기 때문입니다.

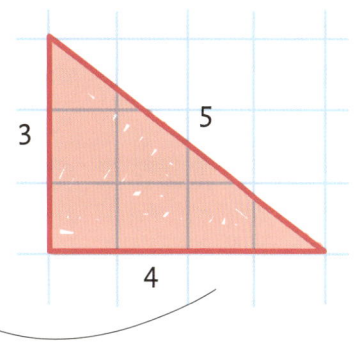

따라서 근처에 삼각자가 없다면(어쩌면 부엌에 놓고 와서), 직각이어야 하는 모서리에서 한 변을 따라 3센티미터 위치에 표시하고 다른 변을 따라 4센티미터에 표시합니다. 그리고 표시한 두 지점 사이의 거리를 측정합니다. 그 결과가 5센티미터라면 그 모서리는 직각입니다. 용도에 맞게 거리의 단위를 조절할 수 있습니다. 30센티미터와 40센티미터, 50센티미터로 해도 상관없습니다.

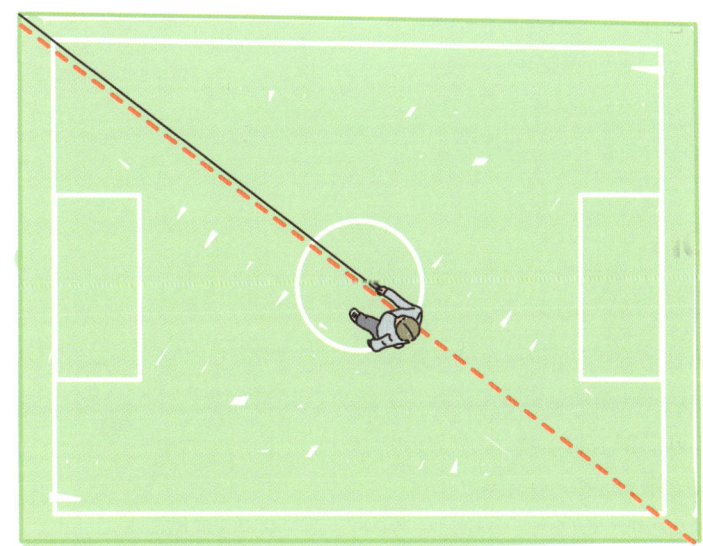

✓ 다시 보기

전통 공예

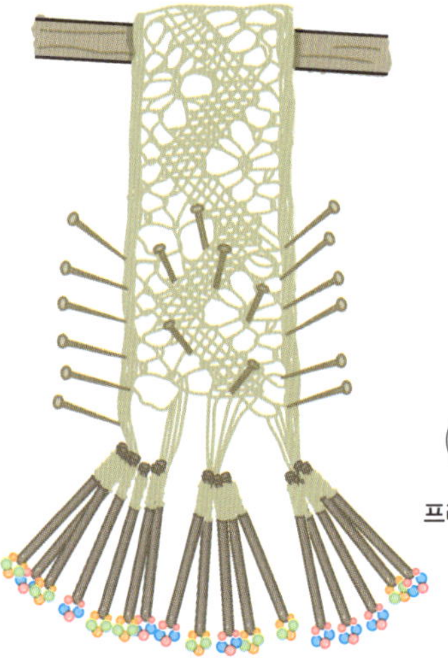

뜨개질
격자 모양 구조이며, 흔히 평행이동과 반사 대칭이다.

코바늘뜨기
높이가 다른 코를 이용하며, 회전 대칭이 될 수 있다.

패치워크
작은 직물 조각을 이용해 쪽매맞춤 패턴을 만든다.

보빈 레이스
프리즈 대칭과 회전 대칭을 이용한 복잡한 패턴

어디에나 있는 기하학

기하학적 생활의 지혜

삼각 부등식
삼각형의 가장 긴 변은 항상 다른 두 변의 합보다 짧다.

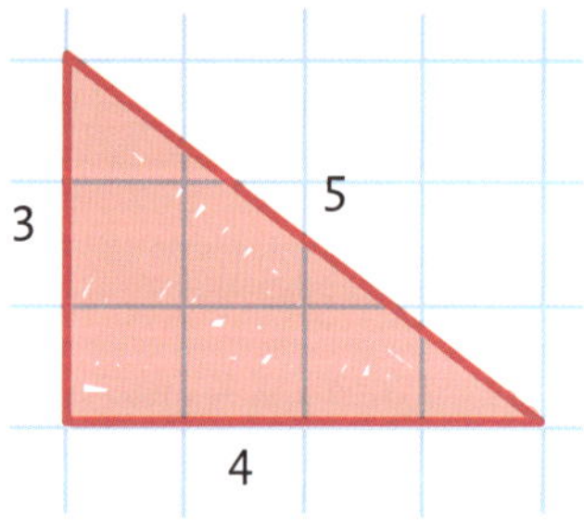

피타고라스 삼조
직각삼각형의 변이 될 수 있는 정수의 집합

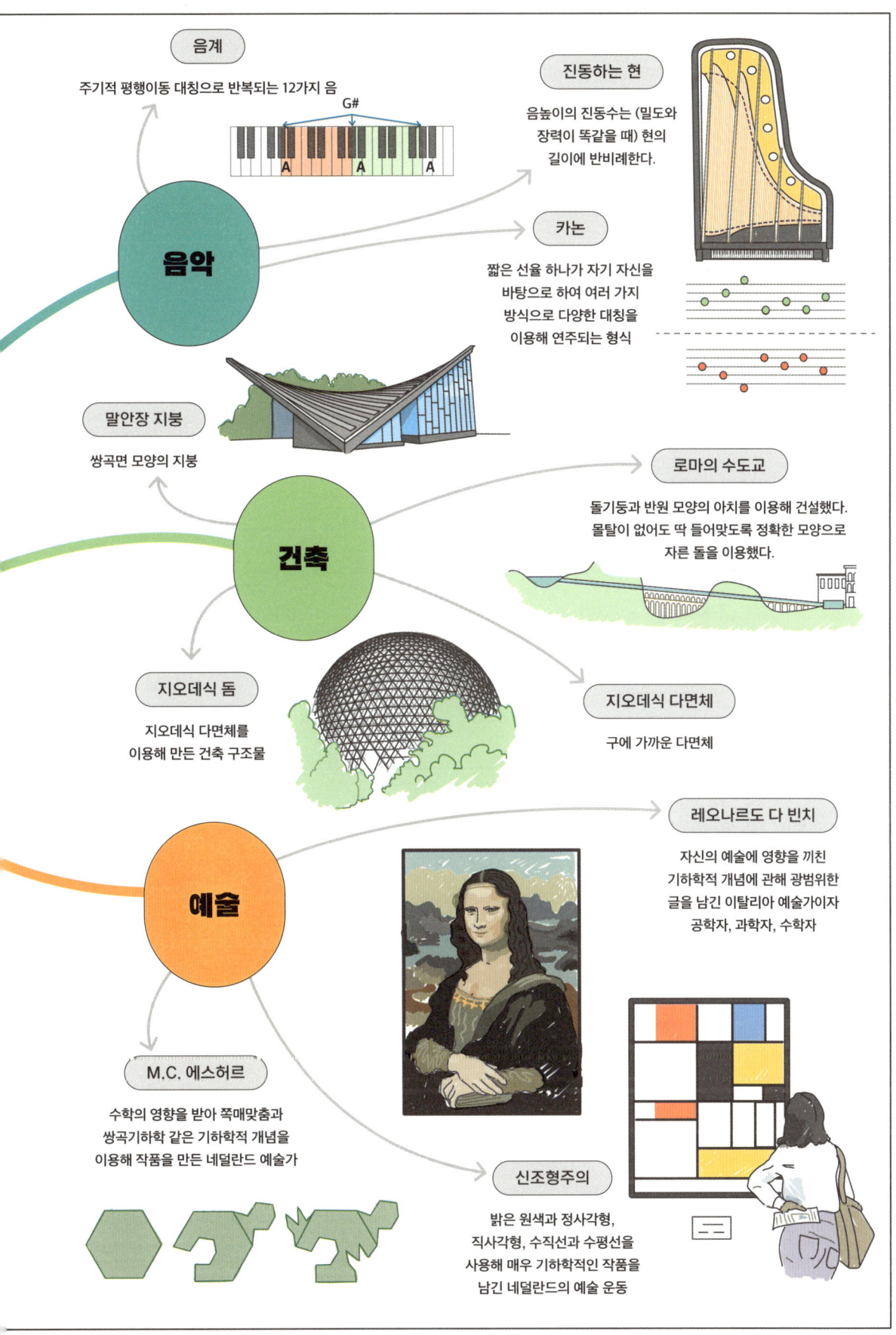

지은이

샘 하트번 Sam Hartburn

수학자이자 수학 편집자로, 요크대학교에서 수학을 공부했다. 『100가지 단어로 보는 수학Maths 100 Ideas in 100 Words』을 비롯해 성인과 어린이를 위한 300권 이상의 책을 쓰고 만들어왔다. 그의 글은 교과서, 수학 잡지, 신문 기사 등에 인용되었으며 음악과 애니메이션, 베이킹 등을 이용해 수학을 알리는 데 힘쓰고 있다.

옮긴이

고호관

서울대학교 과학사 및 과학철학 협동 과정에서 과학사로 석사를 마치고 《동아사이언스》에서 과학 기자로 일했다. SF와 과학 분야의 글을 쓰거나 번역한다. 지은 책으로 SF 앤솔러지 『아직은 끝이 아니야』(공저)와 『우주로 가는 문, 달』 『술술 읽는 물리 소설책 1~2』 『누가 수학 좀 대신 해 줬으면!』 등이 있으며, 『하늘은 무섭지 않아』로 제2회 한낙원과학소설상을 받았다. 옮긴 책으로 『수학자가 알려주는 전염의 원리』 『인류의 운명을 바꾼 약의 탐험가들』 『뻔하지만 뻔하지 않은 과학지식 101』 『인류를 식량 위기에서 구할 음식의 모험가들』 등이 있다.

태어난 김에 수학 공부: 기하
한번 보면 결코 잊을 수 없는 필수 수학 개념

펴낸날 초판 1쇄 2025년 10월 10일
　　　　 초판 2쇄 2025년 11월 27일

지은이 샘 하트번

옮긴이 고호관

펴낸이 이주애, 홍영완

편집장 최혜리

편집1팀 박효주, 김혜원, 송현근

편집 홍은비, 강민우, 안형욱, 최서영, 이소연

윌북주니어 도건홍, 한수정, 이은일

디자인 박소현, 김주연, 기조숙, 윤소정, 박정원

홍보마케팅 김태윤, 김준영, 백지혜, 박영채

콘텐츠 양혜영, 이태은, 조유진

해외기획 정수림

경영지원 박소현

펴낸곳 (주)윌북 **출판등록** 제2006-000017호

주소 서울특별시 마포구 동교로19길 28(서교동 448-9)

홈페이지 willbookspub.com **전화** 02 323 3777 **팩스** 02-323-3778

블로그 blog.naver.com/willbooks **트위터** @onwillbooks **인스타그램** @willbooks_pub

ISBN 979-11-5581-868-8 (03410)

- 책값은 뒤표지에 있습니다.
- 잘못 만들어진 책은 구매하신 서점에서 바꿔드립니다.
- 이 책의 내용은 저작권자의 허락 없이 AI 트레이닝에 사용할 수 없습니다.